五维人格论

心理实验及发现的**哲学思辨**

周松◎著

九州出版社
JIUZHOUPRESS

图书在版编目（CIP）数据

五维人格论：心理实验及发现的哲学思辨/周松著.
—北京：九州出版社，2010.8
ISBN 978-7-5108-0547-9

Ⅰ.①五… Ⅱ.①周… Ⅲ.①人格心理学
Ⅳ.①B848

中国版本图书馆 CIP 数据核字（2010）第 107665 号

五维人格论：心理实验及发现的哲学思辨

作　　者 周　松　著
出版发行 九州出版社
出 版 人 徐尚定
地　　址 北京市西城区阜外大街甲 35 号（100037）
发行电话 （010）68992190/2/3/5/6
网　　址 www.jiuzhoupress.com
电子信箱 jiuzhou@jiuzhoupress.com
印　　刷 北京画中画印刷有限公司
开　　本 710 毫米×1000 毫米　16 开
印　　张 14.5
字　　数 245 千字
版　　次 2010 年 8 月第 1 版
印　　次 2010 年 8 月第 1 次印刷
书　　号 ISBN 978-7-5108-0547-9
定　　价 39.00 元

目　录

序言

哲学是人类认知世界的思考，心理学是人类认知自我的探索。心理学是现代哲学的具象，科学心理学是二者的未来。

——作者

人属于生存环境组成的一部分，人的行为操作是由主观意识发出指令得以形成，但主观的指令脱离不了客观环境的交互“制约作用”，无视客观环境刺激需要的主观是虚妄的、不利于自我存在的。所以说，人的行为虽然是主观的，但不能完全由自己决定。

【人本主义心理学者很难接受行为主义关于人不能自由地决定自己行为的观点。】

——人格科学①

人本主义看到人类在与环境交互的过程中，并不是完全被动的。组成自然环境的各类事物都是客观平等存在的，相互作用的地位是并列的，主动和被动的表现也是相对的。寒冷因时而来，不等人约，冬天自然来临，它也有“主动”的表现。我们谈论人类的自由、自主，归根结底是为了人类生存的优化，寻找生存改善的方式。人类自主控制的优势为我们意识发现并得以充分认可，但并不因此否定人类一直存在的被动制约性事实。

人本主义强调了个体主观能动性的价值，行为主义强调环境刺激的塑成

① 本书【】内皆选自伯格《人格心理学》(陈会昌等译)、伯文《人格科学》(周榕等译) 书中论述，作者统一标注选自“人格科学”，特此说明。

作用，精神分析强调情感的制约作用，认知学派强调思维决策和行为发生的密切关系，生物学派强调遗传信息形成的有形部分对无形部分的基础价值（物质存在对精神活动的作用关系）……这些学派都是从一个独立的角度探究心理行为发生及发展变化的成因，但因“此视角”否定“彼视角”的论断则是有失偏颇的探究方式。盲人摸象因为“先天性探知能力的不足”导致认知的偏颇，正如我们今天的心理学派的论断表现是一致的，也是因为我们认知探索能力的遗憾。因此，以人类生存发展的改善为根本，全面探索心理行为的优化，整合各学派，得出更加客观科学的认知，并有效的指导我们的生活改善，是我们心理学今天的任务。

意识分类表

	分类标准	类别
意识	能否为自我控制	有意识
		无意识
	能否为自我觉察	觉意识
		潜意识
	能否归属自我主观系统	自我意识
		非自我意识

（具体说明见认知章节第31）

绪论：五维人格论的概念

正如牛顿所说，今天的发现都是站立在前人的肩膀上建立起来的。心理学人格理论的整合发展，正充分地体现了这一点。

——作者手记

人格的内涵

人格，取格式之意。一方面指社会人区别于其他类生命的特征，另一方面指社会环境下人与人之间行为心理特征的区别。人格论围绕这两方面作为核心阐述。人格与其他非社会生命生存特质的区别也侧面体现了社会人人格进化变迁的过程，是人格论述依据的纵向脉络；社会人与人之间特征的共性和区别，是人格论述依据的横向脉络。

什么是人格？

纵观前人所论，各有偏执，大有把简单现象复杂化的理论发展阶段特征。每一家虽然偏重的视角有所差异，但把“人格”理解为“人类的行为模式”是一致的。这里的模式即指在生存活动过程中，人类群体及其个体相近或一致行为方式，稳定、规律性的表现。

群居是很多生命共有的特征，对人类来说就是生存的社会化属性的渊源。人类的社会化属性使人类的行为模式烙上群居关系特征的烙印，人格既体现人与人之间的区别，同时也体现人与非人生命群体生存特征的区别。任何概念的形成标志都是其内涵和外延的确定，及其有别于其他概念的价值。因此，人格限定了人的行为模式和非人的行为模式的区别，即人与其他非人类生命的行为模式意义的区别；同时限定了人与人之间的特征区别，即社会人的个性化表现特征。

综上所述，我们将人格概括为：由遗传构建个体生存发展的基础，在当前环境中，个体的自主需要和外界有效刺激交互作用下，形成个体独特的社会道德倾向性行为反应模式。

一、人格生物性基础的意义

生命是生物的属性，生命的存在发生发展的状态是以生物表现为前提的。人是生命里一个凸显的群体，和所有的生物延续一样，不仅形体得以遗传，智力等心理行为模式也通过遗传得以相应地再现。

主题一句话 幼年发展的重要影响作用，是迅速获得基本生存能力的适应性需要。

【从总体上，这些理论家以新弗洛伊德主义者而著称。因为他们保留了弗洛伊德的许多基本概念和基本假设，他们认为弗洛伊德的局限是他没有认识到出生头几年后人格的变化，他强调本能而忽略社会影响，以及他对人类本性总体上的消极描述。】

——人格科学

童年的行为经历为什么对人的一生产生的影响相对更大，这恰是和生命个体适应生存的生物性发展模式完全相应的。如动物产下后代，面临残酷的生存竞争环境，父母辈不仅要自我生存，还肩负照顾后代的责任。很显然，后代子女能在最短的时间内获得独立生存的能力，就是对养护者生存压力的最大减轻，同时，相对增加了新生后代生存的机会，提高种族延续的几率。生物幼年期的迅速成长是生物与生存环境“交互性反应”的自然结果。人格发展前期之所以重要，主要是个体的生存所需的身心基础条件，在遗传过程中处于快速发育状态，个体的身心系统在做存活适应的基本机能的构建，是对遗传获取的身心基因基本物质形态完形化，是对通过遗传途径获取的所有发育成长信息个体化“重现”的唤醒（包含变异再现）。

主题一句话 人的发展是由生物性发展向精神性发展为主的变化趋势，并由获取触觉刺激为主迅速转向获取视、听等其他感觉刺激为主的机制形成过程。

【年幼儿童经历一系列以主要的性敏感区为标志的发展阶段。儿童经历口唇期、肛门期、生殖器期，最后进入性器期，能进行健康的性欲发泄。】

——弗洛伊德

在生命早期生物性发展需要的刺激中，口唇、肛门、生殖器、性欲等是主要的刺激发生途径，对个体的生物性发展及相关的心理模式形成起到重要影响作用。但是，个体从出生到发育成长，接受的刺激是由内部生理性发展需要为主，到认知情感精神发展性需要为主流转变的。对于生命个体——人来说，生理性发展需要的刺激是心理或者精神系统发展结构的沉淀和基础，也是每个人结构发展的第一层，认知情感发展性需要是心理或精神系统发展结构的主体和高层建筑。弗洛伊德先生认识到个体发展中，生理性刺激（如触觉）对发展个体心理系统的影响，但也相对轻视了视、听觉对神经系统（精神）形成的主体刺激作用。

主题一句话 父母体胖，子女体胖的几率就大，但不是必然。心理的发育也是这样。

【要么把自己归为某“类”人，要么确认自己有某些“特质”。这就是研究人格的特质理论。研究特质的人们试图确定能够描述大多数人的那些类型或特质，这些特质或类型可以用来预测行为。】

——人格科学

特质论是对人格生物性基础的最佳解释。所谓人格特质是在个体获取遗传信息形成的一定特征生理结构的基础上，发展出稳定的、身心行为倾向的特征。遗传信息是综合存在的，既有生理发展的定位，又有心理发展的定位；但不管是生理的还是心理的信息定位，都要个体身心发展结合当前生存环境的当前刺激，才有最终确定的发展定位。如生理的遗传与发展，先天的像父像母的因素，但骨与肉的发育依赖的滋养不是先天提供的，后天提供的营养对个体的最终发展结果起到重新塑造的作用。父母体胖，子女体胖的几率就大，但不是必然，如长期客观的营养不良必然导致其瘦弱状态。身体的发育发展是这样，心理的发育发展也是这样，都是在遗传的基因蓝图上经历当前生存环境的变异进而修改。所以，心理的存在，并不完全是后天再造的结果，如智力等。天分特质等就是个体社会化人格的发展前身，表现出更多的生物性特征。任何心理行为都是在生理的神经结构中完成的，所以身心是一体的，发生、发展表现出的特征是一致的。

二、人格形成与当前环境的关系

主题一句话 人与“其他共生事物”是互为环境的关系。

人格的形成，在以生物遗传结构为基础的前提下，是在当前生存环境的交互刺激反应过程中发生发展的。如代代遗传并非将父母代所有的遗传特征完全复制于后代，受精卵结合形成的过程是一个优胜劣汰的竞争过程，这一受精重组的过程同时也是上代部分遗传信息丢失的过程。遗传仅是提供发生发展的可能、生理特征的可能和心理行为特征的可能。成为个体自身的人格特征，必须经历后代个体于当前生存环境交互刺激反应作用的过程才能得以实现，这个过程可以简称为“现世经历”。生存的环境总是在发生着变化，伴随人类的进化，生存环境也各不相同，因此造就的人格特征也自然有所变异。可以简单地归纳为，遗传提供了人格发展倾向的可能和前提，现世经历塑造了个体当前人格的具体特征表现。

这里还需要纠正的是人与生存环境的关系。从有生命以来，不仅仅指人类的存在，生命和环境的关系就是平等的、交互的。确切地说，人与环境的关系是指人与同一生存环境中的其他事物之间的关系，每一类生物既是面对生存环境的独立个体，同时又是生存环境的一部分。也就是人与“其他共生事物”是互为环境的关系。气候等各类大自然灾难同样是与人类生命共生的，并互相制约。在人类共生的环境中，影响人格发生、发展的最重要的一环是人际关系环境，人与环境的最困难关系是人与自然灾难的关系。

主题一句话 防御机制意味着人类生存的被动境遇，生存机制还有体现生命主动性的“施加机制”在起着重要的作用。

【新弗洛伊德心理学家把人们碰到各种威胁时所采取的应对策略称为“防御机制”。(Snyder，1998) 阿德勒·安娜·弗洛伊德以及另一些人也主张从新的角度看待防御机制以取代西格蒙特·弗洛伊德描述的自我免受本能压抑的无意识过程。(Snyder，1998)】

——人格科学

当我们明确了人类所共生的环境的组成，人与环境的关系不再是被动接纳的，人类本身就是环境作用的主体之一，同样通过自己的活动产生给予他物的刺激，环境也作出相应的反应。因此，人格产生的行为机制就不仅是被动的“防御机制”，还有其另一面“施加刺激的机制”，如攻击机制、获取机制、施加影响机制等。个体生命存在需要身心机制的机能维护才能得以实现。个体在活动的过程中，机体总是与外界的各类刺激相交互，交互过程的特点及方式就是生命个体的生存机制。至于是否是被动的防御机制，还是主动的施加机制，或者是其他机制，都须依据一定的标准区分，而不是笼统地称之为防御机制。如果将个体生存机制都称之为防御机制，那说明，个体生存的状态在与生存环境的交互作用中，总是处于被动、孤独、受压迫的境况，否定了人对自然环境、自我能动作用的存在和平等环境的关系。人是自然的一部分，人和万物共同组成了自然，每一种生命的存在都是共融联系的，同样，每一种生命在自然世界的位置也是各自相对独立平等的。因此，当我们客观考察人的生存、人格的存在及发生发展特征时，要将人与自然环境放置于相对平等的立场，否则必然失之偏颇。

主题一句话 人类生活相关的一切现象，无不体现人格的特征。

【沙利文认为，无论是现实的人格还是我们想象的人格，都不能脱离人际关系而存在。人格“从来不能与复杂的人际关系相隔绝，人们生活在这种复杂的人际关系中，并成为他自己”。（Sullivan，1953）我们只有观察人们对各种人际情境作出怎样的反应，才能了解他们。在沙利文的体系中，“自我”的概念得到进一步发展，它只有在人与人的关系中才是有意义的。】

——人格科学

哲学中事物是“联系”的观点，可以帮助我们通过环境反映、了解个体或群体的人格特征。个体人格形成、发展、变化所需要的刺激就是源自环境中各类关系的动态存在。通过对个体社会行为及相关联生存事物的观察，就能得到对个体人格特征各方面的认知。

三、人格形成的自主性价值

明确了人与环境的共生关系，我们就会发现人类的自主意识对人格形成的推动作用。

主题一句话 每一个生命的生存都需要支持：自我内部的支持和外界环境的支持；自主也经历由自发到自觉的过程，由潜意识到觉意识的过程。

【和阿德勒不赞成溺爱孩子一样，埃里克森发现，父母的过度保护会阻碍这个年龄儿童的自主性的发展。如果不允许儿童进行探索，不能获得个人控制感和对外界施加影响的认识，儿童就会产生一种羞怯和怀疑的感情。】

——人格科学

在任何阶段，个体都是需要支持的自我，即既要有自己的独立性又要有环境或外在的支持（依托于个体生命存在的情感属性）。因此，人在生命过程中的每一个阶段，既不能给予完全的呵护使个体削弱自主，也不能给予完全的抛弃使个体厌恶社会，每一个阶段都是自主发展和社会性支持相互作用的协调。如果不得协调，个体将出现社会化属性的障碍。

自主在个体的成长过程中表现出特定的发展趋势：个体的发展先经历潜意识自主到觉意识自主的过程，再由理解自主、建构自主、树立自主（生活里通常所说的“自我”）到完全自主的发展过程（因为自始至终，生命个体总是以自我需要为中心、为生命活动的出发点，自我需要是自主的本源）。潜意识自主，是本能性自我中心表征，外界一切无条件无理由的为我存在而存在；觉意识自主，是觉察到自我存在的需要和条件限制的状态，是自主的现实性得以发展萌芽的自主混沌；觉意识自主的矛盾期从意识到外界对自我保存需求的限制廾始，直到完全自主的形成。人生大部分是在觉意识自主的矛盾期度过的，在这一过程中，理解自我存在价值和意义、树立自我和世界的关系（世界观）是觉意识自主的内涵；当形成了自我和世界的观念，就开始了完全自主的生存活动。在完全自主的历程中，是自我和外界最佳的协调，自我相对不再受外界的限制，自我完善为外界环境提供最大的价值作用。环境成就个体的发展，个体自主的完形能反哺环境，自我和环境是互哺互利的有益关系，这就是完全自主，也是完善的自主。正如孔子所言，“吾十有五，而志于学。三十而立，四十而不惑，五十而知天命，六十而耳顺，七十而从心所欲，不逾矩”。七十岁随心所欲、不为拘泥，而且不逾矩，完全与社会融于一体，我即社会、社会即我，我即环境、环境即我。

主题一句话 人之所以为万物之灵，是先天的身心机能作用，更是在先天机能中发展出来自我的强大自主能动性作用。

【与弗洛伊德一样，沙利文强调早期经历对成年人人格发展的重要意义，他对儿童与母亲之间的关系特别感兴趣。但是，和埃里克森一样，沙利文认为：人生最初的几年后，人格仍继续发展。他认为人格发展有七个阶段，他称其为发展时期。这七个阶段是婴儿期、儿童期、少年期、前青年期、青年前期、青年后期和成年期。弗洛伊德用先天生物钟来描述发展阶段。而沙利文认为，这些阶段主要是社会因素决定的。儿童以特定方式通过特定的阶段，其原因，一部分与该阶段的生物变化有关，另一部分与儿童在该年龄的特定

处境有关。因此，在不同文化背景中成长的儿童会经历不同的发展阶段。】

——人格科学

沙利文的影响个体人格发展阶段的因素论述是有道理的，个体人格一方面受个体生理性发展影响，一方面受个体生存的环境影响。因此，不同的个体人格发展的时间阶段是有所差异的，不能以年龄为统一的划分标准，只能以个体行为表现的特征为依据。但人格发展的阶段是难以细化的，可以宏观地从自我存在感发展的显著性变化予以划分：未觉察自我、觉察自我（理解自我、塑造自我）、自我实现。

自主反应是生命个体主观能动性的体现，主观能动性的大小是生命差异的衡量标准之一。人之所以为万物之灵，是先天的身心机能作用，更是在先天机能中发展出来的强大的、自我的自主能动性作用。自主性体现在人类生命过程之中，存在很普遍，并且意义重大。竞争中，人类逐渐在经历中意识到不能被动要争取主动、抢占先机决定发展的趋势，也是生命自我控制感衍生出的最高智慧。无边的好奇心、无怨无悔的探究行为等都是人类进步的根本，而这些都是生命个体主观能动的行为，而非被动应激反应行为。这也许是人类不甘被自然约束、被命运制约的自我挑战，决定了人类在生命的系统中出类拔萃。

人类在生存环境中，除了应对环境的生存挑战予以应激反应，还有更多地为满足生存需要的主动性施加刺激行为，自我实现是主观能动性的高级体现。在生命生存行为中，主观能动性和被动接受共生，主观能动性的大小是生命进化级别的一个重要标志，植物的生存行为能动性就因为结构特征限制，普遍不如动物的生存能动性；普通动物的主观能动性因为神经系统的限制，普遍不如灵长类的生存能动性强。同样需要的满足，可以是被动形式也可以是主动的形式。婴儿饥饿用啼哭主动获取饮食，随着身心机能的成长，个体的主观能动性逐渐增长，由被自然环境、生存条件限制约束，到能主动影响自然存在和内心的完全自主，突出的表现如禅、佛、道家之高人心性。

人类的发展进化相对来说是一个逐渐脱离自然约束的进程。虽然，人属于自然的一部分，人在弱势情况下表现出较多的被动生存行为及人格特征。被动和主动是相互依存，并可以相互转化的。自然界每时每刻给予人类大量的刺激，人类多处于接受、接纳的客观被动境地。但是，当人类发生主动获取自然生存条件、寻求新发现、控制刺激发生和接纳行为的活动，这就是人类主动性的表现。

很多刺激存在我们不能改变，但我们不得不接受它的存在，因此我们可以认可接纳，而不是否认它的存在。这一情境下既有客观被动地接受又有主观能动地接纳。虽然主观能动性普遍存在，但主观能动性有自己的发展层次，个体所处主观能动性的层次不同，生存状态不同。生物性需要满足的主观能动性是普遍存在的，但表现差异也很大。具体举例，如有的人只要吃饱可以不管吃的是什么、口味如何，有的人很讲究生活饮食的质量。精神上需要的满足主观能动性差异最大，有的人满足于眼前，有的人看得很远，有的人一辈子浑浑噩噩，有的人在为人类生存营造自我的价值。曹操云“不求留名千古、但求遗臭万年”，先不论观点倾向如何，单从这句话表达的发展需要，也可以体现出人类个体自主能动的表现。

四、人格存在及发展的特征

主题一句话 人格形成于人的群居环境，社会道德是人格属性之一。

【我把人格定义为稳定的行为方式和发生在个体身上的人际过程。】

——人格科学

我们在探讨人格的时候，多是排除人格的社会化存在因素。人类是高度社会化的群居性生存团体，我们总以人类发展的理性高度而自豪，并以此将人类自我区别于其他生命群体。基于人类社会化的属性，我们对人格因素的探讨，不能抛弃或排除社会道德的成分，否则就是不完整的人格构建。在现实生活中，我们通常以“一个人没有人格”这样的评价贬低损毁一个人的自尊，意思是此人没有社会人应有的道德水准，缺乏人类应有的理性高度，如同低等的兽类一样。由此看来，人格的社会道德属性（理性高度）是人格结构中重要的组成部分，是将人类于其他类生命做根本区别的不可忽略的标准，而且这一判别的标准早已深深“约定俗成”在社会人的认知生活当中。人在生存活动过程中，与环境产生必要的交互作用，这一环境可以大致分为人际间交互过程和人与非人类事物之间的交互活动，两种倾向的活动存在，才是人类生存活动的全部。人类社会内的生存竞争的激烈，使我们更多地关注于人际间交互作用的过程，这一人际过程对我们个人的生活存在起到至关重要的作用，直接影响到我们每一天每一时刻的感受和情绪等生存状态的发展变化。而人与非人类事物群体间的交互过程，虽然也非常普通平常，但因为它们处于远远低于人类的低理性存在状态，被人类认定为“服务于人类存在的财富”的实体，被人类忽略失之于平等交互的地位。这是人类的主观误解，是人类自大不自知生存状态阶段的反应。人类伴随环境气候多变进化发展到了今天，这一看法已经开始有巨大的转变，逐渐将自然环境（非人际环境）摆到了友好共处的“与人类平等交互的地位”，体现了人类群体性自我认知由非理性到更多理性的进步，体现了人类认知从潜意识趋向于觉意识发展的必然历程。

主题一句话 每个人生存的社会力量来源于自我构建的社会关系。

【人们静心思考什么是生活中最珍贵的东西时，职业、个人成就、物质条件比起我们所爱的人来总是排在第二位。确实，埃里克森和沙利文都认为，我们面临的首要任务是建立深厚而有意义的人际关系，尤其在青春后期和成年早期。】

——人格科学

人际关系的建立在一个人的社会生存状态中有着支撑价值，虽然人类对此有所重视，但这种重视仍然处于一种自然非自觉的潜意识活动，属于通常所说的“集体无意识（潜意识）”活动范畴，而未来发展为“集体觉意识”将是必然。群体化生存是人类战胜自然环境、凭借协作建立起的个体生存社会人际支撑力量体系，个体的人际体系构建了庞大复杂的社会关系。所以，个体出生后获得独立生存能力的必修课程是完成社会化。反之，不能完成社会化过程的，或者社会化过程出现障碍的，将因为缺乏良好社会人际的支撑力而被社会所驱逐，甚至淘汰。我们明确个体社会化的核心是人际关系的融洽建构，将社会化从我们的潜意识需要变成我们的觉意识需要，以促使更多人类个体拥有更加“智慧理性”的人生，促进人类群体综合协作能力的形成和集聚，实现人类社会的高速进化。简单概括为，个体的生存需要个体人际关系的力量，群体的生存需要群体人际关系的力量，关系不是力量，但生存的社会力量来源于社会关系的存在，依赖于社会关系滋生。个体社会化的完成，社会关系支持力量的获取及其意义，是部分人“秘而不宣的法宝”，总体是以个体的自主能动性为基础的，并为个体主观的需要和体验所制约。具体地说，关系的建立需要自主努力，对关系状态的体验决定于自己的主观判断选择。但客观论断，人类拥有的能动性状态也属于自然自发水平阶段，所以，发展人类的能动性，促使人类社会的每一个个体养成能动人格，实现以觉意识对抗潜意识行为心理产生弊端的最大化效果，通过优化个体生存状态，实现人类群体生存状态的巨大进步。

主题一句话 潜意识和觉意识是相互转化的，在意识的任何一种模式下产生的规律化、稳定性行为，都存在模式化意义。

【尽管荣格主张不同人格类型的根源和结构是以无意识为基础的，但后来的荣格派心理学家发现，他们通过被测者对自己行为和情感的自述，能够确定他的人格类型。】

——人格科学

人格表现为个体较稳定的行为模式总和。人格行为在个体经历生存活动中体现出模式化，每一种稳定的行为模式都是在意识的作用下完成的。有的行为是在潜意识的作用下行使，有的行为是觉意识引导下的表现；对于那些为觉意识引导的行为，也是一个人认知模式作用下的结果。因此，在意识的任何一种模式下产生的规律化、稳定性主体行为，都存在模式化意义。潜意识和觉意识是相互转化的：当新的行为已成为习惯方式表现，觉意识作用下的行为就转变为潜意识作用的行为；当稳定的行为需要调整时，觉意识起到调整的作用；潜意识和觉意识在人与环境的交互过程中，因为个体的“当前活动需要”，促使行为意识在潜意识和觉意识的不同类属中自由自然地实现转换。当我们从人格的角度探讨行为，会发现个体的行为模式通过人际关系作用施加于他人，并通过他人的“镜面”反映作用关系和自我反省途径形成对自我人格模式的认知，并将这一认知储存于觉意识当中，这是对人格存在的元认知过程模式。

五、人格的维度——五维人格的性质

主题一句话 人格五维划分仅是将组成人格因素的一个标准的划分概括，一个探讨的视角。我们可以进一步综合维度，如可能性、发展性、社会性三维，或者先天和后天的两维等。

五维人格系统（模式之和）

遗传维度（可能性）

情感维度（发展性）

认知维度（发展性）

行为维度（发展性）

道德维度（社会性）

我们之所以将人格维度确定为这五个方面，依据是这五个维度包含了影响人格存在发生、发展、变化的所有因素。

首先是决定人格存在的遗传维度。遗传通过基因完成，将前辈的生存机能通过遗传的信息化方式传递到后代。这些信息包括：肢体的发育信息和心理机能的信息。人格的遗传因素就包含在心理机能的信息范围里。延续的个体有了遗传获取的身心机能的信息，就为个体在当前生存环境中的生存发展活动奠定了前提和基础，没有遗传的信息，延续个体的身心机能就不存在任何发展和倾向的可能。所以，我们把遗传成因的性质确定为可能性，即为个体的存在发展提供倾向性发展的前提和可能。之所以将遗传维度定型于“可能性”，还有遗传因素和后天环境的交互作用存在。任何遗传的仅是提供发展延续的可能，身心机能都是延续的可能性存在，延续后代通过遗传获取的身心机能，如强壮的身体、超凡的智力，在个体发育的最初，都仅是身体强壮长寿或者智力超凡可能发生的前提，但绝不是必然。伤仲永是对智力超常个体的最好概括，突发的瘟疫对身体侵害的偶然性是强壮得以遗传的天敌，很多疾病都是健康身体的克星。有了良好的遗传前提，至于遗传个体能否在当前生存环境中获取强壮身体、优异智力、杰出能力的现实“现世”结果，还需依赖当前生存环境对遗传可能的挖掘。可能性是对遗传作用于人类生存发展价值的客观认定。

至于其他几个维度，情感、认知、行为、道德都是在遗传维度上发展而来的人格因素表现，或者说，是一个人在当前生存环境中，具体的人格表现，是通过“情感特征、认知特征、行为特征和道德特征”得以具体表象的。道德属于个体社会性的表现，但因为其同样体现了社会道德存在于个体机制中的发展过程特点，所以将这四项并列。虽然在此处将人格的社会化因素和“情感认知行为”人格的主体维度并列论述，但并不是忽略人格社会化属性的存在，不是忽略人格道德因素、人类理性因素在人格结构中的重要地位和价值。

主题一句话 人格模式的具体化有很多种表现，其中，基于自我存在感的人格表现可以分为“控制”和“接纳”型。

【荣格认为这种差异反映了两种基本态度，他称前一种人为内倾的人，其主导倾向是把精神能量向内排放，内向者倾向于把注意集中于自己的内部世界。他们是内省型的，在社交上表现退缩。第二类人的主导倾向是把精神能量向外排放。他称其为外倾的人，其特点是外露、积极、对任何外部世界感兴趣。】

——人格科学

生命个体存在目的最基本的是“保持存在”，维持生命，然后才是改善生存优化生存。基于自我存在角度的人格分析，控制和接纳是人格的重要表现特征，具体的表现方式很多，如内向与外向、勇气与懦弱、张扬与内敛、外投射与内投射、乐观与悲观、攻击（占有）与屈服（妥协、逃避）等；从行为的特质分析人格表现，如急性与慢性、谨慎（理性）与鲁莽（冲动）、粗心与细腻、宏大（豪爽）与小气（刻薄）、热情与冷漠、聪明与愚蠢、敏捷与迟钝、奸诈与直率等；从社会道德规范的遵守角度分析人格表现，分为高尚与低俗、拘谨与叛逆（张扬）、诚实与虚伪、奉公与自私等。

主题一句话 特质论是我们如何具体描述某个体人格特征的最佳依据，根据个体行为所体现的主要人格维度特征，确定个体独特的人格模式系统，得到个体的“人格定位”。

【奥尔波特把5个或10个最能说明个体人格的特质叫做核心特质（central traits）。那些在构成我们人格方面起次要作用的特质是次级特质（secondary traits）。虽然不同的人的核心特质数量不同，但奥尔波特认为，一个单一特质偶尔也会对某种人的人格起主导作用。这些为数不多的个体可以用一种首要特质（cardianl traits）来描述。奥尔波特列举了一些特殊人物，他们的行为就是因为某种特质起着非常突出的作用。以至于这些人物的名字成了这类行为的同义语。当我们谈及某人的时候，我们称他们为马基雅维利式的人物、荷马式人物、或者唐璜式人物。】

——人格科学

奥尔波特从特质的角度对人格予以探讨，给予我们对人格维度在人格系统中的主次表现关系，有良好的启发说明：不同人格维度存在于每一个个体，在个体的人格维度系统中主次表现很明显；对人格表现起到特征主导作用的往往是某一维或几维。特质论表达的核心是：一是从稳定性方面探讨人格模式的存在，另外是从人格某一维度对个体行为特殊制约作用的角度探讨行为的发生特点。个体人格的不同维度在个体行为中表现的强度不同，反映了其在行为中的主导作用不同。客观地说，每个个体都具备人格的所有维度，遗传性、社会性、认知情感行为独特性表现等，差异在于控制个体行为的人格主导维度和非主导维度组合不同，还在于个体的某一表现在某一维度的位置不同即某一维度表现的强度不同。如有的人得益于先天智慧较突出，有超凡脱俗的表现、大智大勇的表现；有的人得益于社会道德的理性熏陶，克己奉公成大仁大圣；有的人成长中遭受创伤导致性情变异，狂暴伤人，成为社会的祸害；有的人不明事理，做事乖戾等等。五维人格宏观上五项因素组合，微观上每一维度不同的位置表现差异都是无限的，因此，人格因素组合无限人格表象则趋于无限。对于任何个体的人格认知定位，可以用核心的几个人格维度予以较充分的衡量说明，最简单的莫过于用“首要特质”也就是人格的“主要维度突出表现”予以迅速定位了。

对于某个个体来说，其人格表现是一个模式复合的系统。情感有情感的模式，认知有认知的结构，执行有执行的特征，遗传有遗传的差异，不一而足，各有表现特征，综合则为一个人的人格特征。依此类推，人类的集体潜意识表现和集体觉意识表现复合成为人类群体人格的特征。

六、人格维度间一体表现的相关性和对立性

主题一句话 性格开朗的人乐于交际，这是人格维度行为表现的相关性；果断和武断只有一步之遥，节约的美德和刻薄会成为连体，这是人格维度行为表现的对立性。

【尽管对因素分析持有异议，奥尔波特在建立特质词汇表上却做出了令人瞩目的尝试。(Allport & Odbert) 他先从英语词典里查出一组特质词，加进一些其他的俚语，再对这 18000 个词语进行分类。这些类别为：稳定的持久的特征类，暂时的情绪状态和行为类，社会评价类，身体特征与才能或能力的混合类。】

——人格科学

特质是对个体人格在不同维度上表现出倾向的称谓，如在认知事物发展中的趋势判断倾向维度，一种倾向表现可以称之为“乐观”，另一种趋势判断倾向为“悲观”，悲观和乐观是对同一人格维度的两级倾向的称谓，有了这些称谓，使我们可以明确地勾画描述某一具体人格的模式。特质还具有特征品质的含义，指的是个体拥有某些人格维度的倾向表现出较好的稳定性，或者是在类似的环境中表现出某些“人格维度倾向”的稳定，或者在不同的环境中表现出类似的行为倾向，因为行为倾向“相对重复”地出现，也就是“模式化”表现，即界定为个体的人格“特征、品质”，简称为特质。奥尔波特用归纳的方法，希望从“词典”中整理分析发现人格的维度，但因为对人格的理解未能从影响形成人格的根本因素上把握，所以，出现的 16 人格、12 人

格、大五人格等等，都显得对人格描述混乱。不管是哪一种人格的描述，都已经涵盖了人格的大多方面，区别在于分类的差异导致认知的清晰度存在较大的差异，对人格的把握认知存在较大差异。

在对特质的探讨中，我们难以忽略的是个体具备的重要特质表现出明显的相关性和利弊两面性。关注了宏观丧失了微观，爱好多样难以专业成就，思维深刻往往反应迟钝，果断和武断仅一字之差，逻辑性往往抑制了悟性，现实的理性往往掩盖了感性，小心谨慎会和刻薄小气同时出现……每一个人格维度因素的过倾表现都会导致两面对立性人格模式结果。

首先是人格系统中的模式表现出明显的相关性，好像是“互生特质”，有左就有右。如一个残暴特质倾向的个体，通常具有反应敏捷的特质，残暴和敏捷倾向在同一个体表现出较大的相关依存性（这仅是众多的类似“特质互生”现象之一，一种人格系统的状态），这是特质的相关性表现；

暴躁——武断、果断　乐于交往——亲和、爽直、缺心眼

自主——自信、自负　自卑——虚荣、虔诚、指责

认真——小心、仔细、谨慎、小气、刻薄、犹豫不决等相关集合

其次是人格模式表现出对立现象。第一是同一特质的对立表现：反应敏捷的个体，在处理事件中既可以表现为“果断”，也可以表现为“武断”，果断和武断仅有点滴差别、一步之遥，在某些情况下互相转换，这是个体突出特质的利弊两面性。如：

武断——果断　耿直——缺心眼　自信——自负　虔诚——指责

认真——刻薄　等同一特质的双面对立

第二是同一维度不同特质的对立。以上的双面对立是同一倾向的不同表象，因为分寸把握出现细小差异的不同“性质”结果。人格的对立还使个体表现出在同一维度人格倾向的偏重和缺失的矛盾，即不同特质的对立，如关注了宏观，就失去了微观的品质，粗放的人格拥有豪爽却难以做到细致，反之亦然。爱好多样却难以专一，逻辑性强往往掩杀了灵性和悟性，注重理性缺失感性。如果“果断和武断”的人格特质为正相关，果断和武断只有一线之隔；那么，人格特质的极端化存在使个体表现出负相关行为特征，处于人格某维度倾向的一个较极端位置的特质，如抽象逻辑思维强的人，往往表现出较弱的形象感性特质，反之感性的人容易缺失理性把握。

七、人格概念和其他理论的关系：

主题一句话 人格是心理学研究的核心，人格的概念包容了一切心理学成果。

人格：由遗传构建［生物论、特质论］个体的基础［先天性］，在社会环境［当前诱发因素、社会化属性］中，个体的自主倾向［精神分析论、人本论、认知论］和外界有效刺激交互作用下［行为论］，形成个体独特［个性化］的身心［内外一体］行为反应模式［稳定性］。

五维人格结构图及说明

主题一句话 五维人格仅是对人格结构组成的客观描述之一，每一个个体的人格因素表现都归属这“五维”之内，每个个体的人格都是体现这些维度的不同行为组合。有多少人就有多少人格模式。

人格系统的结构和神经系统的活动是相一致的，是金字塔式多级整合，上行表现为活动机制逐渐复合的高级系统，下行逐渐分解为简单的行为模式。高级机制活动建立在下一级机制活动的基础之上，是对多个下一级机制加工提供的信息再次综合加工，形成认知、信念等；反过来，高级机制发出指令，由各分级机制分解协调完成，这便是行为反应和执行。人生存机制的金字塔是动态存在的，随着进化，其复杂性也在增加，生存机制的机能逐渐增强，大脑容量的变化是这一进化存在的表象反映。当然，一些生存机制随着环境的变化也被个体自然淘汰。

从本系统图中，我们可以理解为什么每个人都会出现三种人格模式并存的情况，即父母式关怀人格、自我式独立人格、儿童式寻求保护的人格。每个人不是独立存在的，我们的生存社会角色是多样的，家庭关系中，我们扮演孩子、自我、父母的角色，工作关系中扮演领导、被领导、并列岗位角色，交易关系中我们扮演买、卖角色。每一种稳定的生存行为都有相应人格行为模式存在，你扮演了多少角色你就拥有这些角色的人格模式。我们并没有因为获得了生存的独立抛弃了父母长辈的指导，儿童式人格依然存在；我们也没有因为成为父母而抛弃了自我发展，没有因为还是孩子放弃对弱者的关怀。每一时刻，我们在社会中的角色都是复合的，为了交互融洽生存的便利，面对不同的人、所在不同的环境，我们潜意识选择与之相应的行为模式，这决定我们复合人格的必然存在。我们不可能在孩子面前总以自我的模式出现，让孩子感觉到冷漠；也不能在长辈面前总以长辈的姿态出现，让长辈失去尊严。时位之移人，人格相对稳定的环境具备良好的稳定性，相对于不同的生存环境具备良好的变化适应性。人格存在的模式，完全符合个体自我存在最优化的第一需要。

在如下图（1）人格系统横向结构（2）人格模式的纵向结构（环境代表生存的时、空差异）

（1）人格整合系统横向结构

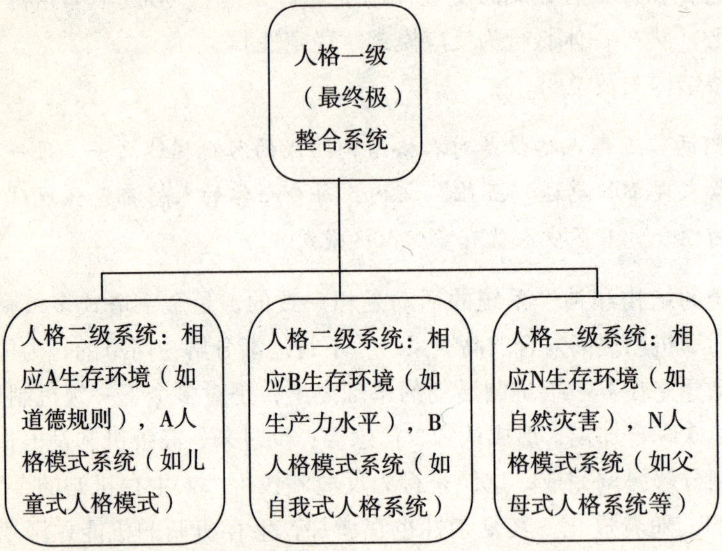

（2）人格整合系统纵向结构

五维人格系统（模式之和为系统）：

遗传维度（先天的可能性、主客一体）

情感维度（当前的发展性、主观自我）

认知维度（当前的发展性、主观自我）

行为维度（当前的发展性、主观自我）

道德维度（当前的社会性、客观环境）

遗传给予个体的是先天生存机制可能性，身心机能的可能性开发及优化（进化的微观）发展，还需要通过个体的情感、认知、行为与当前环境的互动中得以体现。道德属于人类社会环境群居规则的重要标志，人格必然烙上道德的社会化规则标签。如果说“遗传维度”是基础前提，那么“道德维度”就是高级目标，而这两项维度都是通过人的“认知、情感、行为”的维度具体表达得以展现的。

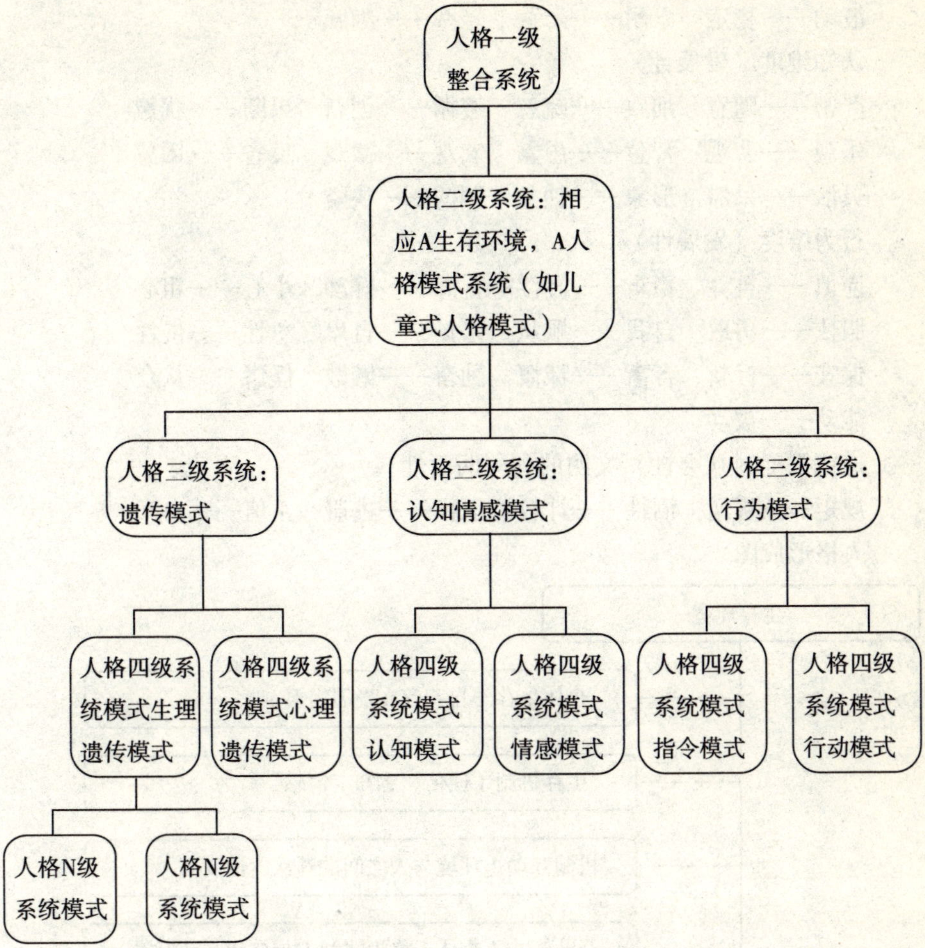

人格维度的两极化倾向参考

主题一句话 人格的每一个维度都存在两个倾向的极端，这些极端化表现，往往是我们“定位”一个人人格特征的主要根据。

遗传维度（可能性）

敏感——迟钝　精神——物质　敏捷——呆板　强壮——瘦弱

特长——残疾　男性（化）——女性（化）

情感维度（发展性）

广泛——专一　热情——冷漠　脆弱——坚韧　多疑——信任

好胜——追随　坦诚——虚伪　进取——退缩　自尊——奴性

依赖——独立　苛刻——宽厚　指责——愧疚　冲动——无应

波动——稳定　忍耐——暴躁　轻率——细腻

认知维度（发展性）

严密——随意　细致——疏忽　遵循——创新　果断——犹豫
乐观——悲观　智慧——愚蠢　宏观——微观　反省——困惑
灵活——呆滞　形象——抽象　渊博——狭隘

行为维度（发展性）

谨慎——鲁莽　稳重——轻浮　喜静——好动　小心——粗心
胆怯——勇敢　自我——顺从　张扬——自卑　急性——慢性
保守——标新　吝啬——慷慨　勤奋——懒散　怪癖——从众
能动——被动

道德维度（社会性）文明的利弊两面性

规矩——叛逆　牺牲——计较　承担——逃避　正值——自私

人格形成图

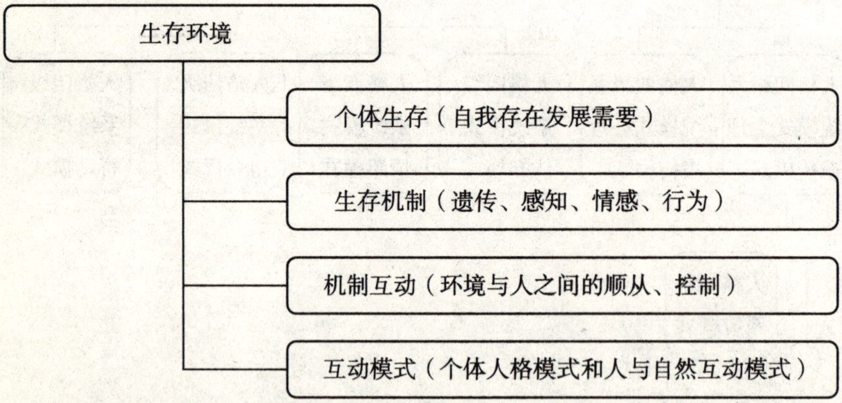

对人格的具体论述，参见后面各章节。

人格论——认知章

只有觉意识能和潜意识相提并论。

——作者

1、**主题一句话** 对人格类型的认知经历着由粗略到细致、由生活化到科学化认知定位的过程。

【A 型者比 B 型者做得更多，但报告的疲劳程度要小于 B 型的人。在另一个研究中，当 A 型者突然受到电击或大的声音惊吓时，他们总是否认自己遇到了麻烦。（Pittner & Housten，1980；Weidner & Matthews，1978）同样的，A 型的成年女性比 B 型的成年女性更少抱怨由于月经带来的身体不适。（Matthews & Carra，1982）为什么 A 型者拒绝承认疲劳或其他困难？一种可能就是他们在追寻高成就的过程中学会了如何应付困难。也有另一种可能，就是 A 型者特别不喜欢承认自己对某个具有挑战性的任务失去控制。】

——人格科学

事实上，A 型比 B 型可能客观付出更多，但心态使他们恢复得更快，是心因性的心理动力作用，而不仅仅在于否认，更不是刻意地否认，是心理较强的控制感或支配感效应。"性格决定命运，心态决定成败"，这句话是社会人对自我行为事实的总结，比试验更具有客观说服力。可以这样确定，所谓的 A 型就是控制型或支配型为主导的人格维度系统，B 型就是接纳型或者被动型为主导的人格维度系统。

最有意义的是，随着心理科学的发展，人对自我认知的进步，反省的客观存在，个体生存需要支持的社会化发展（社会化支持），这一切都在促使个体的人格向着更适宜自我生存的方向发展，更多的人格调适性发展事实存在，对任何一个人都不再以属于甲或乙、A 或 B 来简单定位区分认知，只能将个体具备的人格因素确认归类，进一步将核心和主导人格维度作为个体人格的标志。

2、**主题一句话** 集体无意识是群体人格的表现。

【每一个人都有与生俱来的无意识素材，而且每一个人的无意识素材都基本相同。根据荣格的说法，正像我们从祖先那里继承了生物特征一样，我们也继承了无意识的心理特征。集体无意识由初始意象（prlmorctial images）组成。荣格将这些意象描述为以特定方式对外界进行反应的潜在性（可能性）。新生儿很快就能对他的妈妈做出反应，是因为我们每个人的集体无意识中都保留了妈妈的形象。同样的，我们对黑暗和神的反应，也是因为从祖先那里继承下来的无意识的意象。荣格把这些意象统称为原始意象（archetypes）。荣格描述过许多原始意象，其中有很多是母亲、父亲、智慧老人、太阳、月亮、英雄、神和死亡。原始意象的数量几乎是无穷无尽的。荣格认为，“有多少种生活情境，就有多少原始意象。”】

——人格科学

人类普遍存在的潜意识行为就是所谓的“集体无意识”。

集体无意识体现了机能信息的遗传性，而并非确切行为的遗传。如刚出生的小鸭子会把第一眼看到的“动物”当做是自己的“亲人”，即使是大灰狼。这不是遗传了母亲的“意向”，而是遗传了寻求“母爱”的机能，这才是遗传的根本，即遗传的是行为的可能，行为的可能在于遗传获取的基本行为机制结构，在“当前”环境下刺激“再生”的机能表现——每一次再生都是一次变异。

3、**主题一句话** “三岁看老”体现出人格模式变迁的延续性，包括归因的模式。当我们面对未来还处于相对无知的状态下，每个生命都有自己不可替代的潜在价值，眼前的一切不代表未来。

【像其他人格变量一样，解释方式在时间上是比较稳定的。一项研究发现，在对消极的生活事件的解释方式上有一种特别令人难忘的稳定性。（Burns & Seligman，1989）研究者比较了老年被试用于解释为什么不幸事件发生在他们身上的归因和他们年轻时在信和日记中对类似事件的归因。结果发现，老年时做出的归因类型和在平均52年以前做出的归因类型之间的相关是0.54。】

——人格科学

这项研究从另一侧面说明，认知模式、决策行为模式在发展的关键期形成作用或早期发展影响效能如此深远。但也并不是说，关键期对个体人格模式的构建是一成不变的，人格模式还是会在自主能动的作用下，环境施加刺激的作用下，向更有利于自我生存发展的趋势调整变化，认知的水平、行为的结果反馈，会不断地矫正关键期获得的人格各维模式。

任何心理行为模式的表现，或者说人格维度的各样特征，之所以成为模式和特征，与其关键期的发展获得密不可分。所谓“三岁看老”，及其他类似的说法，即从一个人童年的行为表现，也就是还不够成熟、还没有完全成型的人格模式，可以推测出一个人未来心理行为表现的特征。当然，不是说完全一样，而是有很多相似。有这样普遍的“认知”结论，一方面和“周围人的刻板心理、研究者期待心理”对号入座认知方式相关，更和一个人人格发展、模式变化的延续性分不开。

遗传性的当前改造变化是很微弱的，童年形成的模式如认知归因模式具有延续性，如果有所变化，也是环境施加的刺激和自主为了更好地实现从环境中获得最大利益所做的调整带来的结果。任何事物都是前后发展相连通的，人格发展模式的变化也不例外。如果人格特征变化差异很大，则是环境的巨大差异和自我发展获得的良好调整能力共同作用的原因。也正因为如此，才有进化的存在，才有当前这一代生存的延续性价值。

客观地说，我们每个人的历史价值就是在当前生存环境中，通过与环境的交互，不断地发展人类自主的能力，改变人与自然的关系，改善人类生存的状态，一代就是进化的一小步——从这方面来说，每个人的存在都是有着难以评估的潜在价值。我们不排除你眼前的一个乞丐，他的子孙会统治未来的地球；也不排除眼前辉煌的那个人，他的子孙不会成为可怜的乞丐。人类早已总结类似的“发现”，所谓“富不过三代”等等说法。

4、**主题一句话**　归因的特征代表认知发展的水平，完全归因于外或者总是归因于内都是主观极端性的表达，脱离客观实际，必然导致谬误：谬误的认知、谬误的情感、谬误的行为和谬误的存在。

【首先，我们可以把归因分为内部归因和外部归因。你可以把你的不能控制归因于某些个人因素，诸如能力差、动机低；或者归因于外部原因，如考试不公平。内部归因越多，你越可以体验到“习得性无助”。第二，归因可以分为稳定归因和不稳定归因。】

——人格科学

对事情成败的归因通常有两种倾向，所谓的内因和外因则是“对自我控制力”和“对外界顺从性”的一个方面的体现。

所谓的内部归因指归因于自我的作用，自我的控制力作用于生存活动导致事情成败的效能判断，外部归因指归因于生存环境的制约作用，外部的力量对生存活动成败作用效能的判断；归因于外，体现出个体的顺从性，归因于内，体现出个体的控制感。

如果屡屡失败，归因总是指向自我控制的效能（否定自我作用力），控制感会逐渐丧失，也就是无力感的获得；如果屡屡成功，也总是归因于自我控制的效能，控制感会逐渐强大，甚而会导致狂妄（如历史上的秦始皇、成吉思汗、拿破仑、希特勒等）。归因于外是同样的道理，事情成功，总是归于外会导致更加的顺从；事情总是失败，归于外会导致无限的逃避和依赖，完全失去自我。

所以，归因于内于外，不可不分辨而论，“归因”对于个体的生存发展效能，不能偏执于一面。偏执于一面，个体的人格就表现出“不妄则卑”的健康缺失状态。

5、**主题一句话** 知其然而不知其所以然属于认知的疲劳：原因和结果总是延续不尽、相对转化的——结果是后续的原因，原因是结果的前身。然与所以然仅是延续的原因结果的一部分或者一个段落。我们把能对事物发展多阶段、深层次原因结果的认知叫做“知其然并知其所以然”，对事物短小片段的认知就叫做“知其然而不知其所以然”。

【人给自己的无法控制做出的解释就叫做归因。】

——人格科学

知其然并要知其所以然，竟是人类认知过程中形成的基本机能！事物是怎样的，为什么是这样（这样是什么原因），是人类认知的基本模式。孩子从产生语言，就会不停地问“为什么”，以最“省力”的方式寻求答案。随着个体社会化发展，认知等生存能力的增强，个体越来越依赖于自己寻找所见一切现象隐藏的答案，或者借鉴媒介，或者自己直接体验。不管以怎样的方式，也不管答案是否客观，个体都会给予自己一个“解释事物存在发展原因的答案”，这就是“归因”。归是归纳概括总结或者归属倾向，因是为什么或者原因。

归因是个体认知的基本机能和需要，即“为什么这样的存在”和“怎样的存在”、“我将怎么样”，构成认知的基本结构（怎样、为什么、我能怎样），充分体现人类对世界的探索、对自我存在意义的探索（“为什么呢”反映了“和我有什么关系呢”“对我怎么样呢”的潜台词)。

我们平日里常说很多人对某些现象的认知是“知其然而不知其所以然”，这是归因的一种疲劳状态。

归因属于认知的范畴，遵循“参照累加”识别认知规律。新奇的现象总会引起认知的积极识别，以“新知”纳入并构建自我认知的系统；对熟悉的、熟视无睹的，或者为自己识别系统判定为熟悉的现象、未能发现其新异表征存在的现象，都会因为现象的“似曾相识”、事件原因在认知系统“相关已有”、认知模糊迁移机能自然抑制识别活动“明察秋毫”的积极性等，导致“知其然好像不知其所以然”。这里表现出的“不知所以然”是潜意识里对“自以为知其所以然”的替代，再次体现了迁移机能弊端的一面（也许这就是认知感受性变化的决定性因素)。对事物存在原因的解释，不管是觉意识的“知其所以然”，还是潜意识的“自以为知其所以然”，个体对事物的状态都有“为什么”的答案存在于自我建构的认知系统之中。

6、**主题一句话** 在了解自己归因的模式后，就可以“有意识”地应用归因，调节自我认知行为，完善自我的人格表达。

【一个人对未来事件的反应依赖于你知觉到的理由的稳定性。……归因模型同时还给我们指明了一条比较简单的提高成就动机的近路——改变人们的归因。有一组研究人员曾在大学一年级新生身上做过这样的实验。(Wilson 和 Linvile，1982)】

——人格科学

归因也体现了对一种结果的接纳。

归因的倾向不同引起继续行为的心理动力也不同。归因的诱导是调节心理动力的有效方式。针对不同人格倾向的个体采取不同的诱导倾向，不够自主的人不能再过多地否定自主，极端自主的人不能再过多地否定外界和偶然的作用。

7、**主题一句话** 很多人在很多时候都会出现“认知狭隘”的状况，“一叶障目不见泰山”不是某些个体独有的，任何个体都有可能。之所以如此，是因为认知和情感的活动机制相互关联、相互影响制约，人在大喜大悲时的认知能力和平时差异很大，每个人都是这样。少数人在少数时候能在大喜大悲前“心态安定如一，保持清醒的认知”。

【自我复杂性的个体差异与应对行为有何关系？我们有很多朋友在经历了

一次挫折后就一蹶不振。例如，一个小伙子被恋人抛弃了，就认为他的整个生活都是一团糟，像一个三岁小孩对意外事故的反应那样，推论整个世界上所有的事情都是灰色的。自我概念简单的成人可能容易在自我评估上走极端。】

——人格科学

“一叶障目不见泰山”的反应是否是“自我复杂性”的原因？我们不能完全否认，认知机能的提升有助于身心健康的协调，在这里表现为良好的认知机能，有助于个体尽快脱离“负面情绪的困扰”。

对于同一个个体的一生来说，挫折总是不断（交互出现的顺利也是不断），从认知的角度来说，多次的挫折就是多次认知提升的过程，首先是对挫折本身的认知，应很快脱离“一叶障目”的心理制约。

但事实并非如此，认知机能在这里体现出的调节效果远远不够。根源是我们忽略了和认知伴存的“情感情绪活动机制对认知机制的影响作用”。情感情绪的活动在一定情况下对理性认知产生制约（一定情况下产生推动作用），面对挫折，情绪机制相关性连带诱发负面情绪连锁反应，导致挫折感无限地膨胀扩大（反之喜悦感亦然），理性认知活动产生阻塞或被抑制，使“一叶障目不见泰山”的认知现象总会重复发生于同一类个体。

8、**主题一句话**　合理情绪疗法的实质在于通过认知结果的改变带动情绪的调整。这样疗法的效果明显，但效果也是暂时性的。治疗的根本在于模式的改善，而不是暂时性行为表达的改变。治疗师首先要能立足于“思想者”的地位，才能胜任认知治疗的方式。

【理性情绪疗法的目标可分成两步：首先是要患者看到他们自己依赖于什么样的非理性观念，并找出自己所列举原因的错误；第二步是治疗师与患者一起用合理的观念取代非理性观念。】

——人格科学

如果认为改变患者一时的不合理想法就算是认知心理治疗了（患者知道某种想法的“不合理”，但情感上不一定能接纳），那么人人都可以是认知心理咨询师了。

个体认知、情感、行为是从属于一个整体的系统性相关存在，个体的人格倾向、认知情感行为倾向的模式是一致的、一体的，仅是对个体意识的认知或者观念的改变就想达到心理治疗的目标是不现实的。认知治疗和其他治疗模式一样，仅是侧重点不同，认知治疗侧重于认知的方面，流同于“说服诱导”教育的效果。不仅认知的观念需要调整，认知过程依托的方式更需要调整，认知模式的根本改变才是认知治疗的根本目标。

而心理治疗的目标则是综合行为治疗、认知治疗、情感治疗、生物治疗等方式，达到身心系统综合调整的健康目标。改变一个想法很容易，令他不再这样想或者改善如何去想则较困难。从认知疗法和患者症状关系来说，患者的认知层次和能力对认知的疗效有显著的限制影响，有的患者可以通过提高自我的认知水平或认知方法角度从而达到“自我认知治疗的目标”。而咨询师在认知治疗中扮演着导师教育者、长者的角色，没有较高层次的认知水平则难以胜任认知心理治疗方式。

9、**主题一句话** 在竞争环境中，个体出于自我保存的需要，产生压抑自我自由表达的习惯，形成自由联想表达的困难。

【但自由联想不易实现。因为自我已调动大量的能量，压抑某些想法，不让它们进入意识。有时病人只是陷入长期的沉默，报告说脑子里什么想法也没有；或故意叙述一些无关紧要的事。】

——人格科学

依据防御机制参与言行表现的压抑程度，自由联想可以表现出很多层次。自由而真实的表达是压抑最浅的一层，思想被防御机制抑制得较少。自由联想深度和个体对外界的威胁存在感程度成显著负相关关系，感觉到的威胁越大，表达抑制越强。

10、**主题一句话** 图式和模型的价值在于生命体可以借助它们完成迅捷的应对生存中类似的问题。图式和模型的复杂程度代表着一类生命体生存机制的进化水平层次。

【也称这些表象为认知结构，因为，和物理结构一样，这些结构可以组织我们的思维，其过程如同给它们找到一个存储的地方。我们已经了解了几种对认知结构的描述。例如，凯利认为信息是被组织在个体建构中的，米歇尔则归纳出“认知—情感”单元的五种分类。在下面的一节中，我们将讨论引起了大量研究的对认知结构的另两种观点。人格研究者称它们为图式和原型。】

——人格科学

图式和原型都是认知结构中较稳定的认知模式，也是认知定式现象发生的心理机制基础。稳定的认知模式的形成，是认知活动有效性和简约性活动的生物存活节能需要。

11、**主题一句话** 认知建构的发展性状态总处于相对不完善之中，如果说有巨大缺陷，那是“认知建构”系统能力的差异。

【有时候建构系统的不完善可能只是因为缺乏经验。】

——人格科学

建构系统本身就是一个动态变化的系统，是一个不断吸取、淘汰，不断更新的“生命属性（生物死亡则建构停止）”的存在系统。它包含的基本组件和整体形态总是在变化之中，基本组件和整体形态的关系如同“水涨船高”相关存在，没有终止、没有停歇、没有最终完善。如果建构终止了是因为生命的终止，否则就是建构系统的病态，如“老顽固”、古板、执拗等刻板现象的存在。

12、**主题一句话** 先验性建构的缺陷在于事件发展的相关信息的绝对不完全，特别是对影响事件变化因素的作用效果难以准确评价。

【但是我们并不能认为建构系统是停滞的或是完美的。偶尔我们的建构系统就不能让我们预测事件。我们可能会错误地解释某种情境或发现，我们不能预测下一步将要发生什么。】

——人格科学

对事件未来的推理或者预测，是我们认知机制的重要机能。对近期要发生事件的预测、期望是心理认知的“先验性建构”，也是“预备性建构”，是个体与内心对未来时间状态的“模糊模拟”。与其说是预测不如说是心理的预期及推理：对即将发生的事件会有预感，对长远的未来预期或是愿望。

13、**主题一句话** 认知行为过程中脑机制遵循“对比参照—累加更新”法则。它体现了建构的细节，解释了认知、情感、行为的发展及变化原因。

【你可以问一下自己，当你第一次遇到某个人时，你最愿意知道他哪方面的信息？你头脑中最先出现的几种想法有可能就是你最初预测他人行为的建构。例如，你在遇到初次见面的人时也许会想到“运动员—非运动员”“有幽默感—无幽默感”。】

——人格科学

认知是一个建构的过程，但不会有这样多的预测准备活动，它以即时性刺激反应的过程为主，先有的预测属于刺激后深度反应的思维过程。如上具体说，初次相见时不会用“运动员—非运动员”予以对比判断，而是根据从刺激施加的对象获取的信息，用自我已有的认知系统相关信息对比判断对象的各类属性或特征，如其健壮的体魄、习惯的举止、语言的内涵等信息和运动员特征相关，我们就会根据这些相关信息判断认知对象，是否具备运动员属性还是其他属性等。

认知建构是个体参照已有知识经验，对比当前接受的刺激，确认（自然筛选）判断认知对象的各项属性特征（因为每一个认知对象都是独特的复合体，都需要针对性定位认知），如果对象的某些属性是原有认知系统库所没有的，就会因为这一对象的认知从而添加“新的知识经验”，在定位对象属性的同时，完成了自我认知系统的进一步扩充构建。认知系统的构建，不是很复杂，刺激引发反应：刺激引起“相关”反应是原有认识的调用，刺激引起“新反应”的发生是新认知的添加构建（形成新刺激—新反应模式），然后是进一步或者说深度认知——应用获取的认知库中所有信息加工处理应对生存问题的思维想象决策过程。

因此，认知建构机制可以归纳为：“参照识别——累加更新”。累加是新知添加到原有认知库中，是新能力添加到原有能力库中，是新发生的添加到已存在的系统中；更新是系统库的新知能、新模式的添加原知能、旧模式的淘汰。认知行为的累加更新，是对个体承载的延续性遗传机能的诱发和拓展。

14、**主题一句话**　生活情境在一定程度上限制了我们的活动，同样，我们的认知情境、内部建构的系统同样制约我们的思想和行为，有时候受到伤害却没有意识到伤害的存在。

【在凯利的模型中，理解个体这个定义的关键是要明了每个人的个体建构系统。】

——人格科学

认知系统的形成、行为模式系统的形成、情感系统的形成等个体活动系统的形成，都是经历“参照识别累加”活动机制的结果。例如贵州茅台酒股份有限公司原总经理乔洪，觉得收一两万元贿赂是小数目。在庭审结束前，乔洪作了一个简短的陈述，称茅台是一个高度集权的企业，而他在位时权力太大，面临的诱惑也太大了。“茅台一年的销售额是 80～90 亿元，这意味着每天有上千万的钱物从我手上过账。”他坦承自己当了几年老总后，价值观发生了很大变化，“觉得一两万元（指对他的行贿款）只不过是小数目”，相对

（参照对比）每天从自己手上过账的上千万元，一两万元的确微不足道。

15、**主题一句话** 简单地说，快乐在结果或者快乐在过程，或者对比快乐在结果和过程的不同，都是缺乏前提条件的。快乐源于对压力的克服，是成就感的表象。

【达到目的可以获得有能力的感觉，但是真正的快乐是在过程中而不是取得成功之后。……契克岑特米哈依指出，这时候感受到的就是乐观体验，因为人们都说，这时候他们感到很自然、很轻松。契克岑特米哈依把这种体验称为涌动（flow）。乐观体验是令人愉快的，但它不是出现在休息，娱乐的时刻。相反，大多数的涌动体验都是要求非常高的。“这种最好的时刻通常发生在完成很困难又很有价值的任务的时候，而此时身心都达到了极限。”】

——人格科学

“解决问题的结果”是事物经历过程的一部分，属于最后的结尾，并不能将结果和过程完全割裂开来，事物总在延续的过程中。而且所谓的过程，也是由一个个即时性的“点”组合成“线”的过程。

我们总感觉过程给我们带来的快乐感受大于结果带来的快乐感受，并因此将快乐分为过程快乐和结果快乐。其实，引起我们产生如此对比感受的是我们脑机制——情绪感受深度机制的原因：解决问题的过程获得的快乐和最终解决问题获得快乐情绪的感受深度对比，取决于面临问题的“当前”压力，快乐感受的深度和个体当时感受的压力成正相关关系，压力越大，感受性越强，感受性越强留下的记忆越深刻——快乐感受、痛苦感受的深度产生等都是这种机制（如果超过个体一般接受的限度，如非常剧烈的刺激，则会进入个体的潜意识，导致“难以解释”的感受性反应）。情绪感受性的强度和压力紧密相关，和时间发生发展的阶段没有直接的关系，很多压力问题的“紧张面对”表现在过程中的某一个阶段，很多压力问题的“紧张面对”表现在最终，并非都是在过程中才会有深度情绪感受反应，如赌徒在押注后的等待中获得一种“煎熬”似的深度情绪感受，在赌博游戏的最后是强烈的“成与败”的情绪感受，赌注越大感受性越强；有的会因此发狂，如范进中举；有的会因此怒极、喜极而死，如宋大将牛皋气死金兀术自己喜极而死；有的喜极而泣，有的因悲伤狂笑。情绪感受性和压力显著相关，至于事件的过程和结果使个体产生情绪感受的对比，并产生过程胜过结果的念头，也是因为“当前”压力大小的原因，或者是解决问题“全程”留下心有余“悸”的反应。

信念源于认知，认知源于意识，意识源于刺激，刺激源于信号差异，差异源于比照。参照对比是个体感受信号刺激、萌生意识、发现知识、形成信念的基本原理。信念的存在有的是盲目潜意识形式，如原始的宗教信仰、图腾崇拜等都是类似的表现；有的信念是理性状态下稳定的认知，如意志、毅力的表现等。

信念存在于主体的心理状态不同，信念形成及改变调整的措施相应不同。盲目的信念用相关神秘的现象直接予以建立或置换，理性的信念用事实予以维持或者改变。不管是盲目的还是理性的信念，都是个体建立在已有的生存活动经验基础上，信任期待某一对象将有所作为，或者是个体对某事件达成某结果必然性的主观认定反映。

综合而论，信念是自我意识的重要组成部分，是习惯性期待的特殊表达，都具备期待认知的模糊性。信念之所以存在，是为了激发个体产生更大的心理动力、取得生存竞争胜利的需要，同时满足了个体获取自我支持和人际间相互支持的需要。从这里，我们进一步感受到生命精神存在的特殊价值，生命存在不仅需要物质维持，更离不开心理动力等情感的支持。

16、**主题一句话** 因人而异就是因为个体主观的不同，我们在以知己而知彼度人的同时，不能忽略差异的判断修正。

【我所认为的沉默寡言的行为在你的眼里就变成了令人伤感的行为。】

——人格科学

视角不同（获取信息的差异）、拥有的机制不同（遗传及发生发展所获取的机制差异），导致处理的方式有所不同（身心行为的倾向差异）。

17、**主题一句话** 同样的情境刺激于不同的个体，自我获取的信息不同、自我加工的方式不同，产生的行为结果也有所不同——因“不同”引起“不同”。

【两个人经历了同样的情境，为什么事后对发生了什么却有完全不同的印象？从认知流派的人格理论来回答这一问题，答案是这样的：我和我朋友加工信息的方式有很大差异，我注意并加工了的信息是有关那些古怪的音乐和那个孤傲的客人，而我朋友参加这样的聚会时早已做好了注意服装和家具款式的准备。】

——人格科学

认知（含感知）结构、认知机制的差异，导致认知的倾向不同：遗传获取认知的生物性发展机制基础，在于生存环境的互动过程中，形成个体独特的认知机制——关注的角度不同、关注的范围不同、关注的深度不同等，如即使是同样的环境刺激，个体因为自我的独特性（主观性）认知机能使自我获取的信息有所个性化的差异，导致个体身心行为的差异。

18、**主题一句话** 我们脑海里的世界总和实际情况有所差异，但并不因此否认我们脑海里的世界是不真实的。主客观是完全融合在一起不可剥离的，纯客观我们难以获知，纯主观也不可能发生。

【莫雷还对真环境和我们感知的环境做了严格的区分。】

——人格科学

客观和主观认知的关系是，当主观的认知越能接近于客观存在，认知越接近真理。但对于个体行为效能的影响则另作别论，很多时候真理的使用不一定有好的效果出现。

主观和客观是一个存在现象的不同角度判断认知的结果，比另一个主观更接近实际的主观就是客观。个体的所有行为都是主观认知的反应，完全是主观的，我们的认知都是主观加工行为的结果，至于行为的客观效果有多少，要看这一行为对环境的实际影响作用或价值。

对主客观的强调，根本的意义在于提升个体与生存环境交互作用的适宜性和有利于个体自我存在的行为价值。主观在于发生，客观在于效果。

中国哲学之本“易经”对自然特征的认知描述是正确的：太极生二仪，二仪生四像等，事物是完整的统一体，分而剖析是为了方便认知、描述、应用，即使八卦图中阴阳鱼将阴阳共生的思想表现了出来，但八卦图的阴阳分离、阴中有阳、阳中有阴的形式只能意会，并未能完全准确地将阴阳关系“互体变化趋势状态”表现出来。其实，有很多事物都可以将这一关系准确地表达出来，地球的极性、一块硬币的两面、手心手背，阴阳是同一事物不同视角，但又是不可分割的两个现象。

19、**主题一句话** 以患者为中心的治疗原则，是以引导患者向良好的身心状态发展为中心；治疗师中立的治疗，要对治疗过程控制高度、要有治疗技术技巧达成效能目标的中立。

【卡尔·罗杰斯早期做心理治疗师的失败经历使他意识到，治疗师不能替患者决定他们的问题是什么，如何去解决。他后来回忆说，“我突然明白，除非我有必要显露我的智慧和学识。我最好是依靠患者决定治疗过程的方向。”】

这段话好像是人本心理治疗学派的注解。但是，这恰也是一个认知的偏差。所谓“最好是依靠患者决定治疗过程的方向”，更恰当的表达应是“因势利导、因患者改善需求”的方式，尊重、把握患者的发展层次，并因此应用“咨询师”的主导价值，引导患者获得良性发展。人本，并不是在于尊重患者主观表达的需要，而是在于对患者发展性需要的客观把握，目的是使患者通过“治疗师巧妙而又自然的治疗过程作用”，引发患者自我存在状态有效改善。如果仅是对个体所表达需求的无限尊重，而无对患者发展的客观需求把握，治疗是失偏于“患者主观”之颇的。罗杰斯对人本心理学这样的注解，很容易引起参照学习者的误会。

确切地说，人本的实质在于对患者独特的发展模式特征的把握，并以“因势利导”的途径、方式、原则产生巧妙地治疗效果——事半功倍。如对认知层次较低的患者，或者是对于冥顽不灵的人，就要用适当的方式予以改变，类似“愚民政策”、“宗教”作为国家统治工具表现时，都是具有“针对性”的社会统治巧妙方式。这不是要求为政者简单地遵从民意表达，也不是要求治疗师完全围绕患者的主观意图转，以体现患者中立和治疗师的中立，贬低缺失治疗师策略引导的重要作用价值。针对性因势利导治疗，客观否定了完全遵从患者主观表达需要和治疗师中立治疗的人本方式，也是对个体客观发展需要的尊重和那些事半功倍的有效治疗方式必要性的确定。

对“因势利导”的应用出发点不同，表现出的性质不同，中国诸子百家的论述中很多都体现出这一论断。如黄石公素书道义章“以明示下者暗，有过不知者蔽，迷而不返者惑，以言取怨者祸，令与心乖者废……”第一句就是说“对于顽固无知的人用说服教导的方式本身是愚蠢无效的”，面对认知水平较低的患者，不是靠循循善诱可以实现治疗的效果的；再如刘邦斩蛇起义托天托神之举，是“为了反抗压迫建立新政权的发展目标”，借助神灵在百姓心中的位置，或者说针对老百姓认知水平所处的低层次，达到事半功倍的效果，恰是政治领袖借助因势利导的方式实现政治统治，治疗天下苍生的智慧体现。以人为本，并不是将患者的主观表达需求看做是“决定治疗的方向或者治疗的中心”，也不是“治疗师无所治疗技能没有自我效能价值的中立”，而是由治疗师根据患者的认知、情感、行为的实际发展水平，结合患者症状实际改善需要和治疗师治疗技能的特点，巧妙进行治疗师和患者之间交互性治疗行为的活动过程。

所谓的中立和中心，实质是为了提醒治疗师，要善于调动患者自身的心理动力，实现远期效果的治疗目标。治疗师在与患者交互的行为活动中，自身就是治疗的资源，治疗师中心说仅是对自我资源应用把握的一个原则，但不是所有治疗表现出的必然方式。如所有治疗首先需要建立的信任和情感关系，移情的形成是治疗顺利的重要条件，而为了体现中立而据患者的依赖于千里之外，治疗必然事倍功半。

20、**主题一句话** 人本的价值在于揭示了治疗中，治疗师要善于诱发患者的心理动力作用，实现“患者自助”的自我成长目标。

【描述人本主义心理学是很困难的，因为在目前还没有一个普遍认可的人本主义人格理论的定义。】

——人格科学

从人本角度来说，心理疾病的根源是心理动力系统的缺憾，心理治疗的目的是改善个体心理动力调控自我的效能。我们通常借助情绪感染、行为支持、教育培训等方式实现对患者心理行为的校正。

人本心理学的实质是在强调个体的主观行为中的能动性存在影响价值。人本治疗学派的实质在于诱发患者的自我能动性实现对病态的改善治疗。其存在的价值是批判了治疗过程中对个体发展模式特征的忽略，修正了过多的依赖于治疗师一厢情愿式的“治疗师主体”过程。

应该说，治疗关系中，治疗师是治疗的主导，来访者是治疗的主体，主导和主体在互相尊重倾向的差异中得以统一：尊重来访者自我发展的模式特征（主体）、重视治疗师的引导作用（主导）。

21、**主题一句话** 如果人本的目标是使患者形成主观自大的自我观念，则是“纠卑成妄”，从一个极端向另一个极端转移。如果这样做是正确的，也仅限于治疗初期暂时选择的策略。

【与弗洛伊德和行为主义把人说成是无法自我控制的个体不同，人本主义心理学家把人看做他们自己生活的主动构建者，可以自由地改变自己，如果不能改变，只是因为身体上有局限。人本主义心理治疗的主要目标，就是使患者认识到他们有能力做他们想做的任何事情。但是，正如艾里克·弗洛姆所说，有许多自由是可怕的。】

——人格科学

人的生存可以用“戴着约束的镣铐行走”来予以形容。任何改变都是力量对比的结果，并不存在一厢情愿的“自由”。个体不是被自然改变、被动地适应和接纳环境的约束，就是打破自然的生存约束改变自然环境的存在——这是一个简化的人类生存活动模式判断；确切地描述人类的生存状态，人类活动是在“改变自我适应自然（对抗自然生存威胁）和改变自然适应自我”的两个极端之间波动存在的。

人本主义的一厢情愿只存在主观的想象当中，排除了客观限制性。人不能自由改变自己，不仅是人类当前存在状态的局限难以自如抗衡自然生存环境的生存威胁力量，还有人类心理的智慧发展进化的生存机制综合实力不足。人类发展的进程是漫长的，是人类逐渐实现“自主”的过程，是人类自主（能动性）经历着由自发到逐渐自觉，逐渐提升人类与自然环境抗衡能力，实现人类更大自由的进化过程。

如果说“许多自由是可怕的”，正是说明人与生存环境的对抗性是残酷的客观现实，自我完全自由给予他人（个体环境的一个部分）的威胁是可怕的，人与环境的协调才是生存的基本模式，人独立于环境生存的完全自由是不存在的。生存条件的约束不是个体主观愿望就可以让其消失的，人类行为模式的发展必须接受环境客观刺激的磨炼才能得以形成，“我不得不”的行为是很普遍和自然存在。很多“不得不”的行为选择并不是人的主观不努力不作为，这一选择是环境强迫个体为延续生存必须接受的。如果我们否认“必须接受”这一点，是对我们尚未进化到今天智慧的过去“落后状态的否定”，这没有任何人类自我发展的意义。落后总被先进替代、未来总要替代过去。正如将来对今天选择模式的否定，因为后来的先进否定过去的存在，不能认识到过去、今天、未来的发展的替代关系，否定今天人类发展的不足是认知的偏差。

22、**主题一句话** 存在在于把握当前，当前是存在的实体，把握当前在于“瞻前顾后”（了解过去、明确趋势）。

【根据人本主义的观点，只有按生活本来面貌去生活，我们才能成为真正完善（fully functioning）的人。对过去和将来的某些思考虽然有益，但是多数人花费过多的时间反省过去，计划未来，这其实是浪费时间，因为只有生活在此时此地，人才能充分享受生活。】

——人格科学

存在于当前——只有“当前的存在”才是现实。过去的价值在于反思借鉴、未来的价值在于目标引导发展，事物的改变依赖于对当前存在事物的刺激施加——只有当前是“我们存在的所有”。但我们并不否认过去和未来的作用价值，并不能将过去和未来割裂，因为每一个“当前”随着时间的变化都已变成“过去”，每一个“未来”都随之变成“现在”，未来、现在、过去是流动变化的，过去和未来都只有通过当前得以表现。人是生存在当前，但依赖于过去的支撑和承载着未来的延续。所以，我们并不能只坚持当前一点，忽略否认过去基础、未来目标存在的意义，不能再以单一的方式思考认知及把握我们的存在。中国文化的中庸之道实乃是先见之明，人类最科学的认知行为把握方式，不是所谓的调和，是针对性的协调，是系统论的方法原型。

从时间存在的格局关系，我们又可以发现弗洛伊德的“三我存在关系”：本我相当于过去，自我相当于现在，超我相当于未来。我们可以很清楚地认识到，过去已成为历史性的记录存在，未来属于目标性的存在，真实客观能为事物所表现的仅是“现在”的一切。每个现在都是在过去的基础上建立发展而来的，每个现在都是朝着未来的目标发展而来的，每个存在仅是“一个个瞬间”的实体。所以，我们人类的智慧发现，只有把握住今天，才能拥有过去、拥有未来、拥有存在、拥有真实。

23、**主题一句话** 能实现让患者自主自助性治疗自然值得赞许，但不是唯一，不是为了实现自主自助而放弃“有效的强迫性治疗方式”，非此即彼的方式是狭隘的。

【根据人本主义心理学家的观点，没有人比你更了解自己。因此治疗师听了患者的倾诉后。判断他们的问题是什么，然后强迫他们接受意见，同意要改变什么，如何去改变。这种作法是很荒谬的。与之相反，人本主义的治疗师努力去理解患者从何而来，然后给患者提供指导，使他们能够帮助自己。】

——人格科学

“没有人比你更了解自己”，所指的仅是自我知道的事情和自己的想法有很多别人无从知道。事实上最难了解认知的是自己。

很难一概而论自己最了解自己，所谓当局者迷，通过他人了解自己，这些都是在说明个体自我认知的局限性和途径。特别是潜意识及行为的存在，使个体对自我的认识更是增加了很多的困难。理解患者、把握患者的认知行为模式特征，提供针对性的引导，诱发个体自我改善的内心力量（对人类认知主观性的适应），达到发展个体的治疗目标，这无可非议。但过多强调个体主观作用，否认强迫性治疗方式则是认知的偏差。如此否认强迫性治疗，催眠、自由联想、行为训练等很多强迫性治疗的良好方式就没有存在的价值了。

24、**主题一句话** 人本治疗的过程价值还体现在“治疗的过程本身就是患者在咨询师辅导下处理问题的经历体验过程”，这一体验过程的时间长短、真实性深浅、独立面对程度的把握，需要咨询师根据实际情况和需要确定，并无一成不变的准则。

【此时不明白自己的问题的根源，治疗师也还不了解有关信息。但在治疗过程中，患者会逐渐了解自己并想出适当的办法来解决问题。我们在处理个人问题时可能也会有相似的经历。】

——人格科学

由此可以看出，人本主义疗法强调的是治疗师介入的个体反省。但这样介入的作用力量很单薄，效果依赖于个体反省的能力和咨询师的介入能力。如果仅仅遵从“反省的自主作用”，对很多反省能力不足的个体是很难见效的。把人本看做“尊重主体认知行为模式存在特征”的一个治疗原则是中肯的，并且，人本对因势利导方式的表现仅是一个方面还不是全部。因势利导是所有疗法的基本原则之一——在于因人而异。

25、**主题一句话** 恰是治疗师的存在使患者回到自我良性改善的轨道上，治疗师和患者的交互活动中，指导的作用是隐蔽的，但不是否定其存在；所谓的“只有患者自己才能这样做”是否定简单说教而不能改变患者内心、不能为患者内化的“推动帮助”的治疗方式，强调对“个体主观决定自我行为”原则的尊重。

【当然，治疗师并不能把患者推回到发展轨道上，只有患者自己才能这样做。】

——人格科学

人本学派在重视来访者个体的自主能动性力量作用的同时，却否定了治疗师的辅助力量的治疗施加作用，失之偏颇，无意中淡化甚至忽略了治疗师的专业性价值，也是对自我的治疗方式的否定——没有治疗师的推动，患者不一定能回到发展的轨道或者很困难回到自我发展的轨道上。

26、**主题一句话** 人格完善虽然在于主观的修炼，但也判断决定于个体产生客观行为的效果。因此，很多圣人智者可以接近人格完善的极致，但很多杰出人物却有着非常明显的人格缺陷。从这一方面来说，人格完善并不是所有人最高的人生追求，事业成功的大小与人格的完善程度没有必然条件关系。自我实现是所有人的追求，而自我完善可以是一部分人自我实现追求的目标。

【一个人怎样才能进入这一过程？一个完善的人具有什么特征？首先，完善的人应该坦诚地对待自己的经历，他们会努力体会生活的全部内容，愿意去发现什么样的生活是最有价值的，然后珍藏这种特殊的经历。其次，完善的人关注此时此地正在发生的事情，他们生活在现实的空间里。第三，完善的人相信自己的感觉，如果他们感到一件事应该做，他们就去做，不会因为过去学到的准则或顾忌别人的想法而放弃。】

——人格科学

这里诱发我们对完善人格的思考，什么才是完善的人格乃至人生？按照中国文化的标准，首先是能与自然环境完全融合的人，依托于自然但不受制于自然的存在状态（老庄之道物我共存），遵守人类社会的规则但并不拘泥于这些规则行为方式（孔子言七十而从心所欲），不以物喜不以己悲的得与失情感境界及苦乐皆为人生过程经历的淡然体验（范仲淹），筹策万类之终始，见变化之朕而守司其门户的认知行为自我控制能力（鬼谷子、管子、诸葛亮），有先天下之忧而忧后天下之乐而乐的社会价值存在感（刘备、曹操、赵云等）。

对于每一个人来说，满足自我需要的过程就是实现自我存在完善的过程。确切地说，每一个人自我完善的内涵是自我的主观结果，完善的人格标准仅是一个理想中的期望目标，多数人或者能在某些方面达到标准，表现出相对完善的人格结构。只有少数人可以接近人格全面完善的极致，如智者圣人之流。

27、**主题一句话**　不能确定人人会喜欢你，但也不要否定有人会喜欢你。假如真的没有其他人会喜欢你，你也不要忘记自己要喜欢自己，从而放弃沉重的焦虑。

【……这一信息会导致焦虑，因为你原以为人人都喜欢你，但现在有证据证明事实并非如此。】

——人格科学

自我存在感的主观建构（人人都喜欢）和客观现实状态的差距（并非如此），体现了个体认知行为能力的不足。认知模式特征是人格组成的重要部分。

28、**主题一句话**　亲人间良好的愿望中，大部分情感源于愚昧的占有，把孩子当做自己的“私人财产”或者是“延续自我的工具”，而忽略孩子的“独立自我的人生”。

【罗杰斯的回答是，多数人是在有条件的积极关注的环境中长大的。小时候，我们的父母或监护人给我们爱和支持，但这些都不是无条件的。就是说，大多数父母都只是在孩子们满足了自己的期望的时候，才会爱他们。】

——人格科学

孩子的愿望在现实中遭到拒绝，是孩子的主观需要和客观存在建立恰当关系的途径，是有利于个体生存发展的必须刺激。父母的爱并不因为对孩子的社会化调教而具备“条件”性质，确切地说，孩子的行为符合自己的期望并不是父母爱孩子的必要条件。

如果我们以“满足自己的期望”的功利性标准衡量支持的发生与否，亲情给予爱和支持有生物性的前提，那就是血缘。这是个体生物遗传、通过遗传获取支持发展而来生存力量的重要途径。如果爱和支持被附加了以外的条件，也是因为施加爱和支持的人对所爱的人，拥有主观好的愿望的结果。从社会生存的角度分析，自己的亲人就是支持自己生存的力量，延续的后代是替代自己更好参与生存竞争的“永恒”生命体。从另一个角度来说，血缘感情更类似于个体和自我化身之间的情感，子孙是“自我”的延续，是自我的替代，是自我的更新，是自我的壮大。所以，这种亲情的支持关系是个体产生对亲人好的愿望的基础。同时，也因忽略自我和“新生自我”之间的“需求差异”而产生“越俎代庖”的“人生发展管理模式”，把对自我的控制，不自觉延伸为控制了自己所爱的人。我们常接触到亲人之间矛盾里会出现的一句台词“他要不是我的……我才懒得管他呢”。这样的感情还会从亲人之间延伸到朋友的感情中，台词不变，“要不是我想使他好，我才懒得理会呢”类似的说法不一而足。

出于这些原因，我们期望亲人好、朋友好，自己也会连带好。如果他们不好，感情自然会淡一些，但给予亲人良好的愿望和支持却是在亲情、友情存在的时候就已经发生了，而不会因为他们先满足自己的期望或条件后才有爱的施予——如果忽略遗传潜在的支持因素，亲人之爱就是自我之爱，是无条件的（自虐者除外）。当我们能明白，孩子是独立的自我，我们仅是他们发展的跳板，我们就不会再以自己的愿望强加给孩子，不再让他们的存在是为了满足我们的愿望，我们不再占有孩子，孩子不再是我们的私有“财产”，而是让他们做符合他们自己需要的事情——我们轻松了，孩子解放了。

29、**主题一句话** 觉意识的自主发生启动了个体自我认识的建立。从幼年到成人，每个人的行为机能表现，和其人格特征有关，更和人的年龄、阅历体验有相应的关系。

中、小学生认知情绪的发展特征，明显表现在课堂的行为反应中：小学生回答问题踊跃大胆，表现欲望强烈，易与鼓动，对自己表现的状态审视、反省、觉察趋向于无。而中学生自我觉察能力随着自主逐渐产生而增强，基本见不到儿童期“无所顾虑”表现的反应。

对于中学生来说，正处于认知自我、建立自我感的初期，也是关键期（觉察性自我而非童年的未觉察自我），认知情感多处于彷徨困惑状态，精力旺盛情感丰富无以定向。因为自主的迅速萌发，“我的身心我做主”确立自我存在的念头逐渐强烈，并因为简单局限与家庭、学校为主的“人造温室式”生存环境，使中学生表现出“无所畏惧”的叛逆。他们的自我存在认知确立，更多地依赖于主观反省，自我审视依赖于对外界反馈信息过多“主观”的理解。中学生的认知行为发展机制尚处于初期阶段，认知机能发展层次相应的客观阅历体验比较薄弱，再因为主观对自我行为始终制约（任何时候任何健康的人都脱离不了主观的制约作用），使他们的自主行为过多表现“脱离客观”的主观特征。随着年龄的增长，每个人的“客观机能”逐渐加强，回首看到的是更多“曾经的幼稚”。

30、**主题一句话** 当选择的权利摆在人类的面前，人类就开始了自主的萌生，面对环境，人类不仅是拥有利于生存的应激反应，更有优化生存的自主反应。

个体的应激反应及自主反应，都是在特定的生存环境中产生的。区别在于：相对于事件的发生，个体应激一般是接受刺激之后的反应，而自主一般是在事件发生之前的反应；相对于威胁的存在，应激一般在威胁存在后发生，而自主一般在威胁存在前发生；相对于行为发生源头，应激一般是应对刺激的直接需要（接受性需要）产生的行为，自主反应一般是满足自我发展的需要（自发性需要）产生的行为。

环境对个体的作用可以分为两种情况：一种是为个体必须接受的直接刺激，产生的是应激行为；一种是个体有权利选择的影响性刺激，诱发自主行为。自主也就是哲学上所提到的为实现“内部需要”的行为表现。如果说自发和自觉有所区别，那是说行为原生和能动应用策略的两种认知状态的差异。

31、主题一句话　意识的划分

【“每个受过教育的人肯定已经熟悉无意识的思想。”（Jahoda，1977）有历史学家指出，弗洛伊德可能已经见过其他人撰写的有关意识的不同水平、自由联想及婴幼儿性欲的书。】

——人格科学

意识分类表

	分类标准	类别
意识	能否为自我控制	有意识
		无意识
	能否为自我觉察	觉意识
		潜意识
	能否归属自我主观系统	自我意识
		非自我意识

也许是翻译或用词的混乱，使意识的相关概念稍有混乱。

意识是存在于生命的，不管是否能为个体自我感觉到、反省到。能被个体当前感觉到或反省到的意识通常被称作“觉意识”，而不能被个体当前感受到或反省到的意识通常被称作“潜意识”。在我们生活中最常用的是“有无意识”的说法，“有意识”通常指那些可以被我们自己控制的行为意识，而那些不能被自我控制的行为意识则被称之为“无意识”或者“下意识”。觉意识和潜意识是根据意识可被觉察性的意识分类，“有无意识”是根据意识的可否控制性分类，另外，根据意识的归属性质还可以将意识分为“自我意识”和“非自我意识”。

自我意识是产生于自我主观需要的意识，如信念、理念等，相对于非自我意识可以将其形象地比作是根深蒂固的意识；非自我意识不是滋生于自我需要的意识及从外界获取尚未内化的意识，如所有我们耳闻目睹的、但尚未能为我们深刻理解把握的一切感知。非自我意识要转化为自我意识需要排除自我意识保护的壁垒，如借助速示法将一些理念植入自我意识，再如读书百遍其义自见，通过重复累加刺激，使“非自我意识”逐步渗透入自我意识。自我意识不仅有对非自我意识的外部意识屏蔽，还有封闭隐藏自我内部意识的壁垒：个体因为自保生存防御性的“进化训练”，自我真实的意图因为防御性本能限制自我不能随意性自如表达，自我“真实”表达被自我防御意识抑制，此时需要“解除”自我防御意识的自我保护壁垒，才能获得自我意识的真实表达，如眼动疗法技术就是通过吸引个体视觉的注意，解除个体自我防御意识保护壁垒的有效方式。

无意识还很容易让我们和意识的不存在相混淆，只有生命不存在了才有“无意识”状态，当个体死亡了，他的意识也不存在了，也就是“无意识”了。“有意识”和“无意识”相对，而“有意识”也容易被理解为“意识的存在”的“有意识”。也就是说，用“有”“无”来限定意识，容易引起误解。由此，我们可以用潜意识来代替无意识的使用，以避免混杂。如一些不经意的无意识行为，我们也可以称之为潜意识行为。同样，我们也需要用相应的称谓来代替生活里有意识所指的意识。

生命个体产生的意识，可以分为未能为个体自我觉察的意识和已经为个体自我觉察的意识。未能为个体自我觉察的意识行为是潜意识，那么，已经为个体即时感觉到的意识行为就可称作“觉意识”。觉，就是觉察控制，能被觉察的意识就是对意识的元认知行为，就是对意识行为的控制，也就是通常所指的“有意”意识行为。之所以不称之为“有意识”，一则是易于“有无”意识的“有”意识混淆，且只要生命存在，意识就存在，“有无意识”是生命极端状态的表现，在生命世界范围内暂时没有讨论的意义；二则有意是一种通俗的说法，实指自我元认知指令下的意识行为，是为觉察自我系统控制的意识行为，与“潜”的不觉察相对称之为可觉察的“觉意识”（有意识和无意识在生活里通常被简称为“有意的”和“无意的”，而不是“有意识”和“无意识”）。

32、**主题一句话** 行为的难度会影响潜意识和觉意识的互相变动转化，潜意识和觉意识的无缝组合共同影响着行为模式。

【各种意象，或者唤起了我们认为一定意味着什么的情感。但我们做的大多数梦都是荒谬的、模糊的，或者只是一些看来和任何事情都无关的不连贯的意象。】

——人格科学

“梦的荒谬”，是不能为我们觉意识所理解接纳的个体反应（接纳了就不会感觉荒谬）。反之，这些荒谬的现象正是我们内心压抑的认知情节反应。梦的意向模糊、不连贯，和觉意识的清晰逻辑相反。潜意识和觉意识是互相补充依存的意识的两个方面，如同阴阳两面。虽然潜意识和觉意识的存在状态不一样，但是同时承担协作完成个体行为自我控制的任务。而且两种意识总会互相转化（当习惯了的或自动化了的身心行为及很多自我保护的本能性反应，都是觉意识转化为潜意识的反映；再如梦中表现的潜意识虽然不一定为个体理解但可以为个体觉察到，则是潜意识转化为觉意识的反映）。所以，我们不能用冰山的比喻（潜意识作用刚发现的夸大化认知反映）来衡量潜意识和觉意识对人个体身心行为的影响作用，而是一枚硬币的正反两面。

讲一个有关意识转化的实例：我午餐的习惯是，餐前倒满一杯热水，以便在餐中疏导食物入胃。冬天热水凉得快，所以平时喝水随手就盖上了杯盖以作保温。但是，吃饭时如果杯盖一直盖着，吃完了饭菜水还是烫的就没有办法起到润胃下饭的作用。因此，很多午餐时候，倒好了热水潜意识会随手将杯盖盖上，但觉意识会将杯盖打开。但在非午餐时候，偶尔会忘记了盖上杯盖保温。这是两种需要的意识冲突，并不能因为一种意识需要的存在轻视了其他意识需要的存在作用，潜意识和觉意识共同影响着我们的行为。

33、**主题一句话**　*意识发展的趋势*

意识是生命的基本性征之一。有生命的个体，为了自我保存，与环境间的互动、能量交流是最基本的活动需要，接受环境的刺激并予以适当的反应，个体发生所有的刺激—反应生成了意识。

进化是生物存在发展的趋势，符合“联系、变化、发展”的客观规律。生命体在生存过程中，通过个体生命过程的延续，表现生命漫长的进化历程；在这漫长的进化历程中，不仅生命个体的结构、行为发生了巨大变化，如脑的变化、由爬行到直立等，而且，人类的精神机制也发生了巨大变化，如从呼号到语言，从愚昧到文明。

对于人类来说，最大的变化规律表现在人类所有的生存行为，都表现出从“自发到自觉”的发展历程，最突出的表现是生存意识活动，表现出“从潜意识到觉意识”的发展变化，从低自我到自主的产生。

当生命不存在，依附的意识也将不再存在：这是指有意识和无意识（而非生活俗语所指的有意和无意），即是意识的有无。意识是个体生存机体内、外环境刺激个体神经系统产生的反应：能为个体认知觉察到的刺激—反应就是觉意识，不能为个体认知觉察到的刺激—反应就是潜意识。觉意识和潜意识是相互依存、相互转化的。没有潜意识就不存在觉意识，觉意识被自我忽视则为潜意识（生活里常见的习惯性及下意识行为等），当潜意识被个体注意挖掘了出来就变成了觉意识（梦的回忆解释、反思等）。

34、**主题一句话** 很多环境中，强调潜意识和觉意识的区别完全没有任何意义，最后只剩下意识自我倾向行为和非意识自我倾向行为的差别了。我们所看到的每一个人格模式都是其本人的近似人格模式。

【尽管荣格主张不同人格类型的根源和结构是以无意识为基础的，但后来的荣格派心理学家发现，他们通过被测者对自己行为和情感的自述，能够确定他的人格类型。】

——人格科学

人格表现为个体较稳定的行为模式总和，因为人格行为已成模式，所以每一种稳定的行为模式都是在潜意识的作用下“自动化”完成的。潜意识和觉意识是相互转化的，当行为模式作为习惯式表现，觉意识作用的行为就转变为潜意识作用的行为；当稳定的行为需要调整时，觉意识起到调整的主要作用；当行为模式被纳入人格范畴，个体的行为模式通过人际关系作用施加于他人，并通过他人的镜面反应作用关系和自我反省途径形成对自我人格模式的认知，并将这一认知储存于觉意识当中。

我们是否关注自己是什么样的人，没有特定的要求，没有对比的前提，我们很少会调用觉意识予以自我审视的，由此就好像人格的自我认定是以潜意识为基础的一样。因为潜意识和觉意识没有绝对的界限，意识的“潜、浮”表现仅是相对于个体自我行为审视内省与否，所以，个体对自我人格的自我描述存在一定程度的确定性。一个人的人格到底是什么状态，如果做确切详尽独一无二的全面描述，至今尚是不存在，我们看到的自己和他人看到的自己，都是个体人格的“近似值”——近似人格模式。

35、**主题一句话** 如果说生理机制发育成熟的过程可以形象比作“梭子”，那么心理机制发育成长的“速度”则可以借助“金字塔”形象表现。

【人际关系的早期经验就成为我们处理以后的人际关系的基础。】

——人格科学

个体早期的体验将成为个体后期行为发展所需的重要基础。当我们面对生活问题的困扰而理性无从作为时，潜意识对个体行为的指挥作用是非常重要的，就是我们所理解的人的“第六感”效用；当然，潜意识的负面效应也是可怕的。当我们能对潜意识的作用有适宜良好的限制、能按个体发展需要有效调节时，理性的价值、心理科学的价值就会充分表现出来了。从弗洛伊德对潜意识的存在明确时，人类已经开始了潜意识对自我调节控制作用的研究和探索。

早期的经历体验之所以如此重要，对人格的形成起到举足轻重的作用，对人格系统主体结构的构建组成占有很大的比重，和所有生命进化而来"要以最短的发育期应对生存危机"的生存发展需要相对应的。我们又可以借助古老的金字塔比喻生命机能从萌生到成熟再到衰老，生命的机制从细胞分裂到个体结构完善，发育的"速度"是从快到慢的，尤其是生命萌发初期的细胞分裂过程可用"剧烈反应"予以形容。人的生理机制发育成熟一般在30岁左右达到顶峰，但心理机制的发育会因个体不同而有较大的差异，我们借用大思想家孔子的那句话"四十不惑"，作为一个心理机制成熟可参照的标准。

36、**主题一句话**　注意力是区分意识的标杆之一：被自我关注了的意识成为觉意识，未被自我关注的意识就是"潜意识"了。从这个层面上说，潜意识好像是自我的自动化意识行为，而觉意识是自我的制动化行为。

【……认为，伊底完全隐藏于无意识中。伊底冲动处于意识之外。实际上，由于大部分伊底冲动与性和攻击这两个主题有关，所以意识不到这种无意识的东西，或许是件好事。】

——人格科学

不是"意识"觉察不到无意识（潜意识），当"潜意识"还是潜意识时，是"有意识"不能觉察到潜意识的存在。确切地说，是脑机制有限机能的作用无法、也不可能使所有的意识进入"有意识系统"，感知的信息是海量的，注意能力是有限的，自然分配信息归入相应意识系统是脑机制机能之一。

37、**主题一句话**　存在性忽略是人格逃避性反应的主要方式。

【癔病患者的问题，特别是对诸如无解剖意义上的瘫痪症、有健康的视觉器官却不能正常地看、无缘无故的短期昏厥以及无法解释的健忘症或记忆缺失等问题……】

——人格科学

不能为自我觉意识控制的行为都可以归结为潜意识控制下的行为范畴。潜意识行为是潜意识控制个体生物性（生理性）活动机制的反应。

很多心因性病态行为反应，是个体人格中的逃避因素面对生存困难诱发的潜意识主导控制的行为。当个体意识面对无法解决的生存障碍，意识选择了逃避倾向，觉意识完全被潜意识抑制或者说完全服从于逃避性潜意识控制，出现最常见的逃避方式是"存在的主观忽略"（存在性忽略）。

一些被自我逃避策略认可的功能行为被潜意识阻断，表现出如“看不见、听不到、遗忘、意识系统瘫痪”等健康器官功能暂时性丧失。“我看不见”即是“看不见我”的自我不存在逃避意念反映，“我听不见”即是“听不见我”的自我不存在逃避意念反映，“遗忘”即是“困难不存在”的逃避困难反映，“昏厥”即是“自我完全不存在”的逃避意念反映。类似于动物界里的鸵鸟，面对危险把头埋起来的方式，和“我见即我所有”唱反调为“我不见即不是我所有”，妄想以此脱离危险。人类生活里最常见的是“眼不见为净”自我安慰式逃避方式，也有鸵鸟式掩耳盗铃行为的表现，孩子似的睡一觉醒来一切灾难都会消失的、真实和梦幻混沌认知的模式。理想、幻想、妄想都是以想象力为基础的，所以，我们并不能因此否认想象力是人类进步的重要工具和巨大财富。

38、**主题一句话** 精神分析和认知疗法解决问题的实质是一致的，所有有效的心理咨询治疗方式，都离不开对情感梳理、认知矫正、行为调节的人格基本组成维度的改善性干涉。

【……这种心理治疗体系称作精神分析。其目的是将重要的无意识东西带入意识，并在意识中用理性的方式对它进行考察。一旦无意识东西上升到意识层面，必须采取某种方式处理它，在这个过程中，无意识东西不会显露出新的障碍。治疗师与病人合作，帮助自我重新对伊底冲动和压制性的超我执行恰当的控制。】

——人格科学

精神分析疗法的核心是对个体潜意识的挖掘，提升到意识层面，实现患者的自我审视和关注，获得心理机制系统的良性调整。在意识中用理性的方式对挖掘出的“潜意识”进行“特别关注”，其实质就是“认知的提升”，自我觉察意识范围被咨询师引导扩大；一旦某些潜意识行为上升到觉意识层面，则采取相应的策略调节，就如同与“认知行为疗法”的原理相一致。各种疗法虽然师出不同，但理论和方式是相通相联系的。

39、**主题一句话** 认知和解决问题存在一致性特征。用“各有所长”予以说明比较恰当：以所长解决相应的问题就容易，否则就相对困难。面对生存环境中的各种压力都有相应的“机能”，认知属于某一机能的一部分，还有情感机能、行为执行机能都会对问题的解决起到重要影响作用，不仅是认知的“复杂性”高低。

【另有研究发现，与认知复杂性低的人相比，认知复杂性高的人能更好地应对压力情境。同样，乐观主义者采用的应对策略比悲观主义者更有效。】

——人格科学

事实并非全是如此，白痴在压力大的环境中也可以表现出自如的一面。所谓的大道至简，并不是越智慧的人认知越复杂，而是认知的感受性强（针对性）、决策性强等多方面。

生存的道理谁都知道，但为什么很多人还会有好像明知故犯的不利自我生存的行为？可见生存能力不在于认知的复杂程度如何，而在于指导行动信念性认知的正确性或者科学有效性。为不利自我的活动理念所指导行为，即使认知再复杂，行为的结果也是不利的。世人皆有而为圣人独用，可以略见生存差异的原因，不在于认知的复杂程度，在于恰当的应用。

举一个有趣的例子，金庸先生作品里的人物“虚竹”，用类似白痴的手法解决了“无数智者难以解决的棋路”，获得了神功，取得了巨大的成就，侧面论证了大道至简、解决现实问题在于恰当方式的认知精髓。现实也的确如此，认知和行为解决问题的关系好像很微妙。再如中国改革开放初期，允许一部分人先富起来，这时富起来的人文化程度普遍不高，客观表现出脑体倒挂，类似于“造导弹的不如卖茶叶蛋的”现象成为普遍，这也是认知复杂化和应对压力解决生存问题之间负相关表现；再如人才教育培养系统统计学显示，学习成绩在班级里拔尖的学生，最终取得较大事业成功的微乎其微，而是十名以后部分学生和部分成绩倒数的学生会取得不菲的成就；再比如，现如今很多研究生、博士生在学校里做学问，遇到生活障碍时却容易钻进绝望的牛角尖，自杀轻生比比皆是，正如陶行知先生所评价的“死读书，读死书，读书死”。这说明了某些方面的认知越复杂，应对生存生活压力的能力越差。

认知的深度和广度，对于问题的解决、生存状态的改变有着微妙的关系，不是简单的相关能恰当说明的。道理其实很简单，问题的解决与否，在于解决问题的方式与面对问题的人是否能提供相应的认知行为方式有关（针对性）。在需要解决的问题面前，卖茶叶蛋的和造核弹的是平等的。面对卖茶叶蛋问题，造导弹的不一定卖得出去；面对造核弹的，卖茶叶蛋的人就不能说没有一点帮助解决问题的价值。然而，让卖茶叶蛋的来解决卖茶叶蛋的问题，生意会很红火，问题解决得很轻松；同样，面对造导弹的问题，让导弹专业制造人员来完成很容易。解决问题的容易与不容易，在于对不对口、在于问题和解决方式的相应性或一致性。

有的人天性爱交际，因此建成了良好的人际关系，获取了良好的人际力量，生活起来轻松愉快，不利于生活的因素自然减少，解决各种压力相对容易；有的人天性勇猛，敢为敢当，容易惹祸的同时也有容易抓住机会的优势，生活大起大落者多。不仅认知因素和成就之间有着相应的关系，而且由认知、情感、遗传、社会等多方面综合特征都对成就的产生、生存压力的承受、问题的解决有着重要影响。人如何才能有效地解决问题获得成功，方式途径多种多样，有的依赖良好的认知，有的因为情感作用，有的凭借良好的行动力，成功的可能渠道不一而足，关键在于解决问题能对应——拥有的技能和问题需要相一致，借用心理学术语来比方就是：找到解决问题的“受体”。脑组织活动系统非常复杂，但也在非常有序高效地工作，组织细胞之间的联络，就是凭借“受体”的存在轻松完成的。生存问题复杂难计，每一类问题的成功解决同样要遵循“受体”响应性作用的原则。

40、**主题一句话** 经历表现出进化，最直接的表现是生存的所有模式，这些模式随着和环境的交互作用不断变化，并会出现刺激反应“受体”选择的特征。

【如果一个性别定性者用一个很强的性别图示加工信息，那么我们可以预期他们感知和加工性别信息更有效。】

——人格科学

性别定性，就是行为模式的稳定性显著，体现身心行为延续的一致性，同时，给行为的预测和预期提供了基本依据。

不仅“性别定性者”表现出独特的行为模式，事物之间对刺激感受的选择模式也在经历中“定性”，受体的形成也是逐渐发生发展而来的过程，形成于自然刺激和自我发展需要。

41、**主题一句话** 个体需要受到“当前”迫切性的限制表达。

【马斯洛理论中最著名的就是他的需要层次论。他认为，可以把人的需要以一种渐进的层次表达出来。就是说，必须先满足某些需要，才能满足另一些需要。马斯洛把这些需要排了五个层次。尽管有例外，但我们总是先满足低层次的需要，然后才关注高层。】

——人格科学

马斯洛将需要如此分级，是将生理的生物性需要看做低级的，是一种带着歧视色彩的分类标准。事实却是，人类从古至今，一直在为着填饱肚子而努力，为了改善生活的质量（如饮食质量是衣食住行四大需要之一）而努力，个人是、团体国家也是。古语说得好“民以食为天”，充分说明饮食的重要性，并非怎样的低级，就在今天，国民的生活还需要得到基本保障的努力，还需要特别关注失业现象的存在。如此分级，算是一个误导，是对物质需要的歧视。

因此，根据实际情况，根据个体在当前现实中需要的迫切性、需要的强度，我们可将需要分为：基本需要（吃喝玩乐衣食住行等）和延伸需要（更好地吃喝玩乐等），或者当前需要（个体生存即时面临要解决的问题）和后备需要（为了更好地生存还需要解决的问题），根据需要的形式可以分为物质需要和精神需要等。

需要的重要性是可以随着个体对需要的迫切程度发生变化的，“需要”不需要高低之分，也没有高低之分，最迫切的需要就是最重要的需要。而生存需要是衡量个体需要迫切性的底线，其他任何需要都伴随人类生存状态的发展，表现出“水涨船高”的变化规律。

42、**主题一句话** 需要的变化是时位之移人的重要原因。

【马斯洛的观点，只有一小部分人可以最终达到自我实现的境地。】

——人格科学

需要和个体的生存状态是相适应的，什么样的生存状态对应着什么样的生存需要。需要随着生存状态的变化而变化，所谓的时位之移人，是指同一个体所处的发展时期和社会地位的不同，导致人的需要也随之发生变化；对于社会各阶层不同的个体或者发展处于不同层次、认知处于不同层次的个体来说，生存环境条件生存状态的差异使需要也各不相同。当然，认同差异的存在并不否认相同需要的存在。因为需要差异性存在，对于自我实现的说法，每个人都有这样的机会，每个人都有自我实现的自我标准，不然，就会有很多人“死不瞑目”了（如下例）。需要的产生，即依赖于生存环境条件状况的限制与允许，又依赖于个体生存状态的层次和主观要求。也就是说，人的需要并非完全局限于环境，人的主观发展能动性是需要差异的重要决定因素。例如，深山老林或贫民窟中存在忧国忧民的高士，庙堂之上有隐居的高人。换句话说，既有“看其所居知其所举”的一般人需要，又有“处茅屋而知天下三分”的特殊人才的需要。用现代的话来说，我的需要因我而生。根据一个人的生存状态可以推测出他的生存需要，根据他的生存需要可以推测出他的生存状态。

例：六旬老人自掏腰包补路　七年为避闲话谎称公派①

连云港一位年过六旬的老人赵秀珍，连续七年来坚持修补着城市道路中的一些凹坑，所有的沙石及水泥也是自己掏钱购买，由于担心别人说闲话，便称自己是“公家”派来补路的。昨天，记者在采访赵大妈时，她提起补路的初衷，其实就是不想让推车卖菜老人，以及上学的孩子被凹坑绊倒摔跤。

赵秀珍，今年67岁，育有二子一女，均成家立业。七年来，一个破旧的脸盆，一个空酱油小塑料桶，一把小铁铲，一副黄色皮手套，赵大妈就是靠着这四件东西自费补路的。

怎么会想到补路，而且一补就是七年？这得从七年前的一个夏天说起。那天赵秀珍听说范庄田地里野菜长得好，于是她就起早和几个邻居一起去那里挖野菜。当时天蒙蒙亮，临近范庄时，她险些被一块砖头给绊倒，仔细一看，路面上撒了不少石块和砖块。考虑到当地有许多老菜农，他们每天也是早起摘了茄子、丝瓜和豆角等蔬菜，天不亮就推车赶到批发市场去卖菜，一不小心也会被绊倒，赵大妈就把路上的砖头石块拾到路边，当看到卖菜老人顺当地推车经过，她感到非常欣慰。

此后几天，她又发现了连云港通灌路跨玉带河桥上的裂缝，看到有不少学生骑车路过该桥，她担心如果孩子一不小心，自行车轮碰到裂缝就会滑倒。于是，赵秀珍开始了“补桥”，在河边找石块，把石块敲成“石楔子”，然后再和水泥铺在表面。

外界对赵秀珍的善举，或质疑，或称赞，她确实曾为此苦恼过，但一路走过来，其补路的想法从未改变。“每次修补完路面，看着大人小孩骑车轻松经过，那感觉，值了！”赵大妈笑着说。

赵秀珍以前是连云港市医药采购供应站的职工，退休金也有1000多块钱。

从搬石块、修桥缝、补路坑，到现在的修窨井，老人退休后的“业务”是越来越多。

连云港新浦区新东街道广场社区主任蒋红告诉记者，老人一开始得知记者要来采访时，还不太愿意。她怕别人说她“做好事想出名”。不过了解她的人，都说她是“一个好人”；不了解她的人，则认为她“神经有问题”。可是七年来，就是这样一个老人，自带沙石、水泥，在连云港市区的路面上修补了一个又一个凹坑。

① http：//www. sina. com. cn 2010年04月08日03：53　扬子晚报

“记不清大大小小到底补了多少，几百个吧。”告别前，赵秀珍告诉记者，“只要身体能动，这路我就一直补下去。”

43、**主题一句话** 生理需要和心理需要是完全融合在一起不可分割的，没有谁将代替谁，只有更好的协调，最佳方式的融合。

【大多数人都有工作，有家，饭桌上有吃的，但是这些低层次需要的满足并没有带来幸福，对友谊和爱的需要很快就出现了。马斯洛指出，“现在人们强烈地感受到缺少朋友、情人、妻子和孩子，人们渴望人与人之间的亲密关系，尤其是在群体或家庭中。”】

——人格科学

有些需要不是能割裂开来的，如食物的需要和情感的需要。情感的需要伴随生命活动的每一个活动过程，不会只在“所谓的低级需要满足后”才会发生。个体的发展离不开社会支持的需要，包括亲人、朋友、生存共同体的生存力量支持和情感支持。人是情感的动物，生物性是人的本质，不管人类如何进化，我们脱离不了我们的躯体，情感理性的发展，和生存发展的需要相融，但绝不是以理性否定感性。否则，仅剩理性智慧的个体如同现在的电脑，没有任何生命的意义和价值。

44、**主题一句话** 病态的人有病态的需要表现，病态是以健康为参照的，二者是不可分割的。

【长期以来，心理学家都在关注和研究那些心理不健康的人，如果你是亚伯拉罕·马斯洛，也想对心理健康的人进行研究，你会做些什么？】

——人格科学

很多人对弗洛伊德的理论提出挑战，其中一点是弗洛伊德先生研究的对象是“病态的”不包括“健康的”。但我们可以发现，身体医学的发展核心也是建立在对病体的研究之上的，改善病人的生存状态，保健普通个体的生存质量，一直都是身体医学的内容，特别是前者是重点。对于心理学发展也是一样，“心理病患者”应是心理医学研究的核心目标，至于对健康的普通群体的研究，也是为了建立一个可参照的标准和以心理保健的发展为目的。用另外一句话来说，治疗的需求也是个体根据自身发展的需要表现出来的。

对于治疗师来说，研究健康者是为了得到治疗的目标参照，改善患者病态的标准；对于心理学家来说，研究健康者为的是对人类人格的全面把握。研究的需要不同，选择的侧重亦不同。

人格论——情感章

1、**主题一句话** 人格系统表现为金字塔式逐级分支，每一维度的行为表现都是两种矛盾倾向行为的组合。

【关键的发现也许就是积极情感和消极情感是彼此相互独立的两种成分。也就是说，如果我们知道你的积极情感测验的得分，从中我无法预测你消极情感测验的得分。】

——人格科学

将人格模式的总和分为五大维度，也是五大影响人格发生发展的子系统。五个维度的任何之一，都可以细致分支为很多更具体的维度予以表现。但不管将人格维度细分到哪一个级别，每一维度的人格因素表现都是“一维两种倾向”的规律存在。如人格的情感维度可以分支为很多次级维度构成，每一次级维度有两种不同倾向的表现，像快乐和悲伤属于一个维度，快乐的倾向多了，悲伤的倾向自然就少，反之亦然。再如喜爱与厌恶同一维度，喜欢的倾向多，厌恶的倾向就少。

每一次级维度都是相互矛盾的两种倾向感受的综合表现，这两种倾向必须是非此即彼对立的矛盾表现，这是衡量两种倾向表现是否属于同一维度的标准。同一级别维度的人格因素之间表现是相关联的，同属于上一级维度系统的组成部分，如遗传、认知、情感、行为、社会道德属于同一级别的人格维度，他们同属于人格总系统中的五个分支，他们之间是互相影响关联作用的：遗传提供后天行为发生发展的基础，认知决定情感，情感制约认知，认知情感决策行为，行为结果改变人之情感，而社会人的一切“遗传、认知、情感、行为”都不能避免烙上社会“道德理性”之印。

某种情感的发生倾向是针对对象的一组相关独立行为来说的。而每个人表现的多样性使其给予他人感受的也是多样行为的复合对象。对一个人会同时产生爱和恨的情感，并不是因为爱和恨不属于同一维度的两个倾向，而是同一对象不同行为产生的复合感受，如爱其才华恨其人品的“矛盾”等等，复合情感现象非常普遍。

我们观察到的情感表现是复合状态，如果测得一个人情感综合维度的“积极倾向位置”，可以推测此人“消极倾向位置”之所在，但只是模糊的。维度的人格因素综合性越高，测量结果就相应模糊。如测量一个人人格总系统的积极性和消极性，就涉及遗传性和后天环境的交互作用，是各次级维度中积极性和消极性的综合，比起测量情感维度的消极性和积极性显得相对“模糊”。而且，情感发生因对象而异，同一个人面对不同的事物，消极情感和积极情感的产生也是相应的，同样是交往活动，一个人在不同的环境中有不同的交往投入情绪产生，在此情境中可以表现的积极活跃，在另一环境中则会表现出沉闷逃避，不可一概而论。任何个体不独情感的表现是复合的，认知表现、行为表现等都是复合存在的。所以，当我们面对复合的人格维度考量描述个体的存在表现状态时，需要相应符合的评价措施才能得到客观的结果。现在测量水平、测量工具远远不足，这也有人格概念尚未得以统一的缘故，“根据积极情感测试得分难以推测消极得分”则可以理解了。

2、**主题一句话**　“习得性无助”是“心理活力弹性”的丧失。抑郁症是个体生存状态极度弱势的综合性描述，涉及个体感受、认知、执行机制的交叉复合变异。所有的心理疾病都是心理障碍程度不同的表现。

【自从二十年前，研究者第一次证实了人类有“习得性无助”，已有成百上千的研究对“习得性无助”进行了考察，人们还用这个概念解释了人类的大量问题。“习得性无助”理论一直流行到现在，原因也许在于它帮助心理学家思考今天困扰人类的两个重要问题：老年人的适应问题及抑郁。】

——人格科学

所谓“习得性无助”是指自我生存无力感，也就是自我控制感较低的表现。无力感属于消极、负面情感的一部分，是刺激作用于个体心理结构产生的一类反应。生存环境相互作用的过程中，个体的存在感包含主导控制和被动顺从两种成分，这两种感受是一体感受的两个极端部分。所以，抑郁症的病理和消极负面情感情绪、消极悲观的认知思维模式（含认知视角）、消极被动的行为执行模式密切相关。

抑郁症和一般的偶然性消极负面情绪的表现有质的不同，随着感受、认知、执行，即个体生存机能的消极状态下的持续“超负荷”式运转，生存状态缺乏“积极状态的调剂性转换”（一阴一阳谓之道，是生命运转状态健康、持续、保持、存在的基本标志，失去阴阳的调剂，生命就失去了波形的脉动，必然表现为僵化或死亡。生命所有过程的健康发展都离不开彼此转化调剂的运动原理，调剂才知五味、五色，悲喜并存才有感受，阴阳运转滋生事物存在），如同弹簧失去了弹性一样，使个体生命失去生存的活力，充斥的是存在的无力。具体表现为所谓积极层面行为的丧失：兴趣的丧失、爱的丧失、认知机能的丧失、执行机能的丧失。自我内心滋生的越来越沉重的生存压力，使个体无力感越来越显著，直至不能承受，导致存在感的完全丧失，绝望下以自杀的方式逃避生存的压力。

抑郁症是个体一种生存状态综合性描述，涉及个体感受、认知、执行机制的变异，也是经历一个由浅入深的“病入膏肓”的变化发展过程，生命自我存在机制的运转能力逐渐被损坏，直至生存机能的逐渐丧失。悲观仅是抑郁症认知机能状态的一个表现，丧失兴趣是抑郁情感机能的一个状态，懒散无力是执行机能的一种表现。各种状态表现的程度不同，对应抑郁症状的深浅程度不同。影响抑郁症的形成是多方面原因，遗传再现的身（体质特征）心（获得性能动机能的强弱）结构存在状态和生存环境互动（感、知、行）的模式（静态的观察是模式，动态的观察是过程）等因素缺一不可。影响因素孰重孰轻难以判断，但遗传信息的个体再现是“获得性潜力”社会化塑成（发展性机能）的结果。因此，我们确信，个体的生存现状的改变，不仅可以是社会“自发性”塑成，更可以是人为“自觉性”塑成，即人类觉意识下的自我塑造（药物调节、生物调节、情感认知行为调节等人为方式）——人能动地改造人类自我。

心理疾病的分类现状是根据生活事件相关性划分，如性障碍、物质上瘾障碍、躯体形式精神障碍等。不管是哪一种、哪一类心理障碍（精神障碍），都不是个体某一方面单独出现的问题表露，而是个体“身心综合运转”的失调，是个体“生理感受（物质成瘾）、认知情感（偏执波动）、行为执行（无力失调）”出现失常状态的结果。诊断个体症状，需从多方面综合衡量变异深浅程度：生理活动机制机能、认知思维机制机能、情感机制机能、行为机制机能、社会化机制机能，以确定患者的病灶、病理。人格是个体行为模式的总和，包含生理和心理的一切行为模式，严格地说，所有的精神疾病或者心理障碍都是人格障碍不同程度的表现。

3、**主题一句话** 当无奈成为习惯、成为稳定的行为模式，则表现出弱势人格状态。

【研究者认为，狗已经明白它们是无助的。在无法逃脱的电击中，它们已经无数次地尝试逃跑，但都未奏效。最后这些狗认识到它们不可能逃掉电击，然后屈服于无助感。这并不奇怪，经历了无法逃避的电击之后，这种反应是最合理……】

——人格科学

“狗已经明白”，经历了电刺激却无法“有效自我控制”的反应，产生面对一种刺激“逆来顺受”的绝望反应。最大的绝望是自杀，是个体对所经历的痛苦轻重衡量后，主观认可适于自我的行为选择，认为痛苦的忍受不如一死了之，和认知狭隘、情感绝望、情绪冲动性决策相关。自杀也是自主控制的行为表现之一。认知情感建立的观念决策行为的执行，认知情感左右了个体的行为决策和行为倾向，有时客观限制个体的生存发展（狗的无助式表现），有时客观促进了个体的生存发展（如初生牛犊不怕虎）。生物个体在生存环境中的行为，是以自我存在为基本活动目标的，当刺激危及个体生存，个体会尽可能抵御威胁。当个体无能为力改变威胁或现状时，则表现出无奈的忍受接纳现状。当无奈成为习惯、成为行为的模式，则表现为稳定的弱势人格存在。弱势群体更多地表现出逆来顺受的耐性接纳式人格，反之强势群体表现出较多的攻击性控制式人格。

4、**主题一句话** 人类是自然食物链中生物机能高端的体现。

【大量的试验证明，人和动物一样都容易受“习得性无助”的影响。（Garber& Seligman，1980；Maier & Seligman 1976）人们在最初不受控制的情境中获得了无助感，那么在以后的情境中还不能从这种关系中摆脱出来。后来的研究证明，并不一定要有最初的不受控制的情境中无助的经验才能产生“习得性无助”。只要被告是他们不可能克服一个严重的困难（Maier & Seligman 1976）或通过观察他人的无助。（Brown & Inouye，1978）】

——人格科学

人和动物一样容易受“习得性无助”的影响。大量的实验说明，人类不是“高高在上”的生物群体，仅是自然食物链中生物机能的高端体现。人的动物属性的存在事实，说明人和动物的本质区别在于机能的层次水平——人类是生存机能综合水平较高的动物群体，即所谓的高级动物是较客观的人类自我定位认知。正如达尔文说“类人猿是人类的祖先”受到世人嘲讽一样，人类文明处处体现生物性的生存需要和情感制约，将人类脱离于动物世界，类似于五十步笑百步的夜郎自大，或者是“人类自我清高认知情绪”的反映。人类生存机能的综合水平高于其他地球生命，但不代表每一项生存机能都高于其他地球生命。正如人类的夜视觉还不如很多动物敏锐。但人的生存机能“高端体现”在于可以借用“仿生夜视仪”等工具延伸、提升自我生存水平的夜视机能。能动借用自然存在的一切，使周围的一切皆为人类的生存而驱动，拥有这样优化人类自我生存的智慧方式，是人类生存机能突出的表现。当然，其他生物也有这样“凭借的能力”和智慧。人类在“习得性无助”等类似的“低级原始愚昧式（我们进化必须经历的发展阶段）”的行为模式反应中，会比其他低级动物能更早更有效地脱离，不适宜生存发展的一切约束。至于如何体现更早更有效地脱离“原始愚昧”的约束，则在于人类及人类个体生存机能的发展层次差异了。

5、**主题一句话**　“习得性无助”源于“相关性联动”的认知情感神经活动机制。

个体认知情感的神经活动机制以相关性联动的形式存在（类似于连锁反应），使个体认知表现出联想、迁移的思维模式，既表现出有利于生存的优势，也表现出不利于生存的缺憾。联想迁移可以使个体拥有举一反三、逻辑推理的良好机能，同时也使个体有以偏概全、混乱决策的愚昧表现，既有窥一斑而见全豹的优势也有一叶障目的弊端。弊端表现如“习得性无助”（个体对刺激的无以应答）不仅表现在对特定刺激的无以应答，还会表现在对相关刺激的类似应答模式发生。用我们生活里的话来说，一不能则百不能，一朝被蛇咬十年怕井绳的表现，以偏概全的主观评定“自我不行”，是很多社会个体类似的行为观念。“习得性无助”可以解释很多行为现象的成因，遗憾的是这一称谓不够贴切严谨。因为任何模式化心理行为都是刺激反应的结果，都是“经过多次刺激习得”的结果（个体的现实体验和遗传获取的信息），很多不作为、无积极应答也是习得反应的一种状态——如同弹簧失去了弹性、被电击捆缚无以逃脱的狗失去自主调控感仅会哀鸣的绝望。因此可以称之为丧失一定程度的应对机能，表现出逆来顺受的“机能丧失性”行为，有的是暂时性丧失，有的是长期甚至永恒的丧失。

6、**主题一句话**　焦虑来自于对生存“威胁”的感受。

【凯利认为焦虑是“临床上最普遍的病症”。在个体构建理论中，当我们不能预测将来的事情时，焦虑就会随之而生。换句话说，就是我们的个体构建不适合预测事件。我们每个人偶尔都会有这样的体验。比如，你可能会为求职面试焦虑，因为你不知道会遇到什么样的面试官，不知道要回答什么样的问题。同样，当你不明白某人为什么那样对待你，或你不知道在某个特定情境中你该怎样做时，你可能会变得疑虑、迷惑和焦虑。】

——人格科学

现在或者未来变得难以预期、难以捉摸、难以控制，使个体深深感受到自我生存状态面临的威胁，导致自我存在感逐渐缺失，焦虑、恐惧、抑郁等心理失调行为随之发生。

7、**主题一句话** 主观认知归因的消极，加深了悲观自我的倾向深度。

【尽管辩论时对方给予的反馈是固定的，但社交焦虑者比没社交焦虑者更多地把对方的面部表情解释为反对自己。总而言之，社交焦虑者总是认为自己与别人的交往很糟糕，并总是寻求别人拒绝自己的证据。甚至，这种悲观的想法使得他们在遇到交往对象时会产生更多的困难。别人可能“评价恐惧”（evaluation apprehension）是社交焦虑背后的原因。换句话说，社交焦虑者担忧别人怎么看待他们。他们尤其害怕负面评价。社交焦虑者还担心他们的谈话对象会发现自己愚蠢、无聊和幼稚。能够引起他人评价的情境因素也是焦虑源。】

——人格科学

悲观是内向、抑郁、过于焦虑的共同点，主观认知归因的消极，加深了悲观自我的倾向深度。生理机制（女性化表现）、认知负向归因、情绪易波动等多方面接纳性（相对攻击性）人格因素的综合，导致人格的羞怯困扰表现明显。因此，从情绪控制、认知归因、控制性欲望等方面的改变，综合训练矫正人格倾向的调整，应有改善效果（生理机制调节可以通过体能训练和药物的作用予以改善）。

8、**主题一句话** 成败结果因旁观者群体的不同表现而发生自我感知的变化，旁观者引发的这一效应，和个体“自主感知的”被关注程度的大小或社会人际关系支持力量的大小密切相关。

自尊的挫败感，因旁观者存在而放大。随之而来潜在的威胁感增加（挫败感不仅是来自当前对手一人，而是虽在旁观却是同一竞争环境的所有人，这些都是间接、潜在的生存竞争对手。事件在更替，当前对手在更替，但不变的是同一环境中的竞争关系总是存在）有旁观者和无旁观者使挫败者产生的感受性强度差异很大。挫败者通常会有这样的想法“这让我以后何以立足、何以处世为人”，尊严具备社会群体性质，挫败者因此会感受巨大潜在的社会威胁，所以会极力争取即使是无厘头、强词夺理、叛逆反抗的暂时性自尊胜利（类似于败于事而不能败于人的自尊信念）。

这对于我们每个人来说都可以用自己的经历予以论证。再如有经验的教育者，对于顽劣叛逆的孩子，通常不会采取当众批评教育的方式，会约到安静无他人的环境教育孩子，容易为孩子接受，教育效果十分明显，原因也在于旁观人际环境效应。如当面教子背地教妻，也可以理解为当着妻子的面教育孩子，达成家庭教育家长的统一，增加家庭教育的威慑性；背地教妻是背着孩子提醒妻子的失误，维护妻子的教育尊严；这两种方式都是对“旁观威慑反应”的巧妙运用。

与挫败感对应的是荣誉感或者成功感。因当事竞争者旁观环境的差异，胜利者成功的感受是完全不同的。成功的表扬为什么需要表和扬，正是借用了旁观环境的效应扩大作用。有的人怯众，有的人没有听众讲不出话来，听众越多越兴奋，都是旁观者旁观环境的作用。武林高手总因为没有了对手而苦恼，这也是个形象确切的比方。

事件结果通常带给我们成功感和失败感两种反应，这两种感受因为旁观环境的差异会导致自我生存机制的感受效应扩大化，也可以说是环境给予的关注度差异产生的效应作用。很多运动员，当有重要的亲人朋友在场旁观时，会有突出的表现。有无关注不同，关注的人不同，当时竞争主体的事件中反应截然不同。归根结底，之所以会有旁观环境反应，源于人类社会化自尊是在“获得关注”的熔炼下得以存在、形成、发展的，社会个体的生存离不开社会关注或社会性支持力量。不管旁观环境客观关注的程度如何，个体出现的增强或削弱情绪行为反应，决定于个体自主感受被关注的强度，可以极端地说，一个妄想的人，会在独自一人情境下“高谈阔论”，在他“妄诞”的视野里，面对着臆想中“无数虔诚的关注者”；反之，一个极端自主的“狂人”，面对生活里的成功或者失败总是不为所惑，表现出恬淡的自我控制的智慧反应。

9、**主题一句话** 焦虑或者恐惧源于威胁个体当前生存状态的刺激存在。

【在罗杰斯看来，当我们接触到与我们的自我知觉不一致的信息的时候，焦虑就会产生。】

——人格科学

不一致并不意味着焦虑的产生，关键是刺激信息对于个体具备“威胁性、攻击性、挫折性”等不利于个体自我生存状态本质的存在，否则不会引起个体的恐惧担忧，也不会滋生焦虑。

例如我们自我感觉良好时，他人传来否定评价，由此我们感受到了语言的威胁性和发言者的攻击性，如果不能得以及时对质纠正则会因此产生挫折感。焦虑是浅层次的恐惧；焦虑与恐惧的产生区别在于威胁个体生存常态的刺激施加于个体的直、间接性，是否“此时此地”的时间和面对差异——个体面对的威胁刺激实际发生有无“延缓性”。当个体感受到威胁存在，但并不能予以延缓面对随之产生恐惧（直面性威胁）；反之，威胁能予以延缓面对则产生焦虑（延缓性威胁）；此时此地的威胁直接发生施加于个体，个体产生恐惧，非此时此地的威胁产生间接的恐惧——焦虑；这里所用的“威胁”指的是所有对个体生存状态不利，并且能使个体产生自我应对能力“不足感”的刺激存在，并非日常生活里所说的“胁迫”语言或行为。焦虑、恐惧是个体对刺激威胁度的评价结果产生的情绪反应——情绪是认知评价的反应。

10、**主题一句话**　个体主观感受压力的大小决定焦虑发生的程度。

【一个患者在角色扮演中遇到一个挑剔的老板时可能会表现出恰当的行为，但当他面对一个真的老板时可能又会变得很怯懦。】

——人格科学

人际关系压力的大小导致焦虑不同程度地发生，也就表现为我们通常所说的心态差异。

角色扮演的人际关系给予患者的压力相对较小，一方面源于个体面对的虚拟对象缺失很多“真实性因素”，此人非彼人；另一方面个体意识到虚拟行为的结果不具备“实际利害关系”——不管结果如何都对自己的存在影响不大，由此形成“积极”的自我暗示，心态放松行为则坦然。患者在真实环境中，行为目标的真实利害客观存在，与老板等定向人际交往的模式，都影响了个体焦虑程度的变化。焦虑来源于压力，过大的压力产生强度的焦虑。同时，会因为对不成功、不理想交往经验再现的较多关注，产生焦虑情绪的无限制膨胀，由此形成“消极”的自我暗示，使人际关系带来的压力增加，高度焦虑促使个体身心行为极度紧张——可能会产生极不协调的“僵尸行为”。

11、**主题一句话**　自主表现在对自我和环境的有效控制欲望及成效中。

人类的自主控制感经历由潜意识到觉意识的进化过程。

【如同科学家试图预测并控制某些事件一样，我们也想理解这个世界，这样我们就可以预测并控制发生在我们身边的事。如果我们不理解某些事发生在自己身上的原因，不知道周围人为什么要那样做，也不清楚未来将要发生什么，我们就会感到不安，而且几乎没有什么事比这更令人不安了。】

——人格科学

控制感在个体生存活动中越来越明显。

最初，仅是保存自我的生存状态需要，这是和人类早期的生存机能水平相一致的。然后是个体对自我行为的自主控制，人类越来越能脱离生存环境的约束，随之发展了相适应的生存机能和生存需要，不完全顺应的生存机能与个体对自我身心活动的自主控制需要相互依存。再次发展到更高阶段，为了更久远更有利的存在，个体生存不再局限于个体的生存发展需要，而是群体的生存发展需要。

人类意识到个体的存在依赖于群体的存在，不仅是个体的觉醒，更是人类群体的觉醒；不仅是个体自我由潜意识到觉意识的发生发展，还是人类“群体自我”由潜意识到觉意识的发生发展——人类自主的逐渐发生（个体的生存越来越依赖于群体的存在，在无限威胁的自然力量面前，人类不得不趋向于更大群体协作的生存方式）。这一阶段相适应的生存机制表现为较强对环境控制的能力，生存需要表现为对环境的最有利于人类自我生存的控制。

生存机制水平的发展由保存自我、控制自我到控制环境，体现了人类生存环境的改善不在于环境的变化，而在于人类主观能动的争取，在于自我的自主、在于能动性、在于因势利导。人类和生存环境的关系经历了由被动到主动的转变过程，这使控制的需要成为自主、能动的内涵核心。

12、**主题一句话** 伊底就是生命能满足个体自我存在的基本动力。

【饿的时候，伊底冲动驱使人去攫取周围的任何食物。但自我明白这种行为是不被接受的，自我尝试着满足伊底的需要，单一考虑行为后果的方式进行。】

——人格科学

所谓的“伊底”就是指个体生命状态得以存在的需要及能量表现。所有的需要都是在生命个体维持自我存在的基础上产生的。

13、**主题一句话** 毁灭、破坏事物，包括对自己的自虐，源自于人类原始放纵的野性。文明在很多时候掩盖不了它，它就爆发出让人类自我惊讶的残虐。

【攻击别人有什么好笑的，初看起来，你可能会这样想。使我们感到愉快的伤害和讽刺到底是什么？为什么我们对其他人的丢脸和尴尬感到好笑？根据弗洛伊德的观点，攻击性的笑话可使平时被抑制的冲动表达出来……】

——人格科学

我们不能否认，毁灭的快感和人类生存原始的竞争需要密不可分，同时也是人类机能进化历程习得的行为反应。将快乐建立在其他事物毁灭的基础之上，获得最大的快感，就像建立新事物一样地快乐——“毁灭的结果也是一幅全新的景象”，主宰世界的快乐，控制世界的极限感，自主控制感的极限表达。几近虐待的行为，产生接近毁灭的快感。自主控制感的发生是以一定的行为得以实施表达为标准的，毁灭是其中之一。

14、**主题一句话**　羞怯如同气温变化中感冒的萌发，虽常见但不足夸大为“社会问题”，是每个人自主控制感自然波动的一种表达。

【事实上，羞怯可能是当今最常见的社会问题。许多研究者一致发现，在他们的调查中，大约有40%的人认为自己是羞怯的人（Zimbardo，1977，1986），还有40%～50%的人说，他们曾经羞怯或是在某种特定的场合会感到羞怯。剩下的那一小部分人未曾尝过社交焦虑或羞怯的痛苦。】

——人格科学

焦虑来源于环境的威胁，主体所感受到的环境给予自我存在自主控制的压迫，产生焦虑，羞怯、愧疚是焦虑的一种表达。

从上例这一调查我们发现，能很好地完成自我控制感建立的个体为数不多。并且，生存环境条件的刺激总是在不断地变化，个体自我的自主控制感也是在动态变化之中（并没有谁能一直完全控制自己的生活、自己的存在状态，控制状态也是在控制和未完全控制的情况中波动）。至于说“剩下的那一小部分人从未尝过羞怯”，多是拥有支配控制型强势自我的人，或者是淡忘那段经历。

15、**主题一句话**　关注发生于自主需要，良好的关注感在于“自我镜像”客观构建的完成，自我产生的虚妄关注来源于对自我生存危机潜在威胁的泛化模糊反应。

【饱受社交焦虑之苦的人们在许多社交场合都是度日如年。社交焦虑者报告说，当他们不得不和人交谈时，会感到笨拙和紧张。（Cheek & Buss，1981）他们非常关注于别人怎样看他们，这样在他们遇到陌生人或是在很多听众面前发表讲话时，就会变得非常注重自我。这些人经常会认为他们正在犯错误，他们的讲话听起来一定很愚蠢，他们的样子看起来也一定很傻。（Buss，Hamer & Heimberg，1995；Ickes，Robertson，Tooke & Teng，1986）】

——人格科学

焦虑引起心因性僵尸反应，产生恶性循环，导致社交行为结果恶化。当个体在社交场合产生焦虑，源于缺乏自我控制感，难以自主。

非常关注自我，关注别人怎么看自己，具体原因是在于个体尚未完成“自我镜像感”的客观构建——无法确认自我的真实是怎么样的、在他人眼里的形象是怎样的……特别是青少年在交往中表现比较普遍，总感觉所有人都在“关注自己”，也是个体“自我关注”需要的泛化性反应。

每个人都有被关注的需要，这是个体自尊和价值感产生的原因。同时，被关注的需要也是自主形成的必要条件。每个人的自主形成是通过人际互动的作用发展形成的，既需要自我的反省塑造，更需要对人际间反应反馈的依赖。所以，关注和被关注都是个体有效生存的必然行为需要。青少年正处于社会化自主的高速构建期，生存经验、认知水平大大提高，自主的萌芽发展出对自我存在的高度感受性，对人际关系间关注的敏感度高，使其在自主独立感建立的初期，容易把内心得到高度关注的期望，转移为外部虚妄的“现实”存在，如同“我想故我在”的认知状态。

关注、被关注的表现特征和个体的认知能力水平紧密相关。个体的认知能力越高，关注的能力越强。一般来说，认知能力水平随着阅历的增加而提升，关注力则是认知能力的一个具体表现。比如，初生牛犊不怕虎，就在于初生牛犊没有类似生存危机经历，关注不到“面对虎”所带来的威胁；作为阅历丰富的成年人，直、间接的生存阅历包含大量的危机预防体验，形成自我保护的生存机制，会关注“面对虎”所带来的各类可能威胁，如果出现较多脱离客观的泛化关注，则表现为虚妄。一个女孩子可以在地铁车厢众多陌生人面前“肆无忌惮”撒娇，是因为她不能关注到环境可能会带给她的潜在威胁，而作为她身旁的母亲却显露出尴尬和克制的沉默。在这个女孩子的眼里只有自己的单相交流，其他人都因女孩的关注力不足而被自然忽略；在母亲的眼里除了应对孩子，还要注意在众人面前保持良好妈妈的形象。

自我关注和被关注是关注的两种不可分割的表现倾向，有了自我的关注，也就有了被关注的需要。不同的发展时期，关注的内涵和状态不同：童年关注的核心是自我需要的直接满足，处于一种非理性需要完全自主、理性需要完全无自主的状态；青少年关注的核心是“我是什么样的”，处于自主混沌朦胧发展状态；中年关注的是“我要怎么样”，处于非理性需要较多无自主、理性较多自主的状态；老年关注的是“我能怎么样”，处于自主的第二混沌期，或表现为理性和非理性完美的结合，或表现为二者的随意放纵。

每个人生存阅历的增加，伴随着认知能力和内容的扩充，客观表现为个体增加了“自我主观”的能力分量。儿童及愚昧的人容易被愚弄，容易被外界随意左右，是因为他们的自主分量较低。

16、**主题一句话** 哲学的“相关性”在人格表现中有其表现形式：人格维度之间存在相关协同表达，如认知、情感相关表达，如羞怯、自闭、不善交往的“人格团”多样存在。对于某些情绪行为缺陷的改善，我们可以从“人格因素相关表达”的角度予以破解。

【有时候，社交焦虑者过于关注如何应付谈话，以至于这干扰了他们与别人交谈的能力。羞怯的人会报告说他们有时过于自我关注和过于紧张，以至于想不出要说什么。他们只好让谈话陷入沉默，而这种沉默会让那些已经饱受社交焦虑的人觉得更不舒服。(Pilkonis)】

——人格科学

羞怯、内向、不善交往等人格因素“协同出现”，是和它们之间存在的密切相关表达关系分不开的，表现为“恶性循环式”的相互依赖存在：羞怯的人趋于内向，内向的人不喜欢交往；越不增加交往的成功体验，个体越是倾向于自闭内向，在交往中越加表现出更多的羞怯。

个体人格中的情绪、情感表现因素之间，存在“相关”协同出现的关系或表现方式。当其作为缺陷表现为“恶性循环”，作为优点表现为“光环效应”。我们可以把个体人格中某些相关协同出现的因素归结为一个“表现集合”，称之为“人格团”。对于每个人的人格系统来说，在人格的维度之间都存在或多或少的“人格团”，这是对每个个体的人格因素相关存在的客观形象描述。

因此，对于某些行为缺陷的改善，我们就可以从“人格团”的角度予以破解，通过相关人格因素的改善，带动相关人格团的优化。比如优化“内向”这一人格团，可以通过情绪控制训练和增加交往技能的行为训练，获得“内向人格团”的综合化解，实现人格的优化。类似的策略在心理咨询治疗中应用较多，而且在身体治疗中也比比皆是。如感冒的病毒杀退了，烧退了、不咳嗽了、不流鼻涕了，感冒就好了。这种策略实质是对系统论的应用。

羞怯情绪阻碍交往技能的正常发挥，有时候并不是因为内向者没有交往的技术、方法。因此，克服羞怯、抑制阻断羞怯情绪发生技术对这些个体来说更为重要。阻断羞怯情绪发生，除了建立增强自主、自信以外，还有一些即用见效的方法，如暂时性强制转移交往紧张注意，获得放松后，再重新循序切入就是很好的对策。再如用成功的行为激励自己，帮助建立自主，养成良好的交往能力。

17、**主题一句话** 控制和接纳是自我存在的两面互补表现。

【然而，当羞怯的人无法避免潜在的、令人尴尬的、失败的社会交往时，他们会尽量让谈话变得简短、无害。在一项实验中，主试要求参与者讲4个有关他们自己的小故事。（Epstein & LeMay，1990）有些参与者就认为主试稍后会用这些故事评价他们。那些社交焦虑者因害怕受到评价，就把故事讲得比别人短些，暴露自己更少些。……总之，羞怯者在交往中采取一种自我保护策略。】

——人格科学

很显然，这个例子证明了自我自主的另一个方面，和控制支配相应的一面——接纳、妥协性自我存在保护倾向行为。（自我存在可以表现出自主控制，也会表现出服从逃避）

18、**主题一句话** 人格的同一维度表现出对立倾向性，如情感可以表现出积极和消极的倾向。认知和情感相关联。

【和其他特质一样，我们平常体验积极情感和消极情感的倾向在时间上是比较固定的，也就是说，如果我现在知道你在这两个情感维度上的位置，那么我能对你多年以后体验积极情感和消极情感的倾向作出比较准确的预测。（Watson & Walker，1996）】

——人格科学

情感和认知是伴生性存在关系，对于生命个体，二者自始至终是相互联系的。有情感、情绪的积极和消极等两向区分，进一步例证了“人格每一维度存在两种倾向”的共同特征：或者属于主动性控制范畴，或者属于被动性接纳范畴等。情感的稳定性表现和认知变化的波动性显著相关，如果自我认知没有较大的变化，情感的表达也不会有较大的变化。

19、**主题一句话** 人类不仅是自然选择的结果，更是自主选择的结果。

【经过自然选择的过程，这些物种发展了能帮助他们生存并兴旺昌盛的特点，而那些未形成这样特点的物种就灭绝了。在许多情况下，物种为了对付自然环境对生存的威胁而改进自身的生理特点。】

——人格科学

人们描述生命存在发展使用的还是“自然选择”较笼统的说法。而现实中的人类生命却充分地体现了：人类不仅是被动适应外界自然的发展，更在于人类自我存在主观控制能动性的有效作用，被动适应与自主能动控制共同造就今天的人类生命存在。

20、**主题一句话** 社会化支持获得是个体生存的必然依托。

【研究者指出，所有人都有从属于某群体或加入某种关系的迫切需要。因此，当我们被社会群体排斥或拒绝时，我们会十分沮丧。这种沮丧不仅限于我们明确的被群体拒绝或排斥在某一关系之外的情况。】

——人格科学

个体相对自然的弱势，使其在遗传的历程中形成了获得群体支持能量的需要，否则会感受到失去社会性群体支持带来的恐惧。威胁不是来源于关系的排斥和拒绝，而是因群体生存关系损失带来生存能量的缺失，生存威胁相对变得更加强势，自我存在更加弱势。群居、社会化是生命应对自然无限灾害进化而来的生存智慧。

21、**主题一句话** 每个社会人拥有的社会性支持力量是多样的。个体的每一次生物性倾向选择都是潜意识自主的体现。

【在研究中，让大学女生观察并评价与男生的关系，结果发现，无论长期关系还是短期关系，那些爱帮助人的、温柔大度的男生都比那些单纯支配型的男生更有吸引力。(Jensen—Campbell，Graziano 和 West，1995)】

——人格科学

支持恰是社会关系发生发展的根本。支持力量的获取成为生命存在的本能需要，既是为了生命的延续（出生时的养育支持），更是为了应付自然生存的更大威胁（家庭支持、种族支持、国家支持、社会支持等）。这里再一次让我们看到，在残酷的自然环境当中，生命乃至人类为了基本的生存要面对无限可能的、巨大的生存威胁，疲于奔命的被动接纳应激反应在人类个体行为中占有重要的比例。

当然，我们也可以发现，于人类自身之中的自主能动行为反应的存在，也许是生命进化的一个标志。就像向日葵倾向于阳光的方向，还有趋冷趋热的生物反应，还有很多倾向性生物自然反应。生存在同一大环境里，不同的生命选择不同的刺激，这就是自主能动存在的生物学意义，也是生命自我存在、自我保护、自我维持生命状态的根本反应。因此，可以说个体的自然倾向选择等同于原始的潜意识自主。再如衣食足知廉耻，当人的基本需求得以满足（任何生存条件情境下都可能出现，暂时的或者较长久的）后，个体的自主新需求行为随即会出现。

随着人类的进步，自主性由自发到自觉，由潜意识受益到觉意识应用，表现行为的能动，在生存问题解决当中，使人类更多感受到能动性解决问题的巨大收益，对自我及生存环境控制性扩大的优势。主动控制性、被动接纳性是和生命体相伴随的存在，生物链的存在说明“弱肉强食”的控制性与接纳性客观制约生存状态的残酷。如在获取食物（生存能量）的竞争过程中，必然存在攻击与控制，被侵略的过程必然存在逃避与接纳，竞争经历生物进化漫长历程的积累，生命存在的自主控制感和被动接纳感在取食和被取食的生物依赖关系中逐渐根深蒂固。

22、**主题一句话** 自我完善是需要的统合，自我实现是价值的表达。自我完善和自主完善不同，自主完善是自我完善的一个途径或者一个条件。每个人的控制性和接纳性是阴阳平衡的，此处阳必有彼处阴。

【与罗杰斯所说的一致，研究者发现现实自我和理想自我的高相关和个人积极的调解有关。(Gough, Fioravanti)】

——人格科学

自我生存控制感是个体存在的一切需要的出发点。自我生存控制感的产生由于生物性自我存在的本能，既包含个体对自己对内部的控制，又包含个体对环境对外界的控制。

自我控制感的发展，也是经历一个从低级到高级的发展过程，对于人类来说，自我控制感经历了由自发无觉察到自觉可觉察的形成过程。个体社会化过程就是个体本能自我和社会超我冲突融合统一协调的过程，如果本我和超我的冲突未能在现实自我中得到统一协调，现时自我就未能形成，客观行为未能为主观心理接纳，个体表现为某些行为活动和心理需要分离的矛盾体，表现出一定程度的未能得以自我完善的生存病态。

现实自我的形成，相对不同的人所需的时间也不同。现实自我的形成依赖于认知情感的发展层次。因此，不同认知水平的个体，处理自我需求和客观需求矛盾的能力不同，表现出自我层次的不同，表现出自我完善所需要的时间不同。有的人需要一生，有的人很年轻就可以达到自我完善的境界，悟性不同所需的时间不同。自我完善的存在是相对稳定动态变化的：生存过程遇到的认知情感冲突有其时代性和进化性，主观和客观难以预料的新冲突总会不断出现。虽然存在以不变应万变的认知统合能力，但是对于某一个自我完善较好的个体，在解决新冲突的过程中，难免会遇到一些暂时性不能统一协调冲突的情景，自我完善会被暂时性冲击破坏，表现出自我完善的波动性变化。

我们需要进一步明确什么是自我完善。以上所述，自我完善就是本我和超我的矛盾冲突在自我中得到统一协调表现，具体说，是客观行为能被主观心理所接纳，主观心理能通过客观行为得以舒展。自我完善和自我实现不是一个概念。自我完善是个体主观生存需要和客观生存需要的统一，是个体生存的基本要求；自我实现是自我控制感的高级存在状态，是一种生存发展的高层目标，也是自我实现需要的结果，是自我生存价值得以实现并得到自己认可的生存状态（很多大艺术家生前一贫如洗，死后价值连城，这也是死而有憾，自己的生存创造价值没有得到当前社会的认可，便很难得到自己的认可，更难有自我实现的价值感生成）。自我实现的标志是有“因我的存在而存在的”生存价值，并且要有对自我生存价值的认可评价。人生各异，能力各异，自我实现的价值标准也各异；因此，自我实现的价值是能为个体高度评价的生存活动价值；同时，因为个体的社会属性和个体认知的主观性特点，生存价值的自我认可是以社会认可为基础的，但并不是必须的——也就是说，某一个体自我实现的存在价值可以不为社会所认可，但一定要有为自己认可的前提。

区分自主和自我的不同，自我完善就会更加明确。自我完善不是自主完善，自我完善是对我的行为系统的发展性客观完善，并非特指自主性控制作用。而自主完善则是指通过自己对自己的左右或控制，达到自我完善的目标；自我完善则是在大环境的作用下，外力、内力及综合作用，实现“个体自我”行为存在的完善性表现，重点强调任何个体优化性行为的存在。

个体的控制性是自主得以表现的载体，任何生命都有独特表现自主的方式，都有表达自主控制性的独特渠道。如有的人在人际交往中表现出懦弱顺从，却出现虐待动物的行为；有的人在强势面前表现出顺从逃避，在弱势面前却盛气凌人。对一个人的了解，可以从控制性和逃避性表现平衡的角度观察考量。古人论断得很清楚，用阴和阳来代表一种表现的两个矛盾的趋势，或动或静，或内或外，或公或私，不一而足。古人论及的是指一个人的某一事件的表现非此即彼的规律，但尚未论及同一个人本身的行为表现也是阴阳平衡的。具体说，一个人在此时表现为“阳”的行为，在彼时必有“阴”的行为，阴阳相趋，有高峰有低谷；一个人面对一些事件可能会表现出较多的“控制性阳的行为”，在对另外一些事件的处理中，就会以“顺从接纳性阴的行为”表达为主。观其阳，推及阴，反之亦然。

23、**主题一句话** 超我和本我不同的统合度，表现出不同的自我。自我仅代表一个“行为的实体”，和生活里通常所说的包含自主意义的自我不同，且不能混用。

【当人们压抑自我的时候，他的自我也就停止进步了。】

——人格科学

当我们把自我、本我、超我并列起来在现实中观察，压抑自我就不存在了，存在的是本我与超我的统合，压抑的不是自我而是本我。

自我是“统合本我、超我”的状态存在，本我和超我都是通过自我得以表现的。本我与超我的统合，可能是本我压过超我，可能是超我压过本我，可能是二者的相互妥协，不管是哪一种结果，都是自我的表现，区别仅在于行为和心理的一致性，也就是超我和本我的统合度。

比如，超我压过了本我，并指导行为，但超我并未能得到本我的完全接纳，统合不完全，自我就是个矛盾体（表现出焦虑或恐惧），未能达到自我完善的行为存在标准。如果说弗洛伊德所谓的自我被压抑，那么，本我又指的是什么呢？按照弗洛伊德的三我分析，自我并不是“自我性”表达的意义，并不同于我们生活里常说的“自我性”表现，我们生活里常说的自我和弗洛伊德三我分析里的本我意义是一致的。

自我是个体客观表现行为系统之和，本我是原始自由表达的欲望之和，自主不是自以为是的张扬本我的自我，而是自己控制的能力。三个概念不再混淆，自主和自我不能再混用，心理学自我性表现和生活里自我的意义不同。

24、**主题一句话** 自尊感的高低主要是自主程度的反应，自尊是自卑的需要。同一个体的自尊存在波动性。自尊的最终表现为尊贵的气质。

【这些研究中的被试者要参加一个测验，测验通常声称要检测他们的智力水平，或者要测查完成某一任务时需要的一些特别的能力。然后，研究者给被试者一个假反馈，告诉他们是做得很好或很差。当被告之在测验中失败了时，高自尊和低自尊的人会怎样反应？实验者发现，低自尊的人不再努力尝试，他们的成绩会更差，并且当想到在第一次测验中失败时，他们更可能会放弃第二次测验。相反，不管怎样看待第一次测验成绩，高自尊的人都会像原来一样努力。】

——人格科学

这一研究可以说明，自尊就是个体对自我存在社会价值的自主维护。自我存在控制感强烈的人、特别是对外界环境控制强烈的，也就是自主性强的个体，自尊心强，反之自尊感较低。

本例最明显的证据是，当个体得知测试的成绩很差，如果个体自我控制感较强，不会轻易受到外界信息的完全左右，不会因为外界的一些变化轻易改变自己的目标行为。自卑是自尊的基础，任何自尊是建立在最初的自卑感之上的，没有自卑也就无所谓自尊，自尊是自卑的需要。自尊产生于自卑，但不能等同与自卑。过于敏感的自尊维护反应体现了强烈自卑的作用，这样的自尊表现在对“表面”尊严的维护，而不是高自尊对应的高度成熟自主的反应，却把“自尊”完全等同于“面子”，为自尊而自尊，以赚取在他人心目中被尊重的自尊假象，实际并非是真正高自尊，而是将高度自主的自尊和高度敏感的自尊混淆在一起了。

高自尊是自主感较稳定的个体，不轻易受到外界的次要因素改变自己，面对自己和外界总是拥有“主动和能动”的权力——进一步说，高自尊的个体自我，在任何情境下都能较客观地把握自己的自主行为和生存环境的主动。低自尊个体则相反，对自己行为的控制难以把握，更不论及对生存环境的主动把握，对自我缺乏控制，缺乏存在感，本我和超我未能良好统合，一般说是“缺乏自我”，实质是低自主的一种具体表现。由此看来，自尊心的敏感度并不能恰好体现自尊心的高低，没有正相关关系。也就是说，自尊敏感度高的个体，自尊心不一定就高，反之不一定就低。真正的高自尊表现，不仅形成自我价值维护，还在于环境给予的存在价值感反馈的维护。也就是常说的，要自尊首先要尊重别人，更需要被别人尊重。这句话同时也说明了高自尊不能等同于高敏感度自尊的重要原因：自尊的价值感不仅在于主观的单方面期望，还在于客观环境认可的二者统一，最终表现为一种尊崇的气势和尊贵的气质。

高自尊和低自尊可以通过自我存在控制感两个方面的反应予以区别：以被动接纳刺激反应模式为主的行为个体，较多地表现出低自尊，如在人际交互过程中，个体内心和行为通常以逆来顺受为应答模式；以自主能动应答反应模式为主的行为个体，较多地表现出高自尊，如雷霆于外我自岿然不动。

低自尊和高自尊相对于个体不是绝对不变的，自尊心高低容易受到多种因素激发的影响作用而发生明显转变。高、低自尊的倾向和“个体生存能力与生存压力之间的对比结果”有显著相关：对于个体可以充分表现出自我控制的情景问题，个体表现出较高的自尊，对于个体处于弱势的情境问题，个体表现出较低的自尊；对于个体人格稳定倾向于较强的自我控制感的人表现出较多的高自尊，稳定倾向于较弱的自我控制感的人则表现出较多的低自尊。高自尊是以较强自主能动控制性表现为主要标志，低自尊以较低自主被动接纳适应性为主要标志。高、低自尊更多地表现为个体和生存环境之间的习惯性互动模式，习惯于能动作用与环境的呈现出高自尊较多，习惯于被环境作用的呈现出低自尊较多，而这一习惯可以表现出自我控制感的稳定性，也就是自主性的强弱。

同一个体的自尊呈现并非在任何情境中完全一致，有波动的时候，将高、低自尊定位于习惯反应、倾向、模式，并不是否定高自尊人会有低自尊状态的出现，并不是将一个人自尊的状态固化不变，无视其客观存在的波动性和人与环境交互自主能力局限性的事实存在。自尊高低状态是自主把握程度的一种反映，决定于“控制性”的客观成效，也就是“自我价值评定”。

25、**主题一句话**　高自尊具备良好价值存在的稳定性。

【如果他们在手球比赛中输得很惨，他们也许会想起自己的象棋玩得有多么好。这一策略使得高自尊的人即使在面临生活中不可避免的下坡路时也能保持良好的自我感觉。】

——人格科学

这是自我存在价值感在自我世界自主获取平衡的生存策略。

高自尊的人，不会轻易受到外界成败的暂时性干扰，自我存在的控制感、价值感较稳定，成与败都可以一样淡定面对，不仅是面对暂时的失败，即使是面对暂时的成功，高自尊的个体也能以一种稳定的心态应对。

也就是说，高自尊的人具备一种良好的人格稳定性，认知更长远，行为的情绪性波动较少，在任何情境下表现出更多的是良好自我控制的自主——不以物喜不以己悲的境界，是高度自我控制表现高度自主的一个极致刻画

（人有情“感”但不为情所“控”，人需要生存环境但不为环境所制，最终实现完全的自我统合）。

26、**主题一句话** 完全主观的自尊是“虚假自尊”。

【这个男孩子明显地比与他同龄的大多数球手投球更快、更远，也更准确。按理说，小球队里的每个人都想做球手。所以，当我问这个男孩子是否希望有一天能做投手而他很快拒绝了我时，我有点儿吃惊。很显然，他有这个天赋，但他很确信自己不做投手的决定。一段时期之后，我对这个球手有了更多的了解，才开始理解他的决定。投手在比赛中是被注意的中心，并且做投手有最多的机会表现自己的本领，但是这一焦点地位正是这个男孩所要逃避的。尽管他很有能力，但这个男孩却是一个低自尊者。在别人面前他可能会做不好。这种可能性对他的威胁太大，以至于他不敢尝试另一种可能性：他也可能会表现得很出色。】

——人格科学

这个事例可以说明，个体感觉自己没有把握控制结果或者环境的变化，自我受外界环境制约、自我情绪制约较大（对失败的恐惧承受性弱），所以逃避某一角色任务，是自我的能力没有得到自我的充分认可，缺乏自信，自尊心不够强。

我们不得不进一步审视“自尊”的意义：生活里所说的自尊通常是指对自我形象尊严的维护，仅是自我存在控制需要的社会化自我形象维护的一种表现。自信是自我对自我生存能力的评价反映，是和心理动力相关的表现。自卑是自我存在感的某些方面缺失的反应，和自信相反。自尊敏感度强是指个体维护自我形象不受伤害的剧烈行为反应，并非强烈维护自尊的表现就是高自尊。良好的自尊也就是高自尊，不仅在于自己的自主维护构建，更在于尊重他人而获得对方尊重的交互性维护，决定于主客观高度价值感评定的统一，即自主认定具有高价值和客观评定的高价值得以统一，这才是高度的自尊。否则，没有自主的高价值认定，可能会获得外界的高度尊重，但自我不可能拥有高度自尊感；或者没有客观给予自我的高度价值感评定，自主形成的高度自尊感不存在客观基础，完全是主观“臆断”，缺乏环境现实的支撑，表现为“刚愎自用”。

若简单地论述自尊，就是对个体存在价值评定感受和维护：“自”是指个体，也指“自主”；尊是“尊重”，也指“维护”。自尊的形成决定于自我（自我是个中性词，是超我和本我的统一体）行为的客观影响，个体行为的发生决定于个体自主性，自主形成的尊重和外界给予的尊重根源还在于自主性如何表达、如何体现个体存在的价值特点。所以，自主是获取尊重的前提。

27、**主题一句话** 能自我控制是具备高自尊的条件，每个人都有表达自己高自尊的环境。

【不过许多研究表明，低自尊者不像高自尊者那样喜欢寻求机会表现自己，让别人看到自己有多么好。为什么会这样？答案是：低自尊者的行为动机似乎来自于对自我保护的关注。换句话说，这些人更关注于保护自己不要在公众面前丢脸和受窘。成为公众注意焦点的机会可能会带来别人的赞赏和钦佩，但同样也伴随有失败或看起来很傻的风险，而这些会带来公众的不喜欢和嘲笑。权衡利弊之后，低自尊者对自我保护的需要胜过了他们希望被别人看重的需要。】

——人格科学

以上论述混淆了自尊和维护自尊的策略。在机会面前审时度势，考虑到自尊的维护，作出或主角或配角的行为选择决策，具备良好的控制性就是高自尊的重要条件。低自尊是类似于破罐子破摔的自暴自弃表现，如上公交不排队的社会流氓，虽然被众人指责，他们却无所谓。还有那些不管自己的能力如何，只要有表现的机会就放纵自己的人，他们对自己表现出的优劣抱着无所谓心态，恰是低自尊的表现。

还有很多在学校生活里冠以差生、对经常性批评好像无所谓的学生，不是低自尊者不想回应，而是无以回应——对某种无法改变环境压力的适应性习惯所谓“无自尊”习得反应。

但是，对于有低自尊表现者要予以说明的是，在某一场合环境是低自尊反应，但在另外一种场合环境则未必也是低自尊者。比如，在学习上因为成绩差的低自尊者，在助人为乐上可能会表现出很强的自尊行为。每个人都有自己的高自尊环境。

28、**主题一句话** 感受的敏感度和价值认定的深度是影响自尊稳定性的两大因素。

【为什么有些人对自己的感觉会大幅度波动，而另一些人的自我价值感相对稳定呢？研究者发现，自尊稳定性差的人很关心外界的评价（Kernis，Cornell，Sun，Berry，& Harlow，1993），具体地说，稳定性差的人对别人对他们的反应非常敏感。】

——人格科学

自尊的稳定性受多方面影响。

首先是个体感知的敏感度，影响于自主控制自我情感表达能力的强弱。情绪表达性较明显的个体，行为情感都不够稳定，自尊必然也不会稳定。

其次是自我价值认定（自主的和人际外在的）的深度。对自己的存在价值不会因为暂时的、眼前的、虚假的现象蒙蔽，不轻易对自我的价值产生怀疑、波动，全赖对自我价值认知的深刻。

良好的自我价值认定是自尊稳定性的基础，良好情绪敏感度的控制直接左右自尊当前的波动性。

29、**主题一句话** 独处是一种简单易行的自主环境的创设及享受。

【尽管这些解释中的每一种都可以说明为什么一个人会渴望独处，但是至少还有一种解释，这种解释赋予南奥米的独处要求以不同的意义。亚伯拉罕·马斯洛在对他的心理健康者进行研究时，发现在这一杰出人群里的成员间有一种奇特的相似性。尽管这些自我实现的人拥有许多特点使得他们对朋友积极热情，但他们也会花掉令人吃惊的大量时间来独处。“确实是这样，我所有的被试者都能独处，独处对他们自己毫无伤害并且也不会让他们感到不舒服，”马斯洛评论说，“而且，也确实可以看到，他们中几乎所有的人都比一般人在相当大的程度上更肯定自己喜欢隐居和独处。”（Maslow，1970）】

——人格科学

独处是一种完全自主行为的情景、心境的创设，更在于排除外界一切干扰性刺激，创设有利于完全自主思维活动的场景选择，是个体把握自我、完全控制自我的一个简单易行的方式，不同于自闭、内向、社交恐惧等。

30、**主题一句话** 同样是“独处”，有的带给你的是快乐，有的带给你的是困扰。

【人们对独处时间的反应怎样？根据传统观念，多数人认为，独处不如跟别人在一起更愉快。（Larson，1990）独处时，人们会抱怨孤独和无聊。当没有其他人在场时，情绪上的困难会加重。】

——人格科学

独处和独处不同，有的个体是自觉选择独处，有的个体是“被选择”的非自觉独处；同一个体也存在不同时间里自主选择独处和被选择独处的境况。

虽然都是独处，但形成独处行为的主观因素不同，独处的意义和个体的心理需要不同。如社交恐惧者因为交往的压力选择独处的目的是逃避（被选择是不能被自己控制的选择，虽然被动，但也具备潜意识自主因素），个体为了享受个人世界选择独处的目的是专注。被选择孤独的个体，因独处而孤独；自主选择独处的个体，因独处而愉悦。

独处和孤独不能等同起来，不能说爱独处就是爱孤独。可以说，有人喜欢独处，但不会有人喜欢孤独，否则和我们生命长期群居滋生的生存支持原始需要是相悖的。个体的孤独与否，取决于个体内心是否有自主的依托，依托缺乏就容易滋生空虚的孤独无聊感。表象的繁忙，如活动的频繁并不是内心的依托。如果热闹的聚会中没有个体的寄托，他（她）就是孤独者。再热闹的聚会中仍有可能存在孤独者。所以，内心的孤独与否，并不能作为判断这一个体是内向或外向的标准，仅可以作为参照。虽然表象可以反映行为的内涵，但行为所表达的内涵多样性需要我们区别对待。

31、**主题一句话**　内控和外控的归因，和生命发展起来的控制感不同，前者属于认知，后者属于生存机制发展进化的范畴。

【控制点的研究是从朱莉安·洛特的泛化的预期概念中发展起来的，……洛特认为，我们对自己影响未来事件的能力有自己的想法，基于这种想法，我们可以预期未来将发生什么。如果你认为，身体好是因为能照顾好自己，孤独是因为自己不努力，赢了比赛是努力的作用，那么你是一个内控的人。你的泛化预期是：人可以影响将要发生的事情，无论发生的是好事还是坏事，都是自己造成的。但如果你认为健康取决于运气，孤独是环境造成的，赢得比赛是因为交了好运气，那么在控制点的维度上，你就落入外控一端。跟多数人相比，你比别人更相信发生在你和别人身上的事情是不受你的控制的。】

——人格科学

以上所谈的内控和外控，指的是认知归因的倾向，和我们所谈的控制性不同。

我们所说的控制性是生命自我保存自然体现的行为属性，不同于认知的归因。朱莉安·洛特的控制点概念实指个体在生存活动中发展出来的自我存在控制方式的认知感受，简称为“控制感倾向”；或者说仅是个体自我控制感系统的一个侧面：对行为结果的归因、认知的倾向（不是取决于外界就是取决于自我，这样简单矛盾式归因认知判断属于“人格幼年判断”阶段）。

个体在生存过程中，秉承遗传的作用，在现世当前生存环境中，发展属于自我范畴的生存机制，表现出接纳和控制两种行为属性共存。因个体遗传因素的制约，生存环境持续的作用，个体自主性的表现，使个体产生稳定的行为倾向模式：接纳性行为模式和控制性行为模式。

根据个体具有稳定的这两种行为模式，可以预测个体被动接纳和能动控制两种行为选择概率的发生。哪种模式控制了事件的发展，是认知归因的结果，和行为的控制性有所相关，却不是必然：控制感强的人，成功了可以归结为自己努力，也可以归结为外界的协助，或者归结为机会和天意。控制感强的人关注的是自主的存在表达，而不仅是事件的结果。这也许是认知的内控、外控和个体存在对自我控制、对环境控制的根本区别。

32、**主题一句话** 在个体生存能力较弱的时期，接纳逃避是自我存在感的主流，效能感较低。

【自我效能感指一个人能够作用于环境的信念。根据班杜拉的理论，人们只要下决心要改变并付出努力时，他们才可能改变自己的行为……】

——人格科学

班杜拉的自我效能感体现自我价值和自我控制的意义。

在自我存在控制感的建立过程中，因为个体自我生存能力从无到有、从弱到强的发展整体趋势，决定了个体以自我适应接纳感为主体的自我存在感构建为先，然后以自主能动控制为主体的自我存在感构建为后。

在自我接纳感中，以被动接纳感的发生为先、主动接纳感的发生为后；在自我控制感中，以自主能动控制能力为依据，以控制自我、控制环境为倾向；自我控制感和自我接纳感共同组成了自我存在感。自我效能感是自我存在价值高低的评价结果体现。

33、**主题一句话** 强调内控是对自主能动价值的肯定，并不是将任何事件的成败都归结为内控就好，否则，就会滋生无数“狂人”。

【研究一致表明，内控的学生学业成绩好。（Fingly & Cooper，1983）在校学生、中学生和大学生中都存在这种情况，在成年人中尤其明显。】

——人格科学

内控的学生学业成绩更好，这是很明显的一种误导叙述。

比如，极端的内控必然带来强迫的症状，这一结论之所以出现偏差，是由于对研究对象的外延疏漏，疏漏了生活里很常见的两种极端对象——极端的外控和极端的内控心理机制的存在。

实质上，内控和外控的归因谁也不能完全代替另一个的存在，否则就产生很多归因脱离真实的谬误。而归因的谬误必然带来认知的妄诞。强调内控在于强调人对个体自主能动性的价值的肯定，但并不否定外控的归因，不否认客观环境的制约，不盲目尊崇人类能力的无限发展性。正视客观环境的制约，正视人与环境的交互关系，接近客观是我们认知的最终发展性目标，也是人类行为更加真实有效的原则。

34、**主题一句话** 存在感的核心是拥有自我控制感，从能控制自己的呼吸开始。本我是自我的最大化需求，超我是自我与环境交互中的限制原则。

【由于外控和心理障碍有关，所以研究发现，患者通过成功的心理治疗变得更内控了。例如，以色列士兵在经历激烈战斗后，有人换了由压力创伤导致的精神障碍，深度的压力体验导致了各种沮丧症状。战后，研究者迅速测试了士兵们的控制点，发现他们的外控得分相当高。但三年后，他们从战争的创伤中恢复过来，这时他们的内控得分提高了。士兵们的心理障碍在一定程度上和他们对失控的感知有关。但当他们发现自己可以支配自己的生活时，这些士兵就开始好转了。】

——人格科学

这项研究也从侧面说明，人的自控力、自我存在控制感对个体生存状态的重要影响作用。

个体的存在感首先是建立在对自我基本的生存机能的控制基础之上的，如控制自己的言谈举止、自己的身心行为；其次是对环境的控制力作用，如控制自我和环境的互动关系、自我行为对环境的刺激施加和环境反应的结果。如果处于失控状态，自我失去维持生命存在的基本感知，也就是失去了自我存在感——失去把握自我生存机制的认知感受，出现恐慌、焦虑、抑郁等负面情绪反应，并有相应的消极行为，如自杀等。

自我存在感是对自主支配自己、支配环境能力存在的认知感受，自我能动控制力的强度是衡量自我存在感建立的显要标志，自我的完善依赖于超我和本我的最佳协调。超我不仅是社会道德的要求，而是环境给予个体的客观生存条件或者生存空间（完全客观）的限制准则；本我也不仅是原始的冲动，而是个体为了生存主观期望获取最大化生存环境或者生存条件的需求（完全主观）。因为自然复杂的组成部分，形成施加于人类难以预计的刺激作用（自然力量），人类力量相对显得单薄弱势，人类必然不可能实现完全自主的自我，不可能实现对环境的完全控制，而且人类本身属于自然环境的一部分，控制必然包括实现人类对自我的有效控制；又因为生命保存自我的基本能动机制，人类也不可能完全没有自我，也就是不可能完全被环境所控制、所左右。

35、**主题一句话** 垃圾行为和病毒行为是监控力的两种不同表现。

【高自我监控者指那些对情境适当线索高度敏感并能及时调整自己行为的人，而低自我监控者指不太注意社会信息并多按内心感受和认识来行事的人。(Snyder，1979)】

——人格科学

自我监控是生存调节反馈系统的重要环节。

个体生存行为的自我控制依赖于对自我的监控。个体获取的信息一部分是外界的刺激，一部分是自我反应的刺激。个体良好的生存状态依赖于个体对外界刺激和自我行为表现产生的刺激的监控及反应（在这里也是反馈），对外界刺激的监控能力是对外界的控制能力，对自我行为的监控是自我控制能力。监控能力是控制能力的内涵和本质，没有控制也就不存在监控的意义。

个体良好生存环境的建立，依赖于个体对环境的充分监控和控制。个体的控制表现在对刺激的监控和能动的应对，不仅表现在对外界和自我刺激状态的监控，更在于对自我和生存环境间互动的关系的监控，表现为生存活动状态的系统性监控。获取有价值的信息越多，越有利于作出最有利于自我生存的决策，也就是《孙子兵法》所说“多算胜少算”的道理。所谓的“低自我监控者”，实际就是监控的缺憾：或者仅看到外界的刺激，或者仅看到自我的状态，而不能将外界环境的相关刺激和自我反应建立起良好的监控机制。恰当地说，这是一种生存机制的分裂状态存在（精神分裂是其一病态表现）。

生存机制的分裂，如认知的分裂会产生很多“病态反应”：专注于监控外界刺激的，因为忽略自己的存在状况，总将外界的刺激存在夸张夸大，产生认知失调（如怀疑被迫害、杞人忧天等）；专注于自我世界的，因为忽略外界的现实状况，膨胀对自我状态的认知，同样产生认知失调（狂妄自大、夜郎自大、疑病症等）。认知的分裂，也是客观形成对某些倾向信息的过滤，如专注于自我的，自然过滤了外界的海量刺激；专注外界的，自然忽略了自我的很多念头，行为的结果各有利弊——数学家陈景润专注于自我内心的数学世界，基本丧失了生活能力，但却成就了哥德巴赫猜想。这种结果，也是社会分工的益处，否则生存机制分裂的人将无生存立足之地。

社会群体监控的状态分布：多数正常人的生存监控反馈系统处于普通状态，或偏于自我监控，或偏于对外界监控，或稍能对自我和生存关系有所监控；极少数人表现为极端的自我监控（有明显病态），极端的外界监控（有明显病态表现），极端的生存关系监控（知彼知己，反应迅捷有效。拥有这一能力的是高级谋士，诸葛亮级的人才）。

生存在同一世界中的社会人，为什么允许低监控能力者存在？客观地说，任何存在都是被“允许”的（如果生存的条件不存在，这一现象必然不会存在，存在总有其存在的根据）。我们可以把影响我们生存的刺激（环境刺激和自我反应）看做是生存的对立面，都属于监控的范围，那么，允许我们低能监控的原因是这些刺激不至于“置我于死地”，否则低监控力者将不存在，必然将调整生存监控能力。联系我们的生活可以理解：我们的行为有很大的一部分不会引起直接的、即时的、指向自我的伤害性反应，如随地丢垃圾，没他人看到时，仅是污染了环境，没有道德约束时，不会引起社会罚款、即时指责、自我羞愧等监控性刺激反应；如果是非典时期，随口吐痰则被严厉制裁，这一行为会引起强烈的刺激监控反应。对于一些不会直接、即时指向自我的缺乏监控性的行为，可以形象地称之为“垃圾行为”（无制裁行为），这样的行为因为缺乏监控的威力，使个体可改可不改。这些行为伤害虽然小，但积累多了，就会产生累积反应，所谓的“不是不报时候未到”；对于一些可以产生直接、即时指向威胁自我的监控性行为，可以形象地称之为“病毒行为（制裁行为）”，造成的监控威力使个体不得不改变某一行为的状态（必须规避）。

36、**主题一句话** 人类的自我监控能力是有限的，需要借助工具。监控是调控的前提。

【自我监控（self-monitoring）：一种认知个体差异变量，涉及个人按情境线索来调节自己及自己行为的程度。】

——人格科学

自我调控是生命体生存能力的重要特征，调控的品质（速度、精确度、灵活度、效益度）是个体间差异的衡量标准——人与人之间也是这样（反应的快慢、行为的效用等区别）。

自我监控是自我调控关键环节，调控是建立在有效监控的前提之上的；自我监控不仅是认知系统的“行为”，是个体所有生命维持系统的共同行为，如皮肤对冷热的收缩反应，杞人忧天的思维反应，习惯自动化的行为反应等。客观上，我们对自我监控的能力是有限的，导致调控的限制。如视觉监控，我们仅能通过“镜子”看到自己的行为存在状态；听觉监控，我们仅能听到有限分贝范围的声音，感觉受到阈限的控制……所以，人自身的监控能力、对生存环境的监控能力是有限的。

为了改变生存状态，借助工具（能动性的体现），提高人类的自我生存监控能力，必然增强人类的生存调控能力，及提升人类的生存能力。

37、**主题一句话** 感情将伴随人类、生命行为永存。

爱情的概念是混乱不清的，所以，一直以来，谁也说不清爱情到底是什么，只有各种角度、各种阶段、各种比方的感受。

人们通常把人与人之间的感情关系分为三类：亲情、爱情、友情。亲情通常指含有血缘关系的种族遗传性情感；爱情通常指非血缘关系的相互吸引建立的个体需要性情感；友情通常指社会关系交往建立的互助社会支持性情感。

在亲情中，满足人类种族延续（占有财富的延续）、生存竞争力支持、天伦之乐等需要；在爱情中，满足人类性欲、种族延续（占有财富的延续）、生存竞争力支持等需要；在友情中，满足人类生存竞争力支持的需要，同时又是家庭、亲情关系模式的延续（朋友如父子、母女、兄弟姊妹）。

血缘关系所体现出来的亲情，如同个体自我存在的保护性一样，是遗传性种族个体的自我存在保护性体现。当个体生存发展所需的社会性支持远远不够，或社会性支持还不具备的时候，血缘亲情的作用将持续存在；反之，当个体所需的生存发展社会性支持比较充分时，亲情功用将逐渐淡化乃至被替代（这一点在当今社会一个体生存发展所需支持的社会化程度逐渐提升的情况下已有端倪）。

爱情如果排除亲情包含的“爱”和友情蕴含的“爱”，单指一种指向婚姻目标的情感，那么，爱情的根本就在于性欲和生存竞争力支持。种族延续本质也是生存性支持的延续，天伦之乐则是亲情的附属产品。

因此，在婚姻中，性欲的满足是第一位的，也是婚姻产生的本源。没有性欲的存在，爱情的梦幻般魅力都不复存在，个体间的生物性吸引也将不复存在。如果无性的婚姻中有爱情存在，那完全是生存竞争力支持的需要。

无性的婚姻，遗传也不复存在，这一支持力量也随之不存。然后则是其他方面的社会生存支持性竞争力的体现，如物质条件的支持、友情延伸性支持（如老伴的内涵）、亲情延伸性支持（夫妻如同父女、母子的情感）。但这些，都是爱情衰落或末期的体现，或者说爱情已不复存在。但也不至于为爱情悲哀，因为，它已转化为支持性的亲情和友情，同样获得人生生存发展性支持，大可坦然经历和享受人生。如果这些支持不存在，即延伸亲情式、延伸友情式、社会财富的生存支持较弱或不存在，无性的婚姻则更不可能存在。

然而，以上所说“遗传社会财富”“衍生性爱情”都是在爱情婚姻建立的基础上萌生的，性欲的满足仍然是第一前提。有性满足才有真正的本能吸引，才有原汁原味爱情的产生，才有浪漫，才有“柏拉图”。因此，在社会中，爱情的淡灭、婚姻的名存实亡，性生活的矛盾是根本问题所在（任何现象都是各种关系综合作用的结果，我们在分析这一现象时，持有系统的观点，但并不因此面面俱到，掩盖了实质和根本因素的讨论）。

友情呢？友情最根本的是社会性支持获得。如从友情中获得情感的支撑（志同道合、亲人般的关怀）、社会化物质及条件的支持（互惠互利）等，这些都是个体为了增加社会性生存竞争力自觉或不自觉建立友情的需要或原因。相互利用虽然有些贬义，但却是友情的实质。

将相互利用理解为更多的贬义，一是忽略了其中包含的情感支持成分，再者就是互惠互利中出现的一些矛盾导致的负面情感所致。如当朋友甲需要帮助，乙倾其所有的帮助；但当乙需要帮助时，甲却不能以乙所认为“回报力度”给以帮助，出现不等同或难以接受的认识差距，必然造成“友情就是相互利用”的贬义。甲乙各有自己的立场，付出与回报如何评价、如何把握施与的度，都是一个难以平衡量化的变量。所以，“没有真正的朋友只有真正的利益”，这句以偏概全、较激愤的话或这一友情中的负面现象就不难理解了。

随着社会的发展，社会的功能越来越全面，特别是个体生存发展所需的各种条件的支持，会随着社会进化的进程不断在社会功能中得以体现。个体生存发展所需的支持，将逐渐脱离以家庭为主的模式，将逐渐依托于社会大家为主的模式。随着个体生存发展所需支持的社会化程度的延伸，亲情将被逐渐淡化，爱情单元存活期逐渐短暂，但趋向于多向频繁，个体爱情时间相对人生存在时间比重增加，名存实亡的爱情不复存在，因爱情而生的社会道德矛盾也逐渐减少——前提是，个体生存发展所需的支持社会化的充分。友情在这一进程中发展变化的趋势是，逐渐增强，逐渐协调，悲观激愤的友情存在偏见也不复存在，在家庭情感（亲情、爱情）功用变小的同时，友情将占社会情感关系的主流。但不管每一种情感如何变化，这些情感关系所带来的支持作用慢慢都会被社会化支持所取代。取代并不要误解为情感的消失，相反，是情感功用的最大化支持，是人类情感交互的最优化、社会化。那时，个体的生存发展能充分感受社会化的优越，才能成为人类社会化的一员。

38、**主题一句话** 心态的坦然可以是自然的结果，也可以在于人为。

【在弗洛伊德的理论模型中，人类行为的最终目标是达到一种无紧张的状态。】

——人格科学

这种无紧张，既可以是个体需要满足后的平衡坦然状态，也可以是个体心理机能主观作用后的能动结果，表现最为突出的是中国的禅道之为、西方的圣经思想等，各类宗教存在所表现出的自我思想力量的作用。如果说心理学源于哲学，那么，心理咨询则源于崇拜和宗教。

39、**主题一句话** 人类需要的表达呈现正态分布，极度贪婪和贪怡者是少数。

【根据人本主义心理学的观点，让所有需要立刻得到满足并不是生活的全部。】

——人格科学

自我存在是个体最基本的生存需要，衍生了其他相关的需要。立刻满足需要就是生活生存的全部，但是，那是不可能存在的。所以，人类文化中就诞生了“宗教、神灵”等神话传说，也是对自我满足期望的描述。

对于个体的生存，满足和不满足总是关联变化存在的，总体上表现为知足到不知足，再由不知足到知足，往复变化发展。对于倾向于不知足的个体，更多的行为表现为向生活的无限制攫取，对于倾向于知足的个体来说，更多地表现为不思进取。人类群体中，对知足和不知足的倾向选择分布也是正态存在，多数人处于较平和的状态，少数人表现出极端的“贪婪”和“得过且过”。

40、**主题一句话** 任何当前需要的实现对自我来说都是同样重要的，需要因为难度而成为真正需要，自我完善是内心和谐的状态，自我实现源自于主客观价值判断的统一。

【你会幸福吗？你会有多长时间的幸福？人本主义理论家相信，当人们的眼前需要得到满足后，他们不会感到满意，而要积极地寻求发展。如果独自一个人，没有生活困难的阻挡，我们就会朝着最终的满足状态前进。卡尔·罗杰斯认为，这样的人就是“自我完善”的人，亚伯拉罕·马斯洛借用自我实现这个词来描述这种人。当我们“获得了更多的心理品质，成为一个人能

够成为的那种人”的时候，我们就达到了自我实现的境界。(Maslow，1970)】

——人格科学

需要得到满足总会快乐的，暂不考虑快乐所能持续的时间因素。对于人来说，需要总是递加发生的，一个需要总是发生在其他需要满足的基础之上，且每个人的具体需要都是多变多样、难以计量确定的。为了填饱肚子和为了光辉的事业这两种不同的需要，当成为个体的当前需要时具备同样重要的意义，都是个体所期望得以实现且不可缺失的。至于“没有生活困难的阻挡”的说法，因为需要的随意满足和需要活动的习惯性出现，这样的需要往往被个体所忽略，不把它视为需要——有难度的需要才被个体视为真正的需要。

自我完善是随着需要的不断满足而存在的，个体的多层次需要获得协调产生良好生存状态的客观描述。自我完善是主体自我对需要的矛盾升华化解的结果——需要是无止境的，但自我完善者给予自我一个相对完整的环境；需要是可以满足的，但自我完善者给予自我持续不断活跃的动力。矛盾和冲突是事物发展的机械性动力表现，人的存在发展同样也有类似的表现，这就在于自我对个人生存需要的矛盾冲突给予完美的协调，实现最快乐的人生表达。

自我实现也不是那么高不可攀的生存境界，每一个通过自己努力的期望得到满足都可能是自我实现。只不过，每一种需要得以满足的快乐感受程度总和需要得以满足的难度成正相关关系：难度越小、满足的快乐越小，能被个体看做是自我实现的需要通常是“高难度的”。自我实现需要的难度之“高”，至少是相对自我生存的能力而言。需要实现的难度客观是相对而定的，同样的生存获取目标，能力强相比能力弱的完成这一需要就容易，如飞人刘翔要获得百米赛跑冠军就容易，对一个一般国家级选手来说，就比较困难。因此，每个人都有属于自己的需要，都有属于自己的“自我实现”——当寿终正寝时多可“瞑目”了。有一种“成于萌芽”的自我实现比较特别，被称之为“神乎其神”的境界。如中国的医法和兵法的最高境界是反“难”道而行之，皇帝阴符经说“人知其神而神，不知其不神之所以神”，医治于未雨绸缪，战胜于无形。华佗是神医了，当别人问及他和哥哥相比谁的医道更高明，华佗面露惭色说：“兄长比我更高明，总能医治于病态萌芽之时，而我仅是虚得神医其名”。从最没有难度的时候就开始着手实施“自我实现”的需要，难度之高在于能把握萌芽的时机，的确比“病入膏肓”时再医治要高明。而这一高难境界更是为我们普通人所忽略——也许正说明最容易的是最难把握的道理。

自我完善是个体的自我修炼，是每个人都有可能达到的内心愉悦状态。自我实现相对很有难度，它是自我社会价值客观结果，依赖于个体自我价值的主客观双向判断，是人生自我价值高度圆满的终点。

41、**主题一句话** 乐观可以诱发不健康行为，悲观可以诱发健康行为，乐观和悲观的倾向没有不健康。乐观和悲观的成因难以解释，但都从属于自然而然选择的“受体”行为机制。

【抑郁图式是如何运作的呢？我们每一个人每天都面对着许多积极、消极和模棱两可的信息，这些信息都带有情绪色彩。根据认知的分析，最快乐的人是那些留意积极信息、忽视消极信息、把模棱两可信息看做积极信息的人。事实上，大多数人都有一种不现实的积极的生活憧憬。(Taylor & Brown，1988)。大部分人都会认为自己比别人强。我们常常不现实地、乐观地认为好事将会降临，而不幸属于别人……大多数人都戴着玫瑰色的眼镜看生活。】

——人格科学

乐观是健康的心理，悲观是不健康的心理状态，这样的判断是错误的。

个体对事物发展趋势的评价倾向于好的一面是乐观，倾向于不好的一面是悲观，乐观和悲观是两种不同视角的倾向，本身并没有健康与否之分，健康与否在于这两种倾向引发的行为结果。主观的评价和客观实际状态的差异较大，则是认知“妄断”，诱发不利于个体的行为存在，表现为“不健康”；反之，主客观差异较小，乐观也好悲观也好，对行为起到良好的导向作用，则视为“健康”。如幻想性趋利避害：常常不现实地、乐观地认为好事即将降临，而不幸属于别人，这就是不健康的“乐观”。

什么样的人会自然接受“积极信息”，什么样的人会自然选择“消极信息”？自然的接受或者选择倾向是稳定的。乐观的人对“积极”的信息选择倾向是稳定的，悲观亦然。这种稳定的倾向是怎样形成的？受到哪些因素的影响？很显然，这不能简单地用人格习惯模式和本能予以解释。但生命行为中存在的各类倾向性表现，多是源于“遗传及生命和环境长期交互的作用”，我们通常用“受体”概念予以描述性概括这一现象，如草食类动物不选择肉类，鸟儿不选择奔跑，一种神经细胞不会触发不相关的神经细胞联系活动等类似的“自然而然”的选择倾向存在。

42、**主题一句话** 乐观者表现出较强的控制性行为机制，悲观者容易被消极情绪笼罩。乐观不是从一而终的，悲观因时因事而变。

【乐观体验是从事具体有挑战性、自我奖赏性的工作时产生的一种满足和快乐状态。】

——人格科学

人本的乐观体验实质是快乐体验，和我们所共识的“乐观和悲观”的意义不同。但以此我们可以思考乐观和悲观的意义，在我们的情感范畴内占有不可忽略的位置。

乐观和悲观首先是一种认知的情感倾向性表现：乐观者，关注更多积极的因素和良好的前景，符合人类与环境交互作用过程中形成的“控制”强势性基本需要；悲观者，关注更多负面的挫折，表现出被动、软弱，容易被消极情绪所笼罩，符合人类在生存过程中形成的“逃避接纳”弱势性基本需要。其次，乐观和悲观的认知情感倾向是在个体发展过程中形成的，既受生物性遗传影响、认知环境影响，更受个体的自主能动性制约——控制感强烈的人较乐观，反之则较悲观。

一个悲观的人在某些事情上会表现出乐观，悲观和乐观不能因人确定，而是因个体认知的特点和具体环境确定。从某种角度来说，乐观带有“相对盲目”和“稳操胜券”两种成因；悲观带有“过于谨慎”和“难以确定的忧虑”两种成因。一个人认知的趋势是稳定的，所以，会相对地表现出悲观者和乐观者的差异。总之，对一个人的人格表达，不可以以消极和积极或乐观和悲观一概而论。

43、**主题一句话** 情感和认知是双生体，特别是“头脑发热”的情况下，倾向性情感对认知视野有着非常明显的放大效用，这就是常见的情感认知热聚机制。

【假设你与朋友打架，你“意外地”撞翻了一个装饰架。装饰架是朋友的一件雕塑，无法用别的东西替代。你辩解说，你不是故意这么做的。这真是一次意外的事故吗？在弗洛伊德看来，许多看似意外发生的行为实际上是无意识冲动驱动的行为。弗洛伊德认为，打碎雕塑的时候，你在无意中表达了一种要伤害朋友的攻击性欲望。病人声称自己偶然忘记了与治疗师的例行会面，也许他们的行为正是弗洛伊德称作的“拒绝”。】

——人格科学

弗洛伊德先生强调的意外机制，仅是对潜意识作用的夸大化。这一论断的产生，本身就表现着认知思维中的情感导向性机制，也就是“情感热聚”效应。

情感认知热聚机制：个体高度处于某一认知情绪，这一情绪完全作用或控制自我的暂时性身心行为，表现出较强的相关情绪化认知倾向性。当这一认知情绪逐渐淡化，这一倾向性也逐渐被淡化。写作者的灵感表现最突出，当作者处于某一情绪时，可表达出万千思绪。然而过了这一情绪高热时段，冷静下来时，万千思绪中的很多都不会为自己再认可。在某一高热情绪中思维，注意力被这一观念高度集聚于某一方向，导致一部分相关细节被忽略，也会导致一部分虚假相关的细节被放大关注，认知的结果或离客观很近或很远，表现出认知的极端化。

当某一观念主宰个体的大脑，这一观念就成为个体继续观察、类比观察的有色眼镜，所有的论断都会不自觉倾向于这一观念的聚集引力作用，从而抑制非本观念因素的发现和注意。如我们处于一个偏激的观念中时，觉得一个人狡诈，当那个人坦然热情地微笑时，我们也会觉得他笑得奸诈、不怀好意。我们觉得一个人善良，他的不好的行为我们也会往好的倾向解释，从而忽略了他不善的一面。热恋行为是最好的备注，西施的病态美也是绝妙的注解；类似于邻居借斧的小故事都是在通俗地解释“情绪化热聚效应”影响认知作用的有色眼镜现象。

弗洛伊德也难以脱离思维机制这一特点的作用，当他的头脑里都是对“潜意识”发现的惊喜，遂将潜意识的作用放大在认知环境中，忽略了影响某一行为的其他方面因素。如上例中对朋友物品的毁坏，可能存在嫉妒的攻击潜意识的作用，但并不是所有的不良意外结果都被不良的潜意识控制，有的行为根本就没有情感参与，或者说没有倾向性观念的参与。偏左偏右的观念存在，不左不右的行为同样存在，并不能将人所有的行为反应都给强行标榜上一定的倾向。

当然，上面一段话也可以这样理解，弗洛伊德先生强调的仅是所有意外现象中的“许多”部分，并没有指所有意外，只是被“我们”理解或使用中出了以偏概全的错误。

44、**主题一句话**　子女对父母的依恋情结表现为“替代”关系，同性恋是自恋的一种。

【精神分析学派把恋母情结及对它的解释看做是弗洛伊德理论的基石，批评者则嘲笑5岁男孩对母亲有性意图的说法。在有没有恋母情结这一点上，弗洛伊德的唯一证据来自他对病人的治疗，或来自于年幼病人父母的谈话。弗洛伊德说所有的男孩都经过这一阶段，但他们对此没有记忆，因为他们用压抑恋母欲望来解决这一问题。】

——人格科学

如果个体存在异性情结，则会对异性父母表现出更多的融合倾向，异性父母是个体生物性接纳的载体，完全是潜意识主导下的生物性“受体”反应之一。此时的“性接触”和个体青春成熟后的“性接触”是两个完全不同的概念。前者为潜意识主导的对生理性支持需要依赖反应，基本无觉意识社会道德意义作用；后者为觉意识主导的生理活动需要，生理的成熟使性行为对象扩大为一类。尤其是后者，因能为个体性吸引接纳的对象已更多出现，不再是替代的父母，性对象实现转移，社会道德规范的导引，二者共同作用下使性情绪完全脱离替代对象——异性父母。

并非个体儿童没有记忆，儿童性需求体验也并不否定存在抑制过程，而是自然的替代和个体社会化的转移。反之，如果对替代的父母未能实现依恋的转移、完全转移，将会影响个体的情感方向选择。如母亲式、父亲式的“自然、和谐的生活伴侣选择”。

假如孩子在幼儿阶段有某一特殊情结，如男孩厌烦母亲或女性，因为没有觉意识的辨认，使本情结埋藏在潜意识，结果会怎样？性爱取向必然会出现偏差。如上所致，如果男孩个体生物结构本性较倾向于男性化，则会出现对异性性随意的行为态度，有性而没有对女人的欣赏和珍重，视女人如同衣服一样随意舍弃。如果男孩个体不仅是厌烦女性（母亲、祖母），而且倾向于亲近男性（父亲、祖父），情况会如何？如果男孩个体生物性倾向于男性化，在这样的后天环境中成长，个体性成熟后必然倾向于双性恋；如果男孩个体生物性是倾向于女性化的，必然会出现同性恋。性爱取向既有先天的遗传因素，更有后天的环境影响，尤其是在童年、幼年，发展的时期越是靠前影响所产生的心理动力影响就越大，且越不易为成长后所理解。

对于同性恋，我们还有更深一层的理解。同性恋是自恋的种类之一，自恋包括“性别自恋、生理自恋、人格自恋、形容自恋、价能自恋”等等，凡是能被自我认可和自我相关的一切，都可以是自恋的目标。而同性恋的对象不同于生活常说的自恋所指，是对属于自我性征同类个体的意向。自恋的目标性征有的表现为自我个体的一类群体，有的表现为个体的整体性征或部分性征，如恋同性人，恋自己的身体，恋自己的眼睛等。同性恋可以说是身心的错配，如一个男性的身体承载着女性化的人格，一个女性的身体承载着男性化的人格，尤其是人格中的性倾向需要的错位，是同性恋的直接表达。同性恋身心错配是受精卵分裂发育的不协调结果之一；另外是环境作用下的潜意识行为表达，接受了一种行为刺激产生的异常反应。

45、**主题一句话** 恋父、恋母的实质是对自我于童年形成的家庭生活人际模式的依赖和延续，并非爱恋某一特指对象，如父亲和母亲，而是爱恋可以给自己期待的生活关爱的人。

【人对妻子生理特征的偏好与他们对其母亲的描述有明显的相关，这一发现也许是解释未解化恋母情结提供了证据。这就是说，男人通过与其母亲相像的人结婚而寻求与其母亲建立象征性的关系。遗憾的是，多数恋母情结的研究都缺乏说服力……】

——人格科学

妻子和母亲的相似性，并不是个体对母亲的性依恋，更不是寻求和母亲建立象征“性关系”，而是对这一从出生到童年直至独立的“家庭生活人际关系”模式的依赖及延续。将对象实体和关系模式混淆为一，是对弗洛伊德先生依恋学说的曲解，也产生了有违社会伦理道德的污名，让人类自我难堪。从人类另一心理机制角度分析，这种依恋关系模式的延续与存在，也是认知情感迁移心理机能的表现。

46、**主题一句话** 焦虑的人比不焦虑的人需要更多的支持，对支持性刺激的敏感度感受也强。

【弗洛伊德理论明确断言：焦虑的人比不焦虑的人感到更多的幽默。】

——人格科学

同样的刺激产生不同的反应，是个体感受性的差异导致反应的效果差异。焦虑的人，因为焦虑所需要的心理支持比不够焦虑的人所需的焦虑要多，相对提高一些幽默可以放松支持性刺激的感受性。

47、**主题一句话** 幽默笑话是对人类自我建立的社会规范道德文明的戏谑，是人类对人类文明的自嘲。

【实验者对参加者的语言、书写和智力情况做出一些伤害性的评价，故意激怒他们。(Dworkin & fran，1967) 然后让参加者听喜剧录音，这些录音有些有敌意，有些没有敌意。与弗洛伊德的观点相一致，生气的参加者比不生气的参加者感到不友善的幽默更加滑稽。显然，由实验者激起的敌意情绪制造

了紧张，在参加者听了不友善的戏剧情节时，他们的紧张得到了释放。】

——人格科学

幽默是一种心理情绪张扬的渠道。夸张的戏谑，对自己、对外界，通过一种脱离常规的描述，以特别的差异唤起参与者突兀的感觉体验，获得神经活动的放松。幽默、笑话是对社会规范化“约束紧绷”的神经刺激反应系统的松弛与缓冲式调整。另外，有此例再次可以看出，同样的刺激个体的感受性不同，反应程度表现也不同。

施加不同强度的刺激可以改变个体相关的感受性。个体感受性的不同影响制约行为反应的方式、反应敏感度和最终反应结果。

48、**主题一句话** 情绪是多变的，情绪是情感的表达，很多时候是不一致的表达。

【在一项研究中，实验者先有意激怒参加者，然后让他们中有的人接触敌意的笑话，有的人接触非敌意的笑话。（Lerk，1974）在回答说喜欢饰演者的人中，读到敌意笑话的人比读到非敌意笑话的人要多。】

——人格科学

以激怒制造敌意，接下来施加两种刺激，一种是顺延敌意情绪的“笑话”，一种是无关紧要敌意情绪的“笑话”，被试验者的态度出现两种倾向——“喜欢不喜欢”，前者可以理解为被试验者的逆反情绪心理表现，后者可以理解是被试验者对激怒后讨好的厌腻情绪反应。

情绪是个体交往关系中由当时交往行为所引发的即时性认知情感反应，因为个体瞬时认知反应能力和个体生理反应敏感度、情感感受性的差异，使个体出现不同的情绪反应表征。情感如年，情绪如日；情感是里，情绪是表；情感是情绪残余部分的积淀，情绪是情感的突发偶然性反应。

49、**主题一句话** 每个人拥有兴趣爱好都是自主力量表达的需要，很多兴趣爱好的选择是被压抑情感表达的反映。儿童游戏是对成人生活的模拟训练，这些游戏是“被封存在基因、机制中”自我生存能力重现冲动的表达。

【这些研究结果表明，弗洛伊德关于不友善的幽默可以减轻攻击行为的观点可能是正确的。在某些情况下，不友善幽默为人们提供了一个排解紧张的方法，使攻击的需要减弱。】

——人格科学

攻击性反应、抑郁性反应等典型的心理应激反应现象，都是认知情绪困扰积累的表现。

个体神经系统机能的存在发展需要相应的维护性刺激，刺激的来源可以是真实直接的事件经历，也可以是观摩间接的情结体验。个体在生活中接受的间接式刺激所产生的体验，和直接经历的体验都对个体的发展产生重要的养护作用（是生命为继的滋养）。

对于现实环境中的直接经历体验，个体往往会丧失选择客观环境刺激的自主性；对于间接的观摩式体验，个体对刺激获取享有较大的自主选择性，可以感受可以拒绝感受，不像直接经历有很多的意想不到难以控制的因素。

对于间接体验的选择，体现个体刺激需要的自然倾向性（类似于受体的现象）。如对暴力影视的选择，体现个体压抑的内心愤怒或对原始暴力冲动表达的需要；对爱情故事的偏爱，体现个体内心爱情冲动需要的张扬等。选择的倾向可以反映内心的冲动疏泄需求。由此推论，一个人的某些兴趣、爱好，可以是个体内心压抑情绪得以张扬、疏解的反映。

50、主题一句话 注意力是影响个体感受性变化的重要因素。

【随着他们为最后笑料的抖出所作的铺垫，听者的紧张水平逐渐加强，他们有的微笑，有的脸红了。根据弗洛伊德的观点，这一铺垫过程越长，造成的紧张感越大。因此，当最后笑料抖出使得紧张予以释放时，人们会爆发出时间更长、声音更大的笑声。】

——人格科学

与其说是紧张水平或紧张度，更确切的说法是注意力被高度集中，然后释放的效果。注意力的集中方向及程度的转变是主体感受性改变的重要原因。

51、主题一句话 敏感度和受体这两大概念现象，合并起来称之为“感受性”。感受性决定了所有情感的建立和维系，制约所有社会关系的变化发展。

【在这项试验中，处于低紧张状态的受试者手抓老鼠5秒钟，并被告之：“这些老鼠是人工培育的，驯化的，很容易抓，没有任何困难。”让处在中度紧张的人从老鼠身上抽出一点点血，告诉他们这个任务要比他们想象得容易。最后，对处在高度紧张的一组受试者，给他们一个瓶子和注射器，要他们从老鼠身上抽2毫升的血。实验者强调了所遇到的困难，并警告说老鼠可能会咬人。当参加者走到鼠笼前，发现里面是个玩具老鼠时，笑料抖了出来；与弗洛伊德的理论相一致，处于高度紧张的一组人比其他两组人认为这一情境

更滑稽可笑（见图4－2）。紧张的释放带来的轻松感使他们觉得这一情节特别有趣。】

——人格科学

认知情绪表现出的程度反应也体现出“对比参照”的心理机制规律。差异性愈大，对比性越明显，感受性越强烈。实验里面对的对象不同，恐惧度不同；攻击性不同，反应不同；这是感受性之接受倾向特征表现，也就是不同的个体反应，对不同的刺激有自我的倾向选择。

感受性降低使某些情绪体验缺失，导致更强刺激需要，表现为和这一缺失情绪直接或间接关系的刺激及行为反应；某些行为的出现，需要增加一定的威胁、压力才能出现。如偷情之所以更有吸引力，因为夫妻之爱性门槛的抬高，渐渐失去感受的情趣。

个体感受性的变化倾向和对感受性的调节，关系到所有感受关系的存在状态。夫妻间的婚姻关系、朋友间的友情关系、同事间的支持关系、亲人间的亲情关系，所有的社会关系都受感受性的变化制约。寻求刺激，是个体自我调整感受性的行为反应。如生活中的施虐者和受虐者，很多攻击性寻求刺激行为，都和个体失去情绪感受的冲动性控制反应相关。

爱情深度的变化存在决定双方爱的感受性，关注双方爱的感受性变化调节就是对爱情婚姻的经营根本。很多婚姻中的女人埋怨对方，不知道一点浪漫的或关怀的表示；男人则表示对女人的无限付出失去感觉。体现了过与不及情感行为的“自然无节制”特征——结婚需要心理机能资质，调控感情变化的资质。

52、**主题一句话** 每个人都有自己的领地，也就是自己的情感圈，或者说是自我生存的利益共同体。

【例如，人们发现，攻击一个他们不喜欢的竞选者的政治性漫画比攻击他们喜欢的某个竞选者来得滑稽。（Wicker. Barron，& Willis，1980；Zillmann. Bryant，& Cantor，1974）】

——人格科学

认知情感的倾向性，是自我存在、自我控制范围扩大的工具。

自我喜欢的、自我认可的都被主体纳入“属于自我的圈子”——情感圈。亲情的互助关系、邻里的互助关系，不仅出于认知利益关系而有互助行为的维持，更有认知情感的倾向性作用，和自我相关的事物都被自然纳入自我控制的范围，形成一个利益、情感的共同体，相关共同体的存在受到自我的维护，同时也是维护自我的圈子。

因此，“打狗还要看主人”反映的是相关共同体存在事实。

53、**主题一句话**　不能为自我认知接受的情感，是心理障碍的开始。

【“感觉告诉你存在某些东西，思维告诉你它是什么，情感告诉你它是否是可接受的，直觉告诉你它从何而来，去往何处。”(Jung，1964)】

——人格科学

从能否为主体自然接受这一点来看，情感分为乐于接受的和不乐于接受的两类。不管情感是乐于不乐于，只要能为主体接受或接纳都不会产生情绪困扰，恰是不能为主体接受的或接纳的部分导致了个体的情绪困扰，产生了心理失调反应，最终导致人格的障碍。

54、**主题一句话**　“跟着感觉走”竟然是人类存在发展的真理，情感需要是人类生存意义的具体表达。

【情感告诉你，它是否是可接受的。】

——人格科学

情感是生命的主人，情感是生命需要的附着，情感依托情绪表现，并是情绪发生的积累。感受性的变化，直接影响情绪性存在，情绪的消失导致情感的淡化失落，情感的失落导致个体自我存在价值的缺失，自我价值感是自我存在控制感的核心。人总要有情趣、情绪、情调的生活，没有了激情，就失去了价值感。自我存在控制包括——行为实际控制及控制的体验：自我存在价值感（满足需要的情感体验部分）、自我身心行为控制（生物性存在控制）和环境控制感（自我控制的延伸）。所有行为的结果就是感受，存在感是一切情感的出发点。我想故我在，可以借用为“我感故我在”，我们的行为服从于我们的情感需要，理性的及非理性的情感决定我们存在与否——我们总说“一念之差”，其实，我们每一个瞬间都被“一念”所左右。

55、**主题一句话**　情感的维度并不很繁杂，我们常说的喜怒哀乐就足够概括了，其他形式都是情感基本维度的复合。

情感的两维分法是错误的或者是容易混淆视听的描述形式。这种错误分法的价值在于，让我们进一步区分人格维度和倾向所能代表的不同意义。

情感有七情六欲之说，维度有如：悲—喜、怒—惧、恨—爱等多维。

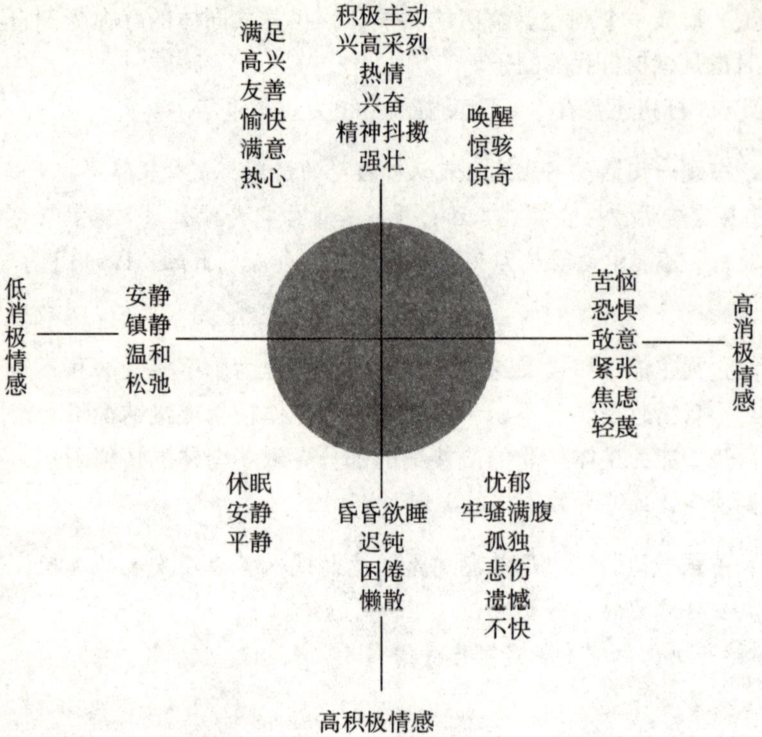

图1　情绪性情感的两维度模型（引自Watson & Tellegen,1985）

像紧张、轻松、激动、冷漠和人格的生物性表现密切相关；惊奇、镇静、后悔内疚、厌恶、喜好等是和认知表现密切相关的人格因素表现，同时也是情感各维度、不同倾向程度表现组合的情绪形式。

情感的重要品质是情感转换的稳定性（波动性或平稳性）：一种转换表现为同一维情感转换，如悲喜转换、爱恨转换；另一种转换表现为不同维度转换，如喜怒转换等。孩子的情绪性转换很频繁，体现其情感的不稳定，情绪的波动性大、控制力弱，神经质也有情绪频变的表现。

情绪表达强度属于情感倾向性程度和情感的控制性（感受性、表达反应性）共同作用的结果。情感情绪的表现品质可用以下几个方面予以确定：波动—平稳、强—弱、敏感—迟钝三个方面予以“衡量”，情绪是情感的直接表现形式，情感是情绪的内容。

56、**主题一句话**　社会化发展滋生了社会化孤独，人类社会的高级发展带来人类的孤独。

【一些人本主义心理学家期望随着社会变得越来越富足，我们对孤独继续

关注。】

——人格科学

社会为何拥有越来越多的财富？财富更多地为人类所拥有，今天人类拥有的财富更多是人为的结果——人类能动性的体现。

大自然提供的原始性财富已退居荒原，人为的财富已成为人类生存条件的主要来源，科学已成为人类主观能动性的代名词。越来越多的人投入社会经济活动，财富也越来越丰富，财富的质量和人类投入经济生产的精力成正相关关系——蜂巢的精美是大量辛勤工蜂付出劳动力的凝结。

人的能动性投入表现在所有的人为方面，体力和智力等。随着更多的精力投入经济活动，人类之间的娱乐活动相对则逐渐缩减，人与人之间的社会生存力量支持越来越强大（越来越细致的分工），但其中情感支持在蜕化，孤独越来越普遍。情感的需要同样要随着人类社会的进化而变化，依托人类的生物性存在并且不会消失。

在人类社会的今天，人们已经发现，随着人类生活社会化的发展，情感支持的需要已经不能为现实满足，所以建立社会性情感支持机制已经成为社会发展的新需要。社会化孤独提出了社会化深厚情感支持的需要：社会性交往的频繁主导了个体的感情环境，使情感交流浮于表面，竞争的激烈使交往充满隔阂和戒意，客观造成深层情感信任关系的缺失。如果亲情、婚姻、事业不足以转移或升华生活专注的需要（生活总要有所寄托），孤独感将常常会伴绕我们的存在。

57、主题一句话 喜欢自己，热爱今天。

除了极少数人对过去曾经的创伤还心有余悸外，绝大多数人对过去是怀有美好的感情。更有甚者，以怀旧为生活的中心，把今天总是搁置在对过去的思念中，他们和把今天寄托在未来的人一样，不能活在今天，不能面对今天的苦与乐，不愿意面对今天的得失。活在未来的人，我们可以把其归结为妄想者，而对于活在过去的人，我们可以把这种情感归结为“断乳情结”。

“断乳情结”仅是个形象的比方，对过去无限怀念，把美好的感觉停留、寄托在过去的生活，好像今天比过去缺失很多，最普遍的是“今不如昔”的情感缺失心态，好像今天一无是处，如同被断乳的孩子一样，失去了可口的母乳，更觉得失去了母亲温暖胸怀的包裹，好像没了安全感一样。

为什么这样的情感会成为人类普遍具有的心态反应呢？

首先，我们可以理解岁月的不可倒流，人的身心经历了社会的磨炼，在30岁左右达到身体、精力健康状态的最高峰值，随之是逐渐趋于损耗。如果把30岁之前的时间看做是身心发育成熟的阶段，那么30岁之后可以看做是身体损耗的阶段，而且30岁之后事业也基本固定，个人的知识储备结构也基本固定，身心状态在峰值停留一段时间就开始了逐渐下降。多数人必然处于普通人的范围，出于对自我人生价值的微薄认定，内心产生慌乱，期望岁月重来。事实岁月不可重来，一种无奈的价值缺失使自我无限怀念起过去。

其次，我们所能看到别人的多是他的快乐，而不见其痛苦。这些“别人”首先是自己的童年：看到身边淘气的孩子，尤其是孩子所特有的单纯，看到孩子们初生牛犊不怕虎的劲头，听到童言无忌的幼稚，所有这些本来不足为称赞认可的不成熟现象，因为我们的内心被社会化有所约束不得完全的自由，相比之下成为一种情感的压抑，今天不如童年自由的结论自然得出，于是我们觉得今天的自己是痛苦的、不自由的，尤其会把自我社会化的过程污蔑为“被世俗污染的不干净的人”。这是一种自我社会化价值认知判断的缺失。“别人”另外的意义就是自己生活周围的他人：每个人为了自尊总是掩盖自己的不足和缺点，其中包含对痛苦的掩饰。竞争的激烈，竞争的需要，动物争斗时总是龇牙咧嘴展露凶悍。高级的人类更是这样，谁也不愿意让他人看到自己的弱势，以维护自己的社会地位。这一现象借家庭单位比喻来说通常是“家丑不可外扬”，自我保存的本能让我们把自己的弱点掩饰得密不透风。所以，我们看到的是他人风光一面的多，痛苦一面的少。因此，我们难免产生羡慕他人的错误念头，而忘却“人人都有难念的经”这一至理名言的“客观”启发性。看到一个人的快乐，我们不羡慕，因为他有我们没看到的痛苦；我们痛苦的时候也不要绝望，我们不能忘记总有自己开心快乐的时候。每个人都是一样的，没有痛苦就没有快乐，没有快乐也没有痛苦。你不会总是快乐，也不会总待在痛苦的泥潭中。

其三，对过去的迷恋更多的是因为今天失败的和失落的情绪存在。第一种常见的失败是社会化未能顺利完成，总觉得社会化一切是庸俗迷失自我的，不能认同社会化互相支持协调的多种交往方式，迷恋于过去单纯的方式。随之而来的是羡慕过去简单的人际关系，特别是在父母亲人呵护下的生存方式。小时候天塌下来有人帮你撑着的生存支持环境，让今天难以独立面对生存障碍、生活压力的人，更是难以接受今天的挑战。逃避是人类人格的普遍缺陷，有行为的逃避，更有思想的逃避，迷恋过去就是缺失“幼年父母给予的生存支持”产生的情感行为逃避结果，类似于成长中的断乳，所以将那些怀念过去、无原则羡慕别人否定自我的情结统称为“断乳情结”。

请记住，每个人都一样有自己的痛苦和快乐，每一个家庭也是，每一个国家也是。过去有过去的美好，也有过去的痛苦，但要活在今天。不要羡慕孩子，他们快乐的单纯之后有很多成长的烦恼；不要怜悯老人，他们步履维艰的老态下有着孩子般愉快的心灵。

58、**主题一句话** 理性是后天的智慧。

“人为财死鸟为食亡”是生命体存在原始状态的一个写照。有需要就有情感、有行为倾向，无欲则刚。归根结底，多数人还处于情感情绪化行为表现的动物状态，历经进化，极少数人通过身心行为自我控制的修炼，可以不被原始情感情绪产生的需要直接左右——充分的理性表现。随着人类社会的进步，身心进化的重要标志是——理性的价值。理性与个体身心行为中表现出的适宜程度，体现一个人身心结构进化的程度。

人格论——行为章

1、**主题一句话** 行为和心理是密不可分的，以行知心暂时还是一些智士的特殊才能，未来心理学，是一种大自然心理学，通过一切存在的现象，我们普通人可以理解把握一切生存事件发展的趋势。

【就是使人能洞察到讲笑话的人和听笑话大笑的人的无意识领域的笑话，弗洛伊德预见性地看到两类倾向性笑话，一种与敌意有关，一种与性有关。】

——人格科学

以言行观心对于古今智士来说，是特殊才能的表现。在中国，多散见于诸子百家的论述中，冠以不同的名谓，心理学处于尚未分化的萌芽之中。但在西方国家，经弗洛伊德先生的集约性发展，真正打造了心理学独立之门。至于弗洛伊德将心理的意义如幽默笑话过多地归结为性和攻击仅是学说发展中的一种倾向。行为的倾向性，不仅表现出个体心理思维的倾向性，还表现出个体独特的行为模式的倾向性；一个是心理行为内容的倾向性，一个是心理行为方式的倾向性。一举手一投足皆见心性。

以表观里是很多人认可的心理学研究目标和任务。以表观里就是通过外在的行为表现理解推测内心的活动。对于中国的智士来说，心理学的作用不仅如此，不仅是对一个人的内心的理解，更在于能预测行为主体的未来可能的行为发展，及通过对个体的行为反应，可以理解、推测和个体相关的环境特点即环境中将要发生的事件变化。也就是说，不仅是以表观里，还有以表观测环境。因此，行为既是反应内心的中介，也是反应环境的中介。有窥一斑而见全豹，也有窥一人而知天下事；心理学的发展，因一叶落而知天下秋，最终是格物致知的自然心理学。

2、**主题一句话** 行为主义心理学强调的“施加有效刺激”塑造行为的目标，是心理学应用最终极致的目标。

【早期行为主义者忽视新生儿的个体差异，一些行为主义者甚至声称，如果对孩子的经验给予足够的控制，他们可以任意地塑造他们。】

——人格科学

这仅是行为主义的假设，前提是“足够”的控制。如果评价一种“理想”状态为错误，这种评价本身就是极端的表现。

行为主义者仅是强调人在生存环境中的被动发展的一个方面，强调施加有效作用刺激的改变前景，并未排除或否定其他影响生存状态的诸多因素，并不一定非要提到人的自主能动性作用方面，进行面面俱到的表述。今天，我们还可以说，如果你能对一个个体施加完全控制的改变性刺激，你可以改变他的生理结构，你可以改变他的精神，你可以改变他的一切。遗憾的是，我们人类的控制能力比起环境控制的力量来说，还是那么微弱。

3、**主题一句话** 信任是将自我完全交给对方，催眠发生于自我存在对外界的完全依赖。

【弗洛伊德在催眠方面的早期经验，最先激起了他对无意识的好奇心。弗洛伊德相信，在深度催眠的过程中，自我进入一种暂停状态。成功的催眠师能避开自我的监督，直接获得无意识东西。早期的催眠经验告诉弗洛伊德，人类潜意识中的想法远远超过进入意识的东西。】

——人格科学

催眠的机理在于调动意念的定势作用。催眠发生的根本要求是让个体失去自我感。自我存在的控制感，首先是个体对自己生命的把握，然后才是对外界的控制延伸。个体唯有对催眠师完全的信任（迷乱性信任），才能排除失去自我的慌乱和威胁感，才有进入催眠状态的可能。

4、**主题一句话** 施加有效的刺激，我们可以做希望的梦。梦的预言功能在于我们对梦行为符号的理解和推理。今天一切存在都是未来的预言。

【显然，如果伊底紧急依赖反射行为去得到它想要的，那么大部分时间里，快乐冲动要受到挫败。因此，弗洛伊德假设伊底还通过愿望的实现来满足其需要。即当想要东西不能得到时，伊底会想象它的存在。如果一个婴儿饿了，又没看见周围有食物，伊底就会想象食物，至少暂时满足自己的需要。后面我们会看到，弗洛伊德认为梦也是愿望实现的一种类型。】

——人格科学

梦是难以在现实中实现的心理环境行为——不排除梦的过程中现实刺激

的诱导作用，气味、声音、触觉等感觉刺激施加于梦活动的导向作用。

梦是潜意识在思维活动的过程，如弗洛伊德所言，是愿望实现的途径之一，类似于幻想（白日梦），功效表现为心理压力的疏解，投射表现出预言的功能——一种行为反映的意义，从而实现对个体清醒状态下的身心行为调节。

5、**主题一句话**　梦的意象都是自我体验的象征，意味着个性化的理解和共识的存在，解梦要在熟悉梦者自我世界的基础上才可以接近客观。

【梦是一种愿望的实现。换句话说，梦代表着我们期望的东西与事件。但是，并不会说应该把每个梦都无一例外地当成睡眠中的愿望。弗洛伊德提醒我们区分梦的显意（做梦人看到的和记得的）和隐意（真实的含义）。清醒时，我们很难公开表达许多无意识的想法和愿望，这是它们被压抑的首要原因。因此，弗洛伊德认为这些想法在梦中以伪装的方式表现出来。】

——人格科学

梦是个体现实活动（本我和超我斗争）的另一种形式的延续，是脑机制的典型反应。梦中的每一种意象，都是自我体验赋予独特意义的象征。因此，每个人的梦都是自己认可的意象组合。意象所包含的意义，是个体本人心理独特感受的倾向表现。个体间感受的共性则是解梦的发端。

6、**主题一句话**　梦的神秘让我们看到梦的预言性价值，但其最大的价值在于日常的自我调节：梦境的疏解演绎和梦后认知的现实性调节。

【弗洛伊德将梦包含有隐藏的心理意义这一观念进行了发展和推广。弗洛伊德将其病人所做的梦解释为理解其无意识冲突和欲望的手段。】

——人格科学

这两句话揭示了梦的机制、价值和发展的一个阶段。

梦的机制表现为潜意识的冲突，价值表现在欲望表达的疏泄，发展的一个阶段表现在弗洛伊德将梦的心理学意义附加其中。对梦的认识——解梦，是人类反省认知的一种途径或方式，是觉意识和潜意识的交流。从对梦的解析中，我们不仅可以看到我们的过去和现在的身心状态，还有对未来的敏感或预知。个体未来是建立在“个体现存在的一切”基础之上的，个体未来的环境变化趋势、相关事件变化趋势、身心变化趋势都从今天的存在可以找到相关信息的依据。所以，梦的敏感、预言性也是和心理学意义并列的第二大认知结果。

7、**主题一句话**　类似的困扰会有类似的意象表达，每个人都是自我梦境的造物者。

【研究梦的人感兴趣的另一个现象就是梦的再现。大多数人都做过这样一些梦，它们与我们以前做过的梦相似。有些人一连几个晚上都做同样的梦，有时，一个梦断断续续做几个月……】

——人格科学

同一种困扰尚未解决、同一种期望尚在延续，不同的境况诱发个体同样的情绪反应，这些，都是相似梦境产生的源头。梦仍然是现实的另外一种模式反应，同属于意识活动。两种情况会出现相同梦境，一是情绪发展还在过程中，一是情感反应的相似性同化了意象表现（如现实危险情况是多样的，但在梦中，可能只会被个体以一种自我认可的意向表现出来）。

8、**主题一句话** 性行为是人类进化中改变最小的生存行为，是人类原始行为的化石。性行为作为梦的意象被二次转换，是社会给予性行为的约束反映，替代性行为意象并不都是性困扰的反应。

【一些精神分析学者的研究发现，常常体验到高度焦虑的人，最有可能产生“性激起的象征性表达”。（Wallach. 1960）其原因是因为他们的焦虑使他们不能以更直接的方式表达性的欲望，而是将这些情感以象征方式表达出来。为证实这一假设，研究者们要求参加者连续十天将他们的梦、每天的焦虑情况记录下来。（Robbins. Tanck & Houshi. 1985）与精神分析立场相一致，人的焦虑程度越高，弗洛伊德所说的典型的性的象征物（铅笔、盒子、飞翔）出现在他梦中的次数就越多。】

——人格科学

梦是一种行为表达的方式，梦中的“行为”是具体的疏泄形式。性行为本身更是一种主要的情感疏泄方式，在成人世界的生活里，性行为是人类“原始形象”延续至今的经典性表达，性行为发泄通常肩负着生存压力转移的重任。

梦中的意象是否和性行为本身相关，对于治疗并没有多少争论考量的价值——性行为经历了意象的二次替代，性困扰本身不是梦行为要表达的标的。梦境本身是个体潜意识排斥社会道德规范及现实障碍的世界，是否需要将性意象在梦中再次复杂地转换替代，决定于社会给予个体性行为抑制造成的困扰，性困扰的程度越大越经常，性行为作为梦里各类困扰的替代意象的概率越大。我们可以设想，但当性行为不再成为社会人普遍存在的困扰，个体的困扰会通过性行为直接表达，而不再需要用“铅笔、盒子”等“婉约式”意象表现。

9、**主题一句话** 觉意识是很多潜意识的“门锁”，睡眠使一些被抑制的潜意识活动大门完全打开，但却遇到睡眠机制的抑制，内心情感的纠结和睡眠抑制之间的矛盾表现为支离破碎的梦。

【快速眼动睡眠有时也被叫做反常睡眠，在这时，虽然人的肌肉很轻松，但脑电图仪发现，人的大脑活动仍与清醒时一样。大多数成年人，一夜大约总共有一个半小时到两个小时的快速眼动睡眠时间，分散在睡眠的不同时期。】

——人格科学

梦的本质是未被完全伸展的情感表达，是情感在觉醒状态下滋生的焦虑，潜伏在睡眠中诱发的心理冲动。梦的支离破碎，也许和眼动睡眠出现的规律化分割形式相关。睡眠是脑机制抑制脑神经兴奋活动的过程，特别是对觉意识活动的抑制。但不可否认，觉意识活动本身，就含有对部分潜意识的抑制作用（社会化道德规范潜移默化的遵守）。因此，当个体的睡眠机制生物性抑制了个体觉醒活动的机能，完成机体休养过程，同时也抑制了觉意识对部分潜意识的控制作用。潜意识失去部分觉意识的约束，对抗神经系统睡眠机制（运动—休息）的生物性抑制，表现出对抗的周期性、间隔形式，使梦行为——快速眼动睡眠规律性出现。

10、**主题一句话** 梦对于新生儿来说，是一种自我生存能力提升的修炼过程，是唤醒遗传的过去和今天环境中自我之间的联系情境。对成人来说，梦是现实生活自我的影子。梦游行为很常见。

【一些研究也向弗洛伊德提出了挑战。例如，为什么新生儿每天有8个小时的快速眼动睡眠时间？无意识的冲突是怎样起作用的？此外，现已发现，几乎所有哺乳动物，甚至人的胎儿期都有快速眼动睡眠。（Crick & Mitchison. 1983）】

——人格科学

这恰可证明，梦的存在和觉意识的存在成负相关关系，觉意识机能越强，梦行为越简短。

对新生儿来说，觉意识的控制作用是微乎其微的。因此，潜意识中的很多能量就在梦中运转，新生儿在迅速完成内部遗传信息和外部基本刺激的重新关系建构，以作觉意识行为的准备和储备过程。当胎儿（个体）的结构基本完成，具备了接受外界刺激的功能，这一机体就开始了系统信息加工处理的过程，尤其是在初期，有大量的遗传机能需要刺激唤醒。这阶段，是个体健康发展的基础。

因此，胎教是有作用的，但仅是对机能的唤醒。如有变异的特殊机能存在，则在个体的机能结构中已有根基，并需要后天的发展性刺激赖以形成。

梦是每个人生活状态最直接的反映，如同光之于影。梦的内容不仅反映了你的生活情绪、当前的顾虑，更重要的作用是反映了你生命活动的内容和内涵。如果你致力于一件事情，必然获得成功，这时，专心致志的毅力会通过梦予以反映，理性遇到的困惑会在梦中迎刃而解，助你走向成功。如果你的梦四季混乱，那么，你荒废了一年；如果你的梦天天混乱没有主题，那你是荒废了一生。梦是你事业的晴雨表。

梦游是睡眠时躯体运动神经没有得到稳定的抑制，配合大脑慢波睡眠产生梦游行为。梦游是梦的行为延伸，严格地说，任何梦行为都存在梦游的特征：说梦话是最常见的“梦游”，语言表达运动神经系统通道没有得到有效的抑制；梦中四肢的活动，也很常见，握拳、屈腿等“微观的”肢体活动在观察中极其平常。而我们常说的梦游，是我们的运动系统完全“失控”的表现，完全被潜意识系统控制，运动神经系统也进入了“慢波睡眠期”。

11、**主题一句话** 我们难以否认潜意识错误行为隐藏的意义，但可以确定，并不是所有的“失误”行为都包含很明确的、充分的“背景意义”。

【我们所有人都难免会发生口误。丈夫用婚前姓名称呼妻子，或说妻子的心真像她的“乳房”一样。这些口误尴尬而可笑，但对弗洛伊德而言，它们很有启发性。用婚前姓名称呼妻子的丈夫或许无意中希望自己从未和这个女人结过婚。尽管这种称呼听起来洁白无瑕，不过是一次偶然的口误，但它也许带有潜藏的情感。这种口误被称做弗洛伊德口误。】

——人格科学

口误，也可以理解为失控性反映，是社会适应性调控机制（超我的制约机制）暂时性障碍的表现。有些失误行为是我们潜意识期望发生的，有些则完全不是期望。有很多意料不到的影响因素会使我们的行为有所偏离，如生理生物性疲劳，心有余而力不足的情况下，我们会出现很多失误，于是我们停下来以作调整减少失误；有很多是我们潜意识期望的却被自我觉意识抑制的行为，如逃避、贪怡、偷懒、享受带来的失误，是我们的自我觉意识抑制系统出现了疲劳或者其他障碍，导致失误行为的表露——这是我们的超我和本我之间博弈的具体表现。

12、**主题一句话** 个体当前行为的意义决定于当前环境的特征。

【正如梦可以用无意识欲望的象征性表象解释一样，许多日常行为可以看做是无意识想法的象征性表达。以象征的方式表现出来的行为，对自我不会造成威胁，因为它们不能被察觉到。但无意识欲望在这些行为中得以发泄。】

——人格科学

弗洛伊德先生所说的一些无意行为或习惯性反应，可以反映个体的内心意象。但并不是所有的行为都是有意义观察的范围之内，也是说“许多”，而不是“所有”。

正如弗洛伊德本人明确解释“有时雪茄仅是雪茄”。

很多人忽略了这一点或者出现认知的混淆，原因是确定行为的象征意义缺乏一个标准，哪些行为可以有意义地充分反映个体的内心意象，哪些是无意义行为。我想，观察的标准不是固定的，个体行为投射内心意象的隐蔽性各不相同，观察理解的能力也不同。通常，我们要根据事件的需要，把个体的行为反应置于一定的环境中观察理解，这样就会更真实地从个体行为中发现投射出的内心意象。（对相关事件、环境、个体特点的熟悉，是进行有意义观察个体行为投射意象的标准或前提）

13、**主题一句话** 行为机制的机能水平评价及依据

个体对某一事件的判断处理，需要和这一事件相关信息的支持。个体需要根据某一事件相关信息做出对事件状态及发展的判断，判断的准确率依赖于个体对相关信息获取及加工处理的质量。个体掌握事件相关信息的质量越高，信息缺失度越低，事件识别信息完整度越高。根据信息获取难易程度，将事件相关信息分为显性信息和隐性信息。不仅信息的处理能力是评价心理行为机能水平的标准，对信息的获取、特别是对隐性信息的获取也是评价机能水平的重要标准，如果较高的信息处理能力可用“想人所未能想”表示，那么，较高的信息获取能力则可用“能见人所未见”予以描述。隐性信息指为一般人所忽略的、以往曾经出现和事件主体相关的当前未出现的信息。对隐性信息的获取能力是生命体后期发展而来的机制能力。至于推理中仅将个体以往的行为模式不经处理地迁移到当前，实质是对隐性信息获取的过程，因为没有任何再加工程序，不能算为信息处理，也就是通常所说的“未经过大脑”的行为。将获取的信息经过当前环境需要适应性加工的过程才是真正

的“信息处理”。处理信息是对事件相关信息关联关系的新模式构建，也就是形成指令的过程。

获取处理信息的能力和执行反馈指令的能力是神经系统机能的两大维度。我们在判断理解他人的行为，是遵循“以己度人的模式”，获取的相关信息都是“自我的视角”，经个体处理的“我”的理解主观性较强，也就是客观真实信息缺失度较高。每一种行为每一个体的行为都是个体属性和环境因素相互作用的结果。同一现象对于机能不同的心理机制，所产生的信息获取质量和信息处理加工质量是完全不同的，是神经系统机能的层次决定我们对行为的理解和执行效果的水平。现象提供的信息对于个体来说，获取的机会近似一致的，区别在于个体神经系统机制机能的水平，机能的差异是导致相似个体差异的主要原因。而生存环境的差异，个体机能的差异，导致了个体生存状态的差异多样。如果将个体生存的现状作为因变量，那么，个体机制的机能和环境因素则是两个主要发生作用的自变量。

对于我们生存状态的改善，唯有提升自我行为机制的机能水平，或优化行为模式或借助工具延伸自我行为机能水平，以实现自我生存状态的改善。

14、**主题一句话** 在心里把仇人碎尸万段，同样可以起到发泄的作用。自我的超我性阻止本我性的冲动，精神胜利的效果是个体的主观性价值存在的属性。

【为什么我们对其他人的丢脸和尴尬感到不好笑？根据弗洛伊德的观点，攻击性的笑话可使平时被抑制的冲动表达出来，尽管我们有攻击某人或某些人的无意识冲动，但我们的自我和超我通常会有效地阻止内在暴力显露出来。然而，通过伤害性的笑话，我们能以社会所允许的方式表达这些攻击欲望。弗洛伊德解释说：“通过使我们的敌人变小变弱，变得可鄙和可笑，我们以一种迂回的方式获得了愉快并战胜他。”（1905 / 1960）】

——人格科学

攻击和其他的行为一样，都具备疏解心理压力的作用，只不过是更直接的方式。

对他人或物的攻击都是攻击性反应。攻击是毁灭的措施，毁灭、伤害使对象出现期望的不良反应是心理行为的目标和原因。正如弗洛伊德先生所说“使我们的敌人变弱小……”，我们则相对变得强大有控制感、存在感、自我感。中国文学里有个典型的人物形象“阿 Q”，就是通过毁灭别人获得存在感（反抗别人对他的毁灭）的代表。虽然他仅是在思想里、语言里、神情里、完全自我的世界里表达了贬低对方的观念，行为获得精神的胜利，但也是通过攻击达到毁灭对方的心理目标。当然，毁坏、伤害都是毁灭不同程度的表现。

15、**主题一句话** 看到的一切都可以是自我的替代，他的毁灭就是我的毁灭，他的虐待就是我的体验。现实的场景和梦都是真实自我的替代，叶落而知秋意，不独秋的气节，更在秋的心情。

【认为含有攻击或性内容的比没有这些内容的更好笑。例如，一项实验表明，人们去看动画片“Far Side”和“Herman”时喜欢看到某一个角色受欺负，他们认为有暴力和痛苦的场景更可笑。(Deckens & Carr. 1986)】

——人格科学

性与攻击（毁灭外界）包括死亡（自我毁灭），都属于被个体压抑的（因优化自我存在的需要）范畴。尤其是死亡，因为时刻把握的自我存在感，对死亡、失去控制有无限的恐惧，对性的压抑、攻击的压抑，所有的压抑，都存在认知情绪的困扰（焦虑乃至恐惧）。性和攻击都是个体发展所需要的自然行为，对自我存在感的焦虑产生反向的死亡恐惧，这些压抑得不到伸展时，就要通过其他的方式途径表现出来。因此，看到事物毁灭的客观存在、暴力痛苦的场景、被悲惨伤害的生命体，都是个体对自我压抑的投射——通过对非相关暴力及悲惨景象的刺激接受，影射发泄了个体内心的压抑认知情绪，在观察这些情景的过程中，个体将自我在潜意识中替代了情景中的角色，或者是伤害者、施暴者，或者是被虐待、被毁灭者，通过替代移情感受施暴毁灭的快感和死亡的体验。

存在与毁灭是个体发生发展的相互依存的两个方面。个体对存在的把握和对毁灭的恐惧总是在不停地斗争，以求心里的平衡。所以自杀仅是一念之差下的行为结果。一念之差控制了被催眠者（排除杂念，使控制左右自我的念头唯一，催眠者引导无防御机制下的被催眠者的意念发展，表现为控制），个体每个瞬间行为都是一念的结果。

16、**主题一句话** 减弱对方的攻击只有让自我一无是处，或者让对方一无是处，提高自我的攻击态势。

【按常理，应该讲一个非敌意的笑话，但弗洛伊德理论告诉我们的恰恰相反。他认为，不友善的幽默可以使人的紧张得到宣泄性的释放。因此，要使生气的人减缓采取攻击性行为，可取的方式就是减缓紧张。对此，敌意的幽默比非敌意的幽默能更有效。】

人格论——行为章

——人格科学

实际上，只要是可以引起个体反应的幽默都是可以使个体得到认知情感的疏泄。至于敌意的幽默对攻击情绪的疏泄效果，是因为幽默的表达反应敌意性和攻击的需要倾向存在较高相关关系，没有相关性则反而会更加激怒对方敌意的扩张。敌意的幽默本身就是一种“隐蔽式”攻击，更是一种智慧姿态的表达，无形中抬高了自我、压制了对方攻击的势头，所以会有所缓解。攻击性在什么情况下会减弱？一个是对方没有了可攻击的价值，另外就是对方大大增加了攻击的难度。

17、**主题一句话** 毁灭他人是自我“生本能”的衍生，毁灭自我（自杀、自虐等）是自我身心脱离导致攻击自我实体的虚妄判断结果。

【人们常常发现，当笑话和卡通漫画包含有性和攻击的内容时，它们就更加滑稽可笑。】

——人格科学

性和攻击行为都是社会化所约束、抑制的行为，都成为个体自我压抑的困扰性认知情绪部分。

性是占有行为，含有攻击的意义。攻击是自我控制、自我感建立的需要，是毁灭外化的形式。和“生本能”相反的“死本能”，确切地说是毁灭的本能。毁灭本能也是自我存在“生本能”的衍生体现：因为资源的有限性、占有欲的无限性，竞争使毁灭更多地指向外在事物，攻击外界是自我保护的转换、间接方式。踏着别人肩膀、贬低别人抬高自己都是这一心理机能的自然体现。内心是缥缈的非实体，个体有时会产生和躯体脱离的感受，因此，自虐或自我攻击毁灭（自杀）是自我身心脱离、对脱离内心的服从。自我分为躯体的我和心理的我，二者融为一体。但当二者分离时，躯体的自我服从于心理的自我（所谓的灵魂、精神）。然而，心理自我的存在是以躯体的自我为载体的，也就是心理自我的存在与否，以躯体自我的存在为前提。

18、**主题一句话** 有朝向就有背向，即使是双面人，在某一特定时刻，总是单向的。

【人类不是希望被爱的友好的动物。相反，他们具有很强的攻击本能。】

——西格蒙特·弗洛伊德

【挫折为攻击的起因可能是对的，但有时挫折并不一定引起攻击，有时引起攻击的不是挫折而是别的来源。】

——人格科学

是为了占有而攻击，是为了控制而占有，是为了自我存在而控制。而且，攻击仅是占有的一种选择。攻击、占有、控制的目标，可能是一种物质，也可能是一种利益象征。事物的存在都具备两面性，生命是矛盾体的表现，爱和毁灭都是生命的属性。

19、**主题一句话** 挫折必然导致攻击，攻击发生的可能原因之一是挫折。

【挫折有时导致一种间接攻击能用多种形式表达。一种就是将攻击迁移到一个新目标上，比如将工作中的挫折发泄到配偶身上。另一种形式是用间接的方式去攻击。例如，我们不可能打自己的老师，但是却能在工作中作梗或者散布有关他的谣言。最后一种方式是升华（精神分析理论采用的另一个概念）。例如，一个人受挫后可以跑上几里路或打一场篮球来把紧张消耗掉，就是说，挫折总要导致攻击，但不一定用明显的方式。】

——人格科学

个体自我感遇挫，必然产生相关的反应，或者攻击，或者抑制自我屈服。个体的攻击性和懦弱性表现取决于个体的人格模式（习惯）及生存经验。攻击的方式可以是直接应对威胁，也可以是转移的间接发泄；可以是当时的攻击反应，也可以是延迟的攻击反应；攻击反应的力度总是和自我感受到的伤害程度成正比。通常以这样的一个语言模式反映出这一相关关系：“不怎么样（报复、攻击）就不足以怎么样（解恨、解除自我受到的伤害）。”

攻击行为的发生不一定是挫折引起的，挫折是个体心理需要受到不同程度压制约束的形式，攻击是向外界事物施加不同程度压制约束的形式。攻击是需要的张扬，挫折是需要的制约。攻击可以是“需要”超出通常的膨胀，为掠夺而萌生的行为，也可以是“需要”被抑制伤害，为复仇而萌生的行为。

20、**主题一句话** 既然是感受到的挫折，就有恢复被压制的“需要”的攻击行为。

【很小的挫折不会转为攻击。在攻击倾向之前一定有一个最小挫折量。】

——人格科学

如果没有感受到挫折，就不会有相应的攻击反应。

个体对挫折、威胁的感受性决定个体的反应状态。同样的刺激，感受性不同，攻击性反应也不同。这符合所有身心行为刺激—反应的发生规律：感受性越敏感，自然反应性越强烈，成显著相关关系。

个体的感受性在经历类似事件体验中，会逐渐向两级倾向变化，受经验认知形成自我控制行为的模式和生物性特质的影响，或者更敏感、反应更强烈（神经质反应），或者更麻木减弱反应（普遍性弱化反应）。

攻击性仅是个体自我控制反应行为中的一种倾向，当个体的某一反应对某一事物有所伤害时，这一行为才具备攻击性特征。个体对威胁刺激的转移性攻击反应，会更多地表现出伤及无辜。

21、**主题一句话** 攻击疏解的是“当前”压力紧张，攻击倾向的强化或消退决定于个体施加攻击获得的自我体验。

【几项研究同时表明，尽管攻击能够使紧张情绪得到一定的缓解和宣泄，它也可能增强攻击的倾向，而不是像预期的那样降低攻击倾向。】

——人格科学

宣泄却又得以增强，看似矛盾的结论实际上并不矛盾。差别在于攻击行为发生的时间。宣泄是对即时性压力的宣泄，是对已存在压力的释放；而增强的攻击行为倾向是因为前攻击行为产生了奖赏强化作用，如果没有奖赏体验的强化，反而是惩戒的体验，攻击性会趋向消退。宣泄是指对当前紧张压力的疏解，攻击性增强是指对攻击体验结果延续产生的攻击行为模式的强化。

22、**主题一句话** 攻击行为需要个体结合现实的情境决策允许后才能得以发生，攻击倾向则完全是自主对外界制约的反应。

【比如，你的同屋周末回家时带走了你的课本，使你考得很糟。如果你相信他是无意的，或认为他是出于妒忌你的成绩而故意藏起你的课本，你的反应会很不一样。最初的挫折—攻击假设很少考虑到这些情况，可是修订的假设可以很容易地解释这些研究结果。引起人负面情绪的那些想法又使这整个过程让人更不愉快从而增加了攻击的机会，减少负面情绪的想法则不大可能引起攻击。】

——人格科学

将攻击倾向和攻击行为混淆在一起，如此区分攻击是否发生是混乱的。攻击倾向的发生因为个体生存需要受阻产生的本能抗争反应，如果被认知机制调整则不一定能产生具体的攻击行为。

攻击倾向和攻击行为是两个不同层面的意义：攻击倾向即指攻击的念头，攻击行为包含着攻击倾向。攻击倾向的具体行为会诱发现实的结果，而攻击念头不一定会发生现实的影响。攻击的念头在个体需要遇阻时总会自然在某种程度上发生，而攻击行为需要个体衡量客观环境的条件是否允许（认知思维的介入作用），并要通过个体的决策执行机制才可以发生。攻击行为的发生，是主观与客观力量抗衡的结果。（胆量大小不是一概而论的，对象不同，恐惧反应程度不同或者攻击性反应不同）

23、**主题一句话** 攻击也是自我内心的需要。

【阿尔伯特·班杜拉的社会学习理论中被广泛研究的内容，即攻击性榜样模仿和攻击行为之间的关系，体现在这些悲剧事件中。这个领域的研究不仅证实了人们如何通过观察榜样学习各种行为，而且对许多媒体所描述的攻击行为提出了严重的质疑。】

——人格科学

任何个体的行为都是个体神经系统主观意识控制的结果，一方面是主观执行来自于内部自主行为的指令，另一方面是主观执行来自于外界被动行为的指令。强调主观的意义仅在于强调个体的身心行为表现不是被外界操控的，不是被催眠状态下的行为，不是被自我之外事物操控的行为。看到了就模仿再现，说明被模仿的行为表现符合个体意识系统某机制的机能表现需要，是个体行为发生原因之一。

如对攻击行为的模仿，任何生命群体都存在竞争的交互关系，攻击和被攻击是竞争关系的主要表现维度。个体从一出生就开始了生存技能的学习，学习包含身心机制遗传潜能的诱发和新机能的开发。模仿学习是有效学习的常用方式，另外则是自主探究创新体验。创造和模仿是个体生存学习的两大主要方式（从这一角度来说，人的一生都是学习的过程，学习是解决确定性问题的行为方式，习得应用是解决无限不确定生存问题的行为方式）。学习是生存行为的一部分，习得的一切是否能为学习者应用“再现”，需要个体主观执行机制的允许，未能内化为个体自主系统的习得性行为，不管是觉意识行为还是潜意识行为，都不会为学习个体允许发生。反之，如果习得行为为个体“重现”，不管是觉意识还是潜意识的行为“再现”，都说明习得已经内化为个体自主系统的一部分。只有被强迫的行为、接纳性行为，类似于被操纵的机器式行为，才不属于自主精神系统的行为组成部分。

任何习得性行为都是主观允许的结果。社会上存在各种刺激，都是有可能引起个体共鸣式反应的不确定刺激。但任何一种自主行为反应，都是个体行为机制自身的需要，也就是为行为主体允许自我执行的结果。影响人类生存的刺激是无限多样的，很多是为现阶段难以控制的；对施加于人的各类刺激有效的控制，也是人类机能进化、生存状态优化的重要体现。暴力刺激诱发更多暴力行为，由此我们可以印证，人类潜能中相关的暴力刺激—反应机制被诱发的客观存在。暴力、毁灭等我们不期望的社会行为，之所以被“不确定性刺激”诱发，归根结底是“这些行为表达符合行为发生主体自身存在的需要”，源于自主需要，也不是违背人性的无中生有。

模仿行为的发生和自主需要是相关的，因此，非我们人类社会文明期望性行为，就需要通过建立社会机制，对诱发性不良刺激适当控制，同时也要从控制社会个体的认知情感自主决策机制，两种途径予以全面调控。

行为的发生源于个体认知、情感决策的需要，某些行为被外界刺激诱发，是个体存在需要的客观反应。自主控制的意义在于自主存在的张扬或者表达，自主控制对象在于对环境的控制和对自我的控制，自主控制形式表现在有效的组织行动，如有效的攻击、有效的获取、有效的分配等。攻击性行为是自主控制需要的一种工具性行为，攻击行为是竞争的重要方式。

人类生存状态的局促、个体自主控制机能的脆弱、不确定诱发性刺激大量存在，三者综合作用是暴力等社会不期望行为发生的根源。提高个体自主控制能力、创造更有效社会人际关系支持、有效控制不良行为诱发性刺激，是社会减少非期望行为发生的有效途径。

24、**主题一句话** 攻击是控制的工具之一。

【一项研究发现，儿童只模仿极其凶猛的攻击性榜样。（Parton & Geshuri，1971）研究者由此推理：动作的强度不够，就不能充分地吸引儿童的注意力。心理状态会使儿童更加注意攻击行为。受挫儿童比不受挫儿童更容易注意到攻击性榜样。（Parker & Rogers，1981）】

——人格科学

在完全自主控制的状态中，个体完全把握控制和自己相关的各项生存活动：个体我可以完全有效管理组织自己的身心活动，个体我和周围人的关系是常态稳定的，个体我对周围环境的事物变化起到主导的作用，个体我是于生存环境协调共生的关系等。以上有关攻击的研究说明，攻击行为是个体维护自主控制的工具性行为，个体觉得哪一种攻击行为最有效，就会倾向接受哪一种攻击行为的刺激。

暴力行为的奖赏承载体是多样的，自己给予自己的，和外界给予的等等，各不相同。出现暴力行为有时会受到惩罚，有时受到奖励。遗憾的是，任何“榜样行为”如攻击榜样刺激于个体，榜样攻击行为得到的是奖励还是惩罚，并不完全是由攻击榜样过程左右的，而更多的是依赖于观察者主观的感受理解判断：如攻击弱者的行为，有的围观者会为攻击者的残虐而兴奋，有的会因为攻击者的残虐而愤怒，有的会因为攻击者的残虐而感觉到羞耻等等，不一而论。因此，仅是对媒体提供的攻击性刺激观察到的奖赏，不足以全面解释暴力模仿的发生。

很显然，媒体反映的暴力都是观察社会现实的“一个角度”，个体是否接纳吸收某一种暴力表现，习得再现的可能要符合个体的自主需要和社会现实中的条件允许——攻击行为的内外条件。如现实环境对榜样行为是“奖励”的，行为实现的可能性就越大。但还不是必然行为，还和观察者的执行表达能力、自主表达需要的强度相关。也正如鲁迅先生所说“看红楼梦，谁是作者和续者姑且勿论，单是命意，就因读者的眼光而有种种：经学家看见《易》，道学家看见淫，才子看见缠绵，革命家看见排满，流言家看见宫闱秘事……”也就是说，主观感受到的不同，认知决策不同，行为表现选择也各不相同。一万个读者就有一万个哈姆雷特，也是说明观察者对榜样行为主观性理解差异的存在，主观决定个体对所观察事物的感受倾向，观察者的感受是个性化的、不是能被提供观察榜样者的倾向所简单同化。被同化的是共鸣者，换个角度说，共鸣者易被同化。因此，模仿行为要成为个体行为必然，主要在于符合个体的自主决策需要。

如暴力行为：个体处于自我存在感严重缺失中，如挫折、失败等状态下，为实现自我存在控制感的恢复，会使用维护自尊需要的攻击性行为。有的个体仅看到暴力行为暂时带来的“奖励性”结果，而不顾长期附带的“惩罚性”结果，行为及决策缺乏延迟性或远景，一时的冲动或得过且过的观念，会使个体选择铤而走险的攻击行为。奖励性刺激越强，个体选择这一行为的可能性就越大，惩罚性结果越多，个体抑制这一行为的可能性就越大。

25、**主题一句话** 较强的攻击性是男性化人格的特征之一。男性化人格对攻击也有特殊的“感受性”。

【当某种行为是儿童喜欢的，而且是用儿童喜欢的玩具操作的，这时儿童最容易模仿这种行为。研究者认为，原因在于儿童记住了这些行为。这可以解释为什么男孩比女孩更具攻击性：和女孩相比，他们更喜欢攻击行为，而且回忆得更多。】

——人格科学

研究者推测内隐的攻击原因，与其说是选择性记忆的影响，不如归结为可见的“选择性注意”的行为作用，且选择性记忆是选择性注意行为脑机制的必然反应结果。

注意的选择性可以理解为生物“感受性”的特征：某一个体对某一刺激的倾向、对应性接受或排斥，像“受体”一样存在。对攻击的感受倾向，男孩比女孩模仿表达得更多，我们可以找到很多理由：榜样的性别倾向、男女身体特质差异、男女社会化雕塑倾向等，都是可以说明男孩，确切地说是男性化男孩更喜欢攻击性的行为表达。

26、**主题一句话** 知和行的差别是导致人与人之间生存状态差别的根本。每个人皆懂得很多道理，唯有圣人“善于行为”。

【班杜拉理论模型的第三阶段是表现。请记住，班杜拉划分了学习和表现之间的界线。我们不会模仿所见过并记住的攻击行为，原因之一就是缺乏表现的能力。】

——人格科学

学习是接受内化的过程，表现是执行认知决策外化的过程。

模仿是学习的方式之一，模仿学习也必须经过大脑机制主观的处理，什么样的习得性行为可以为自己融进自我行为的结构，什么样观察的行为不能为自我融进行为的“库房”，是“大脑自主”加工的结果，并非我们缺乏表现力，而是“我的行为我做主”（至于是自我的潜意识还是觉意识做主则另当别论了，至于客观环境是否允许、个体是否需要表现也是自当别论了）。

个体行为的表现力属于执行力范畴，表现力和是否需要表现是两个不同的概念。也就是说，我们所见过的、我们并不一定都需要模仿表现。而且，不管对模仿行为现象的怎样表现，都是个体将其纳入自主意识范畴，重新再创造的行为过程，“模仿的”和“被模仿的”，总是有着“无限的细节差别”。尤其是将想法变成现实的执行过程，不仅需要肢体机能的协调，更需要操作肢体的神经系统机能的协调；既需要生物性支持，更需要行动目标导引。不是我们缺乏表现力，是我们的执行力和观察获取表象的方式效果不同，观察是我见即我所得，得到的是表象；执行是我练才有我得的可能，得到的是有差异的行为。如果我知即能为我所行，那是知机制和行机制完全合一的人类生存机制最高级境界，知、行机制的客观不协调，是我们人类进化改善的方向。

27、**主题一句话** 同一刺激，因为主体主观的个性化，使刺激产生的反应无限多样。对于一个稳定的个体，存在相对稳定的反应模式倾向。

【奖惩信息可以通过各种途径传达。父母因为孩子打架而惩罚孩子，这种做法传达给孩子的信息是，强有力的人就可以为所欲为。所以惩罚导致的是更多的攻击行为，而不是攻击行为的减少。（O. Neal，Macdonald，Cloninger，& Levine，1979）这种情况下的奖励来自其他孩子的赞许。】

——人格科学

同一件事、同样的人视角不同，感受的刺激不同，反应也不同。被惩罚的孩子，有的接受的刺激是惩戒带来的痛苦，使“打架”行为得以消退；有的接受的是强有力的可以为所欲为带来的叛逆情结，使打架行为增强免疫变本加厉；有的是以被打为责任的承担，当做勇者的象征……

如果说惩罚导致更多的攻击行为，而不是攻击的减少，只能说是惩罚不当导致的结果。孩子犯错受到惩罚，惩罚要对错误行为的消退有针对性，才有教育调整的效果。至于因为惩罚会导致更多的攻击行为，和惩罚中产生增加被惩罚者的忍受惩罚的耐性多少相关，和惩罚感受与攻击快感对比的结果相关，和愤怒的转移、攻击的模式逐渐形成、攻击的模仿、攻击的社会化都有相关。其他孩子的赞许仅是影响行为强化一个重要原因，是个体形成自我价值感的决定性因素——他人的评价。

28、**主题一句话** 攻击的行为不仅表现在四肢，还表现在语言、眼神和想法上。因此，一个人的攻击性不能通过四肢的攻击性予以简单评定。不过，我们习惯于通过“肢体行为”来判断一个人的攻击性强度。

【研究表明，好攻击的人爱看攻击性的电视节目。（Bushman，1995；Feningstein，1979）但是，研究者用统计方法控制了儿童最初的攻击性，研究结果仍然表明看电视会导致以后的攻击行为。（Lefkowitzetal，1977；Singer & Singer，1981）】

——人格科学

好攻击的人爱看攻击性的电视节目，隐含的是情感宣泄的选择倾向，能引起个体共鸣的事物才会引起个体的感受性乐于接纳，引起个体的注意和情感倾向选择。

对媒体内容的选择、对学习的选择、对活动选择的诸多倾向，是个体认知情感结构特征、生物性特征的共同发展需要作用下产生的结果。

29、**主题一句话** 游戏是模拟的人际关系行为，是自我角色的延伸。

【还有研究者甚至发现，玩攻击性游戏增强了大学生的敌对性和焦虑。(Anderson & Ford, 1986)】

——人格科学

有的攻击游戏可以使个体消退攻击性——攻击发泄，有的攻击游戏可以激发强化个体的攻击性体验——攻击模式形成。多数攻击游戏，吸引个体参与的原因一方面是攻击奖励的存在，另一方面是满足了人们控制中毁灭性情张扬表达的需要。所以，“玩游戏增强大学生的敌对性和焦虑”就不足为奇，因为这样的游戏就是对攻击体验的强化、控制性的培训学习过程。

30、**主题一句话** 自律当前和远见未来利害，运用理性的克制是延迟反应的内涵。

延迟性反应是心理学著名的人格实验。这一实验过程说明了人格中自律的因素和未来成就之间存在的密切关系。

人格的延迟反应同样表现出利弊共存的现象，实验中体现的是延迟反应所带来的利的一个方面，用通俗的话来予以解释，就是能抵御并放弃当前小的利益诱惑，从而获得更大成功收获的自律性和远见性。表现为对潜在性更大利益认知的“延迟性”反应。

在实际生活里，还存在大量的反向“延迟性反应”现象：因为对未来更大损失及伤害不具有“远见性”，同时对当前的行为缺乏自律性，使自我在“不知觉”中，逐渐陷入无法挽救的“死地”——绝境。也就是表现为对潜在性危机认知“延迟”反应，顾于当前得失的人格缺陷——如掩耳盗铃、饮鸩止渴、釜中之蛙、得过且过、鸵鸟式逃避等。

两种延迟反应是统一的，都强调自律与当前、远见与未来。生活表现又恰恰相反，前者是自律与当前得利，以必得未来大利；后者是不能自律与当前小害，不能遏制未来之大害。釜中之蛙是最好的注释：一只青蛙被抛进热水中能奋力跳出困境，如果被放进冷水中慢慢加热，最终却无力游出水面。两种延迟性反应反映了人格的重大优势和危险的缺陷，能远见于未来的利与害，明智自律与当前的利与害，让理智战胜昏聩的欲望。

31、**主题一句话** 自我不作为或者无有效应答行为，也是延迟性反应的表现。

【要缓解焦虑，使用应对策略总比不用策略好。例如，一项有关戒烟的研究中，至少用到一种应对策略的吸烟者成功戒烟的可能性比没用任何应对策

略的吸烟者大三倍。(Shiffman.)】

——人格科学

个体应对生存威胁的方式中，存在一种自我不作为现象。即在受到威胁，个体已经感受到，并且有不接受这一刺激存在的愿望，但是并没有任何实质的应对策略和作为。

类似于自欺欺人的方式，完全是被动的忍受。如过雪山忍饥受冻的士兵，有很多是在睡眠中失去了生存的机会；再如冬天睡时感觉到肩膀冷，但不知道把被子掖好，直到实在忍受不了了才有行为反应。类似于“不见棺材不落泪的那种迟钝式个体反应”。

32、**主题一句话** 人类个体应对刺激的方式有两种情况比较特殊，一种可以称之为正性延迟（延迟反应实验的内涵）；一种是负性延迟，是伤害性刺激没有引起个体的唤醒反应。两种情况都说明，人类行为决策表现出较多的“当前性”。

【一些心理学家综述了43个关于这两种应对策略效果的研究，他们发现，回避引发焦虑的情境和去注意这种情境都比任何应对机制要更有效。……问题中心策略与情绪中心策略各自的效果怎样？同样，在某些情形下，某种策略可能会更有效地应对压力。这里的关键变量是应对方式的可用性。(Aldwin & Revenson, 1987; Folkman, 1984) 即问题中心策略在某些情况下有效，但是对有些问题，我们根本没有可供利用的工具来应付当时的情境。】

——人格科学

由此可见，个体的不作为——无助性反应、无法自主的延迟性反应还是普遍存在的。这属于衡量个体心理行为机制机能的水平差异标准之一。直接解决、回避处理都是有效的应对方式。因此，当个体面对刺激的反应有两种情况，一是有应对行为反应，一是无应对行为反应；应对行为反应可以是积极的直接面对，也可以是迂回的间接面对，他们是对等的处理方式，但效果如何，因人、因环境需要而各不相同——很多地方需要策略的迂回才能妥善的解决问题。

对“伤害”的延迟性反应和对“利益”的延迟性反应相反，前者是对伤害的“漠视”，后者是对利益的“迷惑”；前者是刺激的强度“相对不足以唤醒”个体的防御反应，后者是刺激的强度“引起个体的兴奋抑制”了个体对更大利益的获取感；从这个角度来说，人的反应受限制于当前的“看似迫切的”需要，人的决策习惯于应急当前。

33、**主题一句话** 学习是我们成长阶段重要的生存活动，同样表现出“漠视学习问题存在”的延迟性反应，结果是被学习负担压得不堪重负。

【例如，一个学生上数学课时，因听不懂而苦恼，那么对他有利的做法是立即请教，而不是坐等着以后会突然开窍。】

——人格科学

学习中的孩子表现出对学习问题无应答行为延迟反应，还是很普遍的——如果不懂就问能成为孩子们学习的原则事实，就基本会消除所谓的差生，而且教师的教学艺术也就变得越来越简单了。

大多数学生对老师传授的知识当时仅能接受80%左右，能达到老师设定的教学目标者为数很少，多数学生处于似是而非的认知状态。如果说每一个学生都处于似是而非的状态也不为过，仅是距离教师设定目标的差异程度各不相同而已。再加上学科的交叉学习、遗忘的规律、巩固的不到位，对知识的理解认知及应用就更加“似是而非”。这种“有学习问题”的状态下，学生们会主动向老师提出问题解决问题吗？或者请教同学获取帮助解决问题吗？不是不会，是很少会。

学生的学习生活和社会生活有一点是没有差异的，就是学习不是孤立的，而是一个学习生活系统，除了学习以外的干扰不少于社会生活的复杂。很多学生遇到学习问题可能会有解决问题的念头，但干扰性因素太多，如担心顾虑的心理阻碍，如被其他更有趣的事情干扰挤掉了解决问题的机会等等。有两种面对问题的特殊情况：一种是积极主动地解决问题，把学习问题解决放在第一位，这是通常学习好的学生的表现；一种是漠视问题的存在，不把问题当做问题，问题太多了、麻木了、无所谓了，这通常是差生的表现。这两种情况的发展趋势就是，一种成绩越来越优秀，一种学习越来越沉重——直至不堪重负。

34、**主题一句话** 面对问题表现出回避策略，是为了对情绪的控制、情感系统的保护；解决问题只有直面问题并有合理的行动才是依托。

【揭开这个谜底的关键是，要从时间角度看这些策略的有效性。回避策略通常在短时间内更有效，但是从长期看，积极策略更有效。（Suls & Fletcher，1985）仅仅是不去想这种体验，你可能渡过难关。然而，很多时候，问题不会消失。比如你可以不理会你的经济问题，可这些问题并不会消失。尽管我们不去想它，感觉可能会好上几天。另外，比如学习成绩差、人际关系不融洽这些问题，它们是不会自生自灭的。所以，为了彻底地消除焦虑，更多时候我们必须去关注这个问题并切实做点什么。……不同类型的应对策略看来是在不同的情境中起作用。】

——人格科学

直接面对问题策略和回避策略互补应用，才会有较好的解决问题的效果。在最大可能的减少应激对个体的伤害性，同时又能长期地解决问题。但现实存在的问题是，很多使用了回避策略的个体，因为暂时解决了当前的威胁刺激的应激情绪反应，忽略了对威胁刺激持续存在的根本解决，所以，会因得过且过的行为方式的模式化，形成心理障碍，影响行为的结果，影响了个体生存条件的实际改善。

当敌对双方都在剑拔弩张的紧张氛围中，任何一点冲动的挑衅都会成为爆发战争的导火索；如果一方能适当暂时性使用回避策略，随即使用问题解决策略，使问题由情绪化中心转移到“问题解决为中心”，对双方因情绪化冲突带来的伤害都会有所减少。

但并不是所有的问题解决都需要回避才会有好的问题解决效果，前提是对有妥善处理解决问题的良好愿望。

35、**主题一句话** 趋利避害是生命生存的基本行为原则，或是飞蛾扑火，或是如履薄冰。人类理性的预感代替“生命的第六感”，是人类生存机制回归自主的进化体现。

趋利避害是生命行为选择的基本准则，是生命保存自我的基本生命机能。

注意力关注行为机制（顾此失彼的利弊，兴奋和抑制的机制作用），利害事件选择当前原则，预感性体验迟钝（侥幸心理），都对趋利避害行为的发生起到制约作用。

集中注意力有利有弊，优势在于集中有限的精力完成有难度的任务；不足在于集中精力于此，排斥了其他主观认为无关的信息，表现出顾此失彼的重大缺憾。如飞蛾扑火，这里“飞蛾扑火”的事件不再是比喻，我们探讨的是生命趋利避害基本机制的原理，飞蛾并不是生命的异类。飞蛾扑火不是为了死亡，这点我们可以确信。飞蛾扑火是为了满足对光和热的需要，我们可以解释为“趋光、向光”等形象的描述。如果飞蛾扑火是为了抑制一种恐惧，如同人类有意的自我毁灭行为一样（自杀），那说明所有的生命都存在逃避的弱点，趋向认为死亡可以让生命解脱、一了百了的错误感觉。任何痛苦都是暂时的，比起有限的生命实体存在时间来说，没有快乐就没有痛苦，感觉到痛苦就说明快乐总是存在。同时，我们也推测，动物自杀性行为客观存在，但存在通过自杀可以抛弃痛苦和恐惧的“想法”是不存在的。也就是说，动物的自杀性行为，可以是因为逃避生存压力的不自觉的行为选择，而不同于人类的逃避恐惧的自觉性自杀行为决策。最“痛苦”的是死亡，死亡意味着生命体不复存在，没有痛苦也没有快乐，根本就没有了意识没有了存在的任何机制。从另外一个方面来说，“痛苦”意味着灵魂、精神还存在，意味着生命的气息还存在，意味着快乐存在的可能和必然，意味着机会。如果死亡了，快乐也不可能了，任何机会都不复存在，那生命还有什么价值呢？价值和希望是维持生命的根本动力，绝望了自然带来的是自我毁灭，偶然的绝望加冲动会带来让自我后悔、让他人惋惜的毁灭行为，长期的绝望会给所有人带来死亡的必然。

我们可以推论，很多低等生命的自杀行为，一方面可能会因为逃避恐惧不自觉选择自杀，另一方面是为了趋于满足有利需要、没有预知伤害意识的自杀性行为。有意自觉选择自杀则属于高级的人类所有了。但是，低等生命具有类似于自杀性的行为，在人类生命过程中并没有被人类的进化完全得以淘汰抛弃，同样还存在类似于“飞蛾扑火”性质的行为，为了当前的“利”，忽略、忽视、不能顾及、难以预计随之而来的“害”。这是所有生命“趋利避害”保存生命机制的弱点和缺憾。对于人来说，“饮鸩止渴”是对人类存在这一行为最好的注释。

为何会有“飞蛾扑火”或“饮鸩止渴”的短见行为发生，和我们的脑机制活动特征是分不开的。首先在于注意的机制。集中注意力，将我们有限的精力全部集中到我们所关注的“利益需要”上，成为当前满足需要行为的指向和焦点。我们的认知、行为是依赖与主观判断的，主观活动的素材依赖于事件前获取的客观信息和当前环境客观的反馈，也就是说，客观的信息输入在事件当前完全取决于“自我对客观环境反馈信息的关注倾向”，当主体集中注意与“满足自利的焦点”，排斥了主观认为无关的大量“客观相关信息”，导致指导行为的认知机制出现偏执、狭隘、错误、“当局者迷”的运行状态，必然产生“飞蛾扑火”为取小利而得大弊甚至丧及生命的缺憾性行为。

对于人类来说，除了注意力存在的弊端导致“飞蛾扑火”行为的发生，还有“情感”因素的影响制约。影响人类飞蛾扑火或者如履薄冰的是指人情感里的情感体验以及情感体验里的预感，也就是对未来危机的当前感受性强度。对危机预感性强的人，表现出未雨绸缪的当前行为；对危机预感性弱的人，表现出只顾当前利益不顾后来损失的行为。对未来事件结果的预感体验，不仅是危机的结果体验，并且有有利的结果体验：预感性强的人，对有利结果的预感则使个体表现出更加自信、更高的期望、更大心理动力的当前行为（极端化则会出现掉以轻心的行为，阳极必阴，心理动力的双向转化），对不利结果的强烈预感使个体表现出谨小慎微、如履薄冰的当前行为（极端则表现为退缩不前、固步自封）。对人类来说，认知来源于体验。直接的体验和间接的体验，这一点可以通过对人类学习过程及效果的研究成果中得以充分体现。人类与生存环境中的生存活动，延续了久远的人类历程，并在这一竞争激烈的艰辛历程中，使人类和其他生命都具备了“利害事件选择当前”的生存行为执行原则，可以借用本能的概念予以描述。当前的利害事件处理需要成为生命体存活行为的第一选择，延续到人类，表现为“只顾眼前、得过且过、侥幸”等行为表现。当然，这样的表现是人类从低等生命延续而来的见证和生存机制的自然延续，也是尚未被人类顺利淘汰并用更有利的生存机制完全替代的缺憾表现。代替这一落后机制的必然是良好的“推理机制”，不仅是认知的推理，更是体验的推理，也就是“预感”的良好建立。孔子所说的“三省吾身”是立足于现在，立足于今天的得失，建立后来的自我行为规则，通过今天的行为避免未来的祸害，这也是一种面对无限未知危机的生存策略。人类的发展进化，促生了人类具备更强的理性，使人类的生存机制具备了更强的推理性，这也是使人类具备更好的机制应对生存的危机和收获生存的优化。虽然动物也有危机的预感，这和我们的第六感是一样的，是生命进化留给我们的潜意识“危机预感体验”，以帮原始低等的生命机制面对生存的危机。随着生命的进化，人类不能再依托于“没有把握的预感”，不能将命运的方向交给难以控制的原始机能，固然，很多影视在神话生命的这一“神秘机能”，如同我们从前对“神”和“宗教”的崇拜过程一样，在我们发现其奥秘的时候，我们才能回归人类自我——自主的生命。

我们在这里强调的预感，不是生活里常说的“潜意识行为”，而是“对未来事件推测结果的先行感受和近似于当前真实体验的强度”，是超于“原始的当前体验”的体验模式，需要理性逻辑推测的结果和已有相关情感因素重组编辑合成的体验，完美地再现于当前，这一机制需要逐渐训练而成。

36、**主题一句话** *反应和刺激在生物活动系统中是相互转化的，反应随即转化为刺激，刺激随即成为了反应，刺激、反应的行为属性是相对而言的。*

【在这一争论的早期，一些研究者也通过比较人格分数与情境对人的行为的预测作用以寻求对“个人—情境”问题的解答。这一研究结果发现，个人与情境都与人的行为相关联。既了解人格，又了解情境，远胜过仅仅获得某一方单面的信息。（Endler & Hunt. 1966. 1968）】

——人格科学

行为的产生是个体机制（人格）加工处理外界刺激（环境）反应（行为）的结果，环境条件诱发了个体的应激反应（个体还有自主反应行为），把行为独立出来，把行为反应和刺激、个体机制（人格）分开，行为则没有任何意义。个人与情境都与人的行为有关的研究发现是人类对自我的进一步认知了解。情境是影响个体生存的条件，机制是个体处理刺激的机能反应规律体系，（把情境改为环境更全面）环境刺激与脑机制的外化表现是“行为”，行为是环境和脑机制交互作用的结果。心理学探讨的就是什么样的刺激引起了个体什么样反应的规律，以此理解人类自我、优化人类自我。

刺激和反应是相互转化的：表现在刺激施加的连续性、行为表达的继发性。一个行为的产生，并不是某个单一刺激的结果，而是一连串相关的单元刺激的结果，而且，当此结果行为得以发生表现，就转变为行为继续的行为自我调整性刺激（反应和刺激属性的转换）。在生物活动系统中，刺激即反应，反应即刺激。运动、联系、发展变化的哲学规律，不仅符合万事万物的存在准则，更适合生命个体行为心理机制存在的准则。

37、**主题一句话**　自主能动行为，人是行为发生的原因；应激行为中，环境是行为发生的“源”因。个体和环境是平等、对立、一体的交互关系体。

【另一种观点来源于行为主义，这种观点在另一个极端，把人看做较大、较复杂的老鼠。就像老鼠对实验室的刺激作出反应一样，人也对环境中的刺激作出反应，其中没有任何主观的控制。我们以目前的方式作出行为反应，只是因为现在或以前所处的环境，而不是因为个体的选择。】

——人格科学

客观地说，行为主义学说的这些观点并不极端，只是对生物个体与环境刺激之间的一个单方面关系进行正态的描述。虽然偏离正态的两种极端情况较少出现，如无刺激（刺激剥夺）及完全刺激（刺激对个体行为的完全控制）。人对环境中的刺激做出反应，作为自我生存的本能需要及衍生相关需要的反应，在个体所有意义行为中占着最基本的不可替代的作用。而行为学派忽略的仅是人类的自主能动性——个体施加刺激与环境的另一方面关系。

但自主并不等同“主观”，因为个体所有的行为都是主观意识加工的结果，不管是潜意识的还是觉意识的。而自主反应是指自我的能动性行为，是个体在经历进化应激反应体验的过程中，为改善生存、更符合自我意愿中的生存，通过经验积累发展出来，个体对存在环境施加积极主动的刺激作用行为。与应激反应的区别是，自主能动行为的发生先于环境的反应，个体是刺激的发生施加者，环境是刺激的接受反应者，于个体的应激行为发生方向相反。应激行为中，环境是刺激的发生者，个体是刺激的接受者和反应者；个体与环境的交互作用过程中，个体和环境是平等、对立、一体的交互关系体。

虽然应激行为和能动行为都是刺激和反应、个体和环境之间的交互关系，但因为刺激发生主体不同则产生对于人类生存发展的意义完全不同。对于任何生命个体的生存，个体和环境的关系最初是以被动的应激反应为行为主体，逐渐发展出以自主的能动反应为行为主体。观察人类今天的行为活动，人类对自然环境和个体对生存劳动生活环境的适应性应激行为虽然仍占有重要的位置，但人类对自然环境的能动作用、个人对劳动生活环境的能动选择及改造，无不体现人类行为和认知的自主进化。

随着人类的发展进化，人类行为中的能动性将在人类自我生存发展的过程中起到越加重要的价值作用，能动性强弱也是生命进化程度的标志，也是个体生存能力的标志——虽然在无限力量的自然环境、广漠的宇宙中人类还是个很弱小的群体存在、个体与社会都是微不足道的存在。

38、**主题一句话** 刺激和反应是一一对应的，一个刺激引起一个反应是必然，但不一定会引起“个体行为”的发生或改变。刺激对行为的影响是起到不断微调的作用，如果把刺激和反应看做是微观行为，个体的行为改变可以相对看做是宏观行为表现。

【是因为他们感到焦虑。但是，斯金纳认为，这种解释是不正确的。他认为，行为“不会因为（你感到）焦虑而改变，这一作用的过程正相反，行为的改变源于对厌恶的应变，而正是由于这一对厌恶的应变产生了感到焦虑的条件。感觉变化和行为变化同源”。(1974)】

——人格科学

虽然刺激—反应可以被看做一个独立的行为互动单元，实际上事物存在是运动、联系、变化、发展的。一个刺激产生相应的反应，但这一反应的结果已成为下一反应的刺激因素的一部分。而且，某一行为的发生，是一个不断接受外界刺激不断调整行为的微观波动过程，不是一个刺激一个行为，而是一个刺激一个反应。

刺激对行为的微调始终存在，但行为的稳定性是受宏观的决策确定得以执行、发生的。斯金纳的说法忽略了经验形成的记忆刺激，或者说是内部刺激、过去储存的体验刺激，简单化了行为产生的刺激多样性。

39、**主题一句话** 一切客观的都需要经历主观的过滤，每个人都是对世界主观的过滤器。教育培训是人类自我优化的行为改善方式，是人类社会的自主能动性表现。

【带来快乐的是那些能给我们强化的强化物。在斯金纳最富争议的一本书——《超越自由与尊严》（1971）中，他认为，我们一直赋予我们的行为以个人的自由和所谓的尊严，现在是超越这一幻想的时候了。我们选择做什么并不依据内心的决定，而只是对环境要求的一种反应。做出了高尚行为的人就赢得尊严，但行为是由外部环境决定，所以这种尊严也只是一个幻想。】

——人格科学

我们不可否认，任何作用于个体的刺激都由个体加工刺激机制产生反应，而且，同样的刺激作用于不同的个体反应也不尽相同。所以，个体发生的这一类行为反应是依赖于个体存在的活动机制得以发生的，是环境刺激作用于个体主观反映的结果——宏观上是个体产生适应环境的行为，微观上每个行为的执行都是主观意识执行的结果，客观也仅是主观世界的“我意识的客观”。有对环境适应的行为，并不能否定另一类行为存在：行为发生是个体自主能动机制产生的、作用与环境的个体自主性行为刺激。行为是由外部环境决定的论述是片面的。

快乐是需要得以满足的情感反应，悲伤是需要未能得以满足的情感反应。强化物将需要的满足物化了——行为的强化既可以通过精神也可以通过物质。强化物，如对行为强化作用的代币物，仅是以个体的直接需要的物质满足，间接连带所强化行为的发生，而不是这一行为结果的直接强化。一种行为的结果和过程是因果关系，但代币物所代表的结果和强化的行为并无因果的联系，完全是人为或者对偶然现象曲解认知建立的关系。不管是因果还是相关关系，都可以对某一行为起到强化或抑制的个体存在塑造作用，这源于行为个体对行为发生发展主观认知的局限性，将表面相关当做了本质的因果存在。

当人们认识到刺激—反应的行为生成关系，巧妙地应用这一反应模式，定向化塑造行为个体，恰是人类能动性在改善个体行为方面的进化反映。社会存在各种教育培训机构都是人类能动性改善自我生存素质的具体表现——虽然有很多是个体所不愿意的，如十年寒窗苦的生活，之所以趋之若鹜正因为这是一条改变自己命运的相关之路，虽然不是因果必然之路（为需要所学才有自我行为的动力）。再如对水平的重视高于对文凭的重视可以算是社会的理性存在。但我们人类社会中的许多个体，发展层次不一，特别是年幼的时期表现出更多的愚昧，所以，“代币物”式的学校控制体系的学习培训还是需要的。想到从师与孔子、从师与亚里士多德的“杏坛”之式，教学和谐，没有行为强制的痛苦，学习的本身、学习的收获就是学习行为的强化，完全的双向自由选择，想必这一改善自我的因果关系在社会发达的未来，会为真实再现。

40、**主题一句话** 任何条件反射都是行为得以强化的模式反映，条件反射可以是自然形成的，可以是人为操作的，经典和操作的区别意义在于条件反射的稳定性程度差异。

【经典条件反射是在已经存在的S—R反射的基础上建立的，与之不同的是，操作条件反射是从有机体（人类或低等动物）自发的行为开始的。当我们把老鼠放进一个新笼子时我们就会观察到这种操作性行为。这个动物不顾一切地乱动、抓、闻、挠，因为这些反应都没有被强化过，但是，如果这些行为中的一个总是跟随着得到一粒食物，这一行为出现的频率就会增加。】

——人格科学

操作性条件反射在非自然状态下，可以理解为是人为的对经典条件反射的能动性操作应用。

对于人类进化的自然历程来说，行为的强化或退化，条件反射是人类行为模式意义得以形成的基本机制。所谓的操作性条件反射，在自然状态下表现为新模式行为的发生机制，操作性条件反射是经典条件反射的临时性条件反射机制，也就是说，操作性条件反射经历固化形成所谓的经典条件反射，经典条件反射通过操作性条件反射得以发生发展。

不管怎样的条件反射，根本的机制在于行为结果的强化和退化导致行为的模式形成。所谓的本能，就是操作性条件反射经过历代生物体长期生存遗传得以固化的结果，而习惯则是操作性条件反射于某一代生命体生存模式的表现——本能和习惯表现为不同稳定程度的生物性生存需要。

41、**主题一句话** 把给予奖励称之为正强化，把消除惩罚称之为负强化，这是相对改变行为的施加者而言的。对于行为主体来说，正强化和负强化都是对自己有利的刺激，实质是没有区别的。

【心理学者发现了两种增加行为频率的基本强化策略。正强化使行为频率增加，是因为这一行为后面跟随着奖励。饥饿的老鼠在每次踩到杠杆之后都会得到一粒食物，于是它就不断地踩杠杆。学生在考试前努力学习，结果得了一个高分，他们就会在所有考试前都努力学习。我们还可以用负强化来增加行为的频率，这时要在行为出现时把不愉快的刺激撤销或减少。老鼠可以在迅速拉动线绳时避免电击，于是老鼠学会了拉动线绳。人们在休息了几分钟之后不头疼了，于是人们很快学会了休息。】

——人格科学

强化和退化导向行为的再次发生，强化物和退化物可以是所从事行为的直接结果，也可以是相关结果。如科学发现，科学发现本身及科学发现造福于社会对科学家来说是所从事科学行为的直接结果，它可以使科学家振奋；科学发现成果带来的社会奖励造福于科学家本人，则是间接结果。如同教师带出优秀的学生一样，家庭培育出出色的孩子一样，培养对象的优异及相关表现是教师和家长培育的直接结果，因培养所带来对自我的回报奖励则是间接结果。

不管是直接还是间接，只要具备强化、退化性的效果，都对个体行为再发生起到刺激导向作用。特别对于高等智慧的生命，更加重视行为本身的或直接结果的刺激意义，低智慧的生命，则无以区分结果和事件行为的因果性和相关性——人类总是在探索世界的因果关系。正强化和负强化是相对施加者人为的区分定义，体现出同一强化行为两种途径相对存在：不管是正强化还是负强化，对于行为个体来说都是有益的，所以有强化发生；对于个体本身的状态来说，正强化是增加了个体需要的利益部分，负强化是减少了个体存在的不利成分，这也是人类对刺激—反应的条件反射机制的发现及人为能动的拓展应用。

42、**主题一句话** 如果对动物行为的研究看做是单项行为，那么人类的行为就是复合行为。因此，将对简单现象的研究推广到复合的实际中去，需要把多样简单系统组合，才能客观描述人类的行为特征。如同看待“奖励”的效果一样，需因人而异。

【对一个情境，人能够考虑出多种应对办法，能够权衡各种可能性，能够对不同的强化做出评价，能够看到长远目标等等。这些批评者并不否定，人会对某一刺激做出不由自主的反应，也不否认人的某些行为是可以制约的。但他们认为，这些都是人类不大重要的行为。我们很难把动物研究数据向人类行为推广，在研究外部强化对内在动机影响的实验中就有这样的例子。研究发现，如果人们已经喜欢某一活动，当给他们奖励去促使他们参加这一活动时，反而会降低他们做出这一行为的频率。(Deci & Ryan，1987)】

——人格科学

本例所提到“奖励”对行为的作用，是强化还是削弱特定行为的发生，不是决定于刺激施加者“认为的奖励属性”，而是由行为发生主体主观需要、认可刺激的“奖励”属性。换成通俗的说法就是，甲认为是好的，但对于乙来说不一定是好的，存在对同一事物的认知评价差异。要用行为发生主体认为是好的刺激事物施加，才会进一步强化某一特定行为。

如某人参加一项喜欢的活动，他沉浸于活动本身的快乐，如果我们为了强化他的这一特定行为，施加了“另外的物质奖励刺激”，他反而会感觉受到了侮辱，会终止我们期望强化的行为——所谓的画蛇添足。中国古代诸子智慧中就明确强调这一点，如何具有针对性地施加刺激，以得到期望的行为发生发展：“夫仁人轻货，不可诱以利，可使出费；勇士轻难，不可惧以患，可使据危；智者达于数，明于理，不可欺以不诚，可示以道理，可使立功……(鬼谷子)”

43、**主题一句话**　控制和接纳是人与环境之间的交互关系特征。

同一种刺激作用于不同的个体，反应可能会有不同，这是个体主观性的反映。主观和自主能动性不是同一概念。不管个体行为是否具备自主能动性，但都具备主观的属性。

我们将行为区分为被动接纳性行为和自主能动控制性行为，仅是根据谁是强势刺激发生的主体、或人与自然间诱发单元交互过程启动的主体是谁，而确立的行为归类标准。评价人与自然环境之间交互作用的关系中，所有使人类不得不接受的活动，“自然环境”是强势刺激发生和交互行为诱发的主体；人类让自然环境不得不接受的所有活动中，人类是强势刺激发生和交互行为诱发的主体。使人类不得不接受“自然环境迫使”的所有活动中，人类的行为被归属为被动接纳行为“反应”；使自然环境不得不接受“人类施加”的所有活动中，人类行为被归属为自主能动行为“刺激”。这样区分归属仅是方便我们进一步探索人类行为的特点，进一步细化分析人类的行为意义。

被动逃避接纳性和自主能动控制性的矛盾在人类行为中得以融合统一：

人类在被动接纳的行为过程中，因为个体行为主观的属性，客观包含了一定程度的自主能动性，如同太极图里黑鱼里的白眼；因为生存实际的需要，个体必须尊重客观存在，自主能动的行为中也必然包含一定的被动接纳性，如同太极图中白鱼里的黑眼。我们区分行为属性的标准，仅限于决定事件发展的主体性表现，而不是涵盖每一个细节，仅是白鱼和黑鱼的区别，暂而忽略眼睛的差异（儿童的认知能力处于非黑即白的二维割裂水平，不能将矛盾的两个互相依存的两个方面统一起来，分辨不出白中之黑、黑中之白。太极图已经是很形象地表示了万事万物矛盾体共存的关系）。

44、**主题一句话** 适应是一个描述个人和环境关系的生活化俗语，体现个体与环境间“适合而应”良好的双向交互关系。

【在西方社会，适应的标志之一是在校表现和在事业上的成就。】

——人格科学

适应不是一个专有的心理学名词，在生活中有很多模糊的应用：相对于改变，适应是顺从，是生存能力弱势的表现，所谓“不能改变则适应”；相对于一个新环境，适应是指能良好地融入新环境，是生存能力强的表现。适应可以理解为一个中性词语，从字面上理解是“适合而相应”，可以理解为被动服从的反应，可以理解为主动控制的反应。适应体现了自我存在感的两个倾向：服从和控制。人与环境之间的交互作用就是以这两种倾向的关系为主的。服从和控制的关系互相转化——自我对外界的高度顺应，就是自我对环境低度控制，自我对环境的低度顺应，就是自我对环境的高度控制；自我对环境的低控制，就是自我对环境的高顺应，自我对环境的高控制，就是自我对环境的低顺应。顺应和控制总是并存的关系，所谓的阴极返阳、阳极返阴，类似于“黑之淡极则白，白之墨极则黑”，在人与环境之间交互而变。

45、**主题一句话** 如果患者更自主，就诱发他自主治疗的动力；如果患者没有自主，治疗师就是他的主人。治疗行为选择以疗效为目标。

【戒烟的治疗也表明，把戒烟和控制点匹配，效果会更好。（Best，1975；Best & Steffy，1975）如果内控者可以支配奖惩，那么他们会表现出最大程度的改善；但对外控者而言，由治疗师负责治疗，效果最好。】

——人格科学

这一研究再次论证因势利导的针对性治疗原则：治疗措施和治疗事件的特征要协调。

46、**主题一句话** 自主能动是人类体验积累而来的有益的行为机制，是人类进化而来的认知和行为财富。因势利导体现了对客观的遵循和自主能动的完美结合。

【越来越多的研究表明，越是内控的人越健康。（Strickland，1978，1979）对工商管理人员的一项研究表明，这些身处高压力职位的人当中，健康的人比患疾病的人更加内控（Kobasa）……如何解释这些研究结果？研究者发现了内控者和外控者在行为上的两个重大差异。这两个差异也许可以解释他们的健康差异。第一，内控的人在健康出现问题时，会采取更多的措施……第二，内控者更愿意采取措施预防疾病。（Seeman，Seeman，& Sayles，1985）】

——人格科学

通过以上资料，我们越来越明晰内控指的是什么。虽然论及的是认知的归因倾向，但这里的内控表现实质指的是生命个体的自主能动性。

自主能动性是伴随人类进化发展而来的重要的生存机能，原始的表现为生命体存在自我保护的潜意识，逐渐发展为觉意识下的生存机能。人类在与生存环境互动的行为过程中，逐渐发现“自主能动”有利于获取生存利益和生存优势的更大效能，和“被动顺从”不同的是会有更多机会出现。

自主能动性成为人类生存认知积累的巨大财富。但并非是越能动就越好，早有“画蛇添足”“吃力不讨好”“好心当做驴肝肺”的能动行为成效的总结，不问情由、不明事理的能动不是有效有利的，脱离实际需要的能动是自欺欺人、刚愎自用的愚昧或者自我强迫。能动性的强弱不是依赖于主观的标准，还依赖于对客观的遵循，能恰当的因势利导是能动性强弱的最高标准：首先是能因势、能遵循客观存在，然后是利导、能调启自我主动，主观的努力和对客观的把握缺一不是有效能动，反之为盲目能动、盲目行为。因此所谓“越内控的人越健康”是论述严密性的失误。

而内、外控差异的对比让我们发现，是“理性”让人类远离愚昧，并因“理性”使人类获取更高的生存机能。所谓的“内控者更愿意采取措施预防疾病”只是人类“防患于未然”“未雨绸缪”能动理性认知的体现。

47、**主题一句话** 人格不仅是和行为相关，人格是行为特征的概括，行为是人格特征的表达。

【人格特质的分数与行为测量之间的相关系数很少能超过0.30或者0.40，这种被戏称为“人格系数”的相关水平从统计学上说只能解释行为变异的10%。虽然这些数字确认了人格与行为相关，但仍然有大量的行为是无法用

单一特质得分数来说明的。】

——人格科学

人格特质仅是从一个形象粗略的视角划分描述人与人之间人格的区别，它不是一个完善包容一切人格因素的人格概念，因此就难以将人类所有的行为做以完全描述。

人格是通过个体整体存在状态得以表现的，我们通常以行为特征的综合表现确定为个体的人格全部，而行为仅是人格得以表现的核心要素——生理、心理的特征都可以通过行为体现在人的社会活动中。

个体间的人格共性综合表现为群体的人格。

人的特质和行为特征是完全相关的，不管特质论能否全面地涵盖人格的全部因素。因为特质就是对人格特征的形象描述，如果是“点三点四”的相关则是测量手段的滞后及分析的刻板。

48、**主题一句话** 跨情境和非跨情境都会存在行为一致性，这是对情景一致性的直接反应，更是个体神经系统“经济简省”活动原则的体现，更是人格稳定性模式存在的体现。人格是你的“过去”（祖辈）、现在（自我）、未来（子孙）三位一体的整合表现。

【米歇尔同时也对跨情境一致性的证据提出了挑战。（Mischel & Pearke，1982，1983）虽然人们的行为在不同情境中表现出明显的一致性，但米歇尔却认为这与实际不符。由于诸多原因，我们容易看到这种行为上的一致性。但若深入考察，它并不真正存在。】

——人格科学

行为跨情境的一致性和特质的稳定性是一组相应的存在。如果说没有一致性就如同说世界上没有两片同样的树叶一样的判断，是将个体特殊性和个体的类别属性相混淆。这是思维辨析的方法障碍。

所谓稳定的特质，是对稳定的人格特征表现和个体的生理性特征的一致性的判断；特质是遗传信息寄托于个体的生理基础经历“现世”体验形成的人格稳定性表现。进一步说，特质就是人格稳定性的代名词，其存在是个体生理特征存在及机能在环境刺激作用下的规律性反应。如果要进一步研究人格的稳定性，可以从人格特征表现和生理特征的关系入手，如血型、身体素质、神经系统状态等。行为跨情境表现出来一定程度的稳定性，是人格稳定性的直接表现。

遗传的信息是以生理基因的方式传达的，个体人格是以个体身体为物质行为基础和执行者、以神经系统结构机能为组织依托和决策者、以个体内外刺激需要为发生和交互运动的统一体。个体脑神经机制的存在是遗传信息经历现实环境刺激的结果，是生物遗传性和环境刺激共同作用的结果。每一个个体都是过去（遗传）、现在（环境条件）、未来（即将发生的行为）三者的一体整合。

49、**主题一句话** 社会赞许、伪装都是保存自我的需要反应。

【“社会赞许”（Social Desirability）反应倾向这是指人们在一定程度上展现自己受人赞许的一面。这与伪装不同，伪装是指人们明知道不准确的方式对测验作出回答……量表上的一个问题，例如如果这一特质的得分仅仅是在一个量表上回答“是”的数字，那么不管题目的内容是什么，有很强默认倾向的人在这一量表上都会得高分。】

——人格科学

“社会赞许”的反应倾向本身就属于人格维度的一种表现。默认倾向、叛逆否定倾向、赞许倾向等习惯性行为心理反应模式大量存在。

50、**主题一句话** 任何事物的存在都是一个利益共同体的表现，建立利益共同体是生命自我维护的“生存智慧”。自主是排除干扰性刺激的理性标志。

【影响你行为的许多S—R联系，研究表明，我们对事物、衣服甚至朋友的喜好都是由这一过程决定的。我的一个朋友喜欢乡村和西部音乐，这是因为他父亲从前常在星期六弹奏这些音乐，而星期六是他最喜欢的一天。在一个实验中，让一位焦虑者与另一个人一起在一间房屋里经历等待。之后，焦虑者会发现与之共同等待的那个人缺乏吸引力。（Riordanh 和 Tedeschi，1983）研究者推断，这是由于等待的焦虑与共同等待的人联系在一起，使焦虑者产生了对那个人的消极反应。】

——人格科学

由此我们发现，人类认知情感行为倾向性的形成，受到了什么样外在的干扰影响作用。

个体行为的倾向性首先是依据个体本身直接的需要产生的，至于爱屋及乌的连带倾向性反应相对是不稳定的，会随着“屋不再爱而不再爱乌”。引起这一不稳定倾向反应行为的建立是认知情感模糊性的表现，对一件事物的直接情感倾向，把相关的事物和这一事物当做一个整体，个体对于个体相关的事物产生连带倾向情感——概括为事物因果关系的连带性反映（认知情感的低发展水平表现，如一好百好、一坏皆腐）。实质上，我们人类认识到任何事物的存在都是某个利益共同体的表现。而且，个体的自主控制感的范围，不仅指向自己，还更多地指向和自己相关的利益共同体（一荣俱荣一毁俱毁的生存经验），这一生存意识指导人类建立各类交往重要原则：打狗还要看主人、爱屋及乌、官官相护、一人得道鸡犬升天、株连九族等，都是维护自我生存的反应。

人类已经认识到倾向干扰模式的存在，已经有通过认知理性的能动处理干扰性倾向情感反应，如一人做事一人当、罪不及亲等社会法律的规则体现人类理性的表现。反过来，人们借助个体非理性情感倾向的形成，能动地创设倾向干扰事物，达到诱导个体倾向性选择的目的，以使目标塑成行为的发生，优化行为存在的状态。现代广告行为是人为干扰情感倾向的最常见表达方式，动画产业中的形象玩偶出售、中国古代的环肥燕瘦、追星产业、权威效应、三十六计中的浑水摸鱼等都是人为干扰倾向机制的应用及表现。同时，受干扰性影响情感倾向选择的能力和个体自我存在的自主控制性能力成负相关关系，受干扰越强，自主性越弱，不受干扰则表现为完全自主。人有智愚，情感倾向干扰——导向行为，在一定程度上评价是对个体认知情感发生弱点的愚弄，如果有明确的选择认知能力，不受导向的作用，则为智士。

这也可以解释“倾向性维护”的个体脑机制的存在了：为了维护自己的观念，一切相关的事物都被个体自然地关注，非利益共同体的则被个体排斥，戴着有色眼镜看世界则是维护自我的原始情感本能性反应。

我们的身心很多时候被我们的生物性所指挥，是因为我们的理性、自主能动性还处于相对弱势的地位。随着人类的发展，我们的理性、智慧越来越多地逆反或叛逆于我们的生物性表现。比如，择偶对身高的选择倾向，高度给人依赖感、安全感、威胁感、强势感。的确站得高就比站得矮看得远，有着得天独厚的空间优势。观察动物的争斗，龇着牙高昂着头，努力占据上位优势，庞大的战胜弱小的，智慧不起主要作用，也就是能动性表现较弱，以身强力壮势力高低为竞争标准，其中，高大的身躯是强势的重要威慑标志，“俯视”在漫长的斗争中发展成为一种强势的心里表现，“仰视”被生物性竞争依附了顺从依赖的弱势心理表现。随着人类大脑的进步、智慧的发展，人类表现出更多的能动性，智慧的力量逐渐突破原始生物性竞争强势因素的约束，个体的身强力壮不再是竞争优势的主要因素，以智慧借助环境中一切力量的能力成为竞争优势的核心因素。

51、**主题一句话** 连带性刺激反应因为认知归因的关联，使个体表现出很多莫名其妙的行为。连带性刺激反应产生的倾向多样，表现为创造时是优势，表现为偏执时是缺点。行为的连带性刺激反应是神经系统相关活动机制的表现。

【尽管父母或心理治疗师的本意是削弱某一行为，孩子可能会把其他行为与惩罚联系起来。例如，一个孩子因为把玩具扔向窗户而受到惩罚，结果这个孩子可能再也不玩玩具了。另外根据经典条件反射原理，伴随着惩罚的沮丧感可能会与实践惩罚的人联系起来。挨父母打的孩子会把父母与挨打的痛苦联系起来。】

——人格科学

这是一个非常重要的发现：某一刺激引起的行为反应泛化或者扩大化——即连带性刺激—反应（倾向性自我意识归因是影响这一刺激反应发生的关键因素）。

很多莫名其妙的身心疾病往往都是对刺激的连带反应的结果（身心的连带反应是其中的一类常见的连带性反应），（对事物因果关系的）连带性刺激—反应是认知情感水平发展较低的表现。如上例所说孩子因为惩罚不仅是不再向窗户扔玩具了，而且连带到所有和玩具相关的行为，如不再接触玩具，认为都是玩具惹的祸；再如损坏机器受到惩戒的员工，不认为是自己操作行为的过错，反而认为是机器损坏惹的祸，或者是发现报告机器损坏人的错等等连带性反应。还有，被惩罚的孩子不仅把受惩罚行为和惩罚联系起来，还会把惩罚的痛苦与施加惩罚的人或物及相关情景建立关联，表现出刺激反应的连带。例如很多莫名的恐惧，黑夜里雷电引起的恐惧使个体惧怕黑夜，对个体社交行为的陌生焦虑引起个体对广场的恐惧。我们可以发现，不管刺激—反应如何连带，都脱离不了刺激当时发生的情景。

而我们对某一事物深刻全面有效的认知依赖于它所依附的背景。由此我们可以发现，人的认知发生机能表现了联系认知（或相关认知）的自然规律。矛盾、发展、变化、联系的自然事物存在规律，不仅表现在自然事物的状态之中，同样表现在人类认知行为的机能当中。人类在认知的时候也容易发生以偏概全的现象，认知的机能表现出片面性，这就是认知行为的矛盾——即依赖于背景环境，又不能全面把握认知情景所有的内部联系。如同认知一个人，看到的是一个由部分关联的整体人的形象，但保存在记忆中的仅是被关注个体的部分特征。

52、**主题一句话** 一个刺激单位、一个刺激系统、一个刺激情境，接受多少总为主观感受所确定。世界事物的相似性、相关性让我们的认知行为也具备相关活动机制，迁移是脑相关活动机制的机能表现。

【行为主义者认为，我们的许多让人烦恼的恐惧就是这样形成的。例如，我们可能记不清楚什么时候一座桥和一条蛇曾与自己当时的恐惧连在一起。这种联系可能发生在很久以前，或者是在我们没有意识到的情况下发生的。】

——人格科学

对刺激产生直接的恐惧或喜爱的情绪反应，我们很容易理解。但事物提供的刺激往往是一个事物的“情境”，或者说是一个“刺激系统”，这个刺激系统的范畴却不是能得以固定的，而是由接受刺激个体的主观感受决定的。也就是说，接受刺激的个体关注到“感受情境”中什么因素，这些因素的“集合”就是个体感受到的一个“刺激系统”或者一个“刺激单位”。一只令人恐惧的猛虎，我们感受到了，可能恐惧于它暴怒的圆眼，可能恐惧于它长长的獠牙，可能恐惧于它粗犷的斑纹，可能恐惧于它利爪崛起的飞扬尘土等等。在这一刺激单位里，为我们特别关注的则是主要刺激因素，其余的就是一些附属刺激因素。容易为我们理解的是引起情绪反应的直接刺激因素，如对猛虎的恐惧，我们恐惧被猛虎所伤害，假如它伤害不到我们，再长再锋利的虎牙也仅是我们的家具装饰品。不容易为我们理解的是那些相关连带刺激引起的身心反应，我们可能会不理解为什么会恐惧带斑纹的装饰，不理解为什么会惶恐飞扬的尘土。

因为事物现象的相似性或者相关性，使我们人类认识具备迁移（神经活动的基本方式：相关联动）的机能，它既有利于我们，让我们表现出举一反三的智慧；同时又有不利于我们，使我们出现混淆认知，出现连带的情感反应（也就是所谓的泛化反应）。有时候我们不明白为什么会爱上一个人，好像爱情总让我们糊里糊涂。其实，爱情产生于一个刺激单位一个刺激系统，为我们所爱的对象，他（她）的哪些方面是诱发我们爱之切切的主要因素，我们总是无暇顾及。是生理气味的吸引（原始的求偶因素），是姣好的体形（不同时代不同的标准），是嫩滑的肌肤、健壮的体魄，是健康生理的需要，沉鱼落雁的美貌，还是温柔体贴的性格，或是横溢的才华等等。爱不是糊里糊涂，是我们的潜意识“愚弄左右”了我们，为柏拉图所蒙蔽。热恋是一种积极关

注（特别注意）状态下的行为，强大吸引力的因素，占据我们有限的注意力关注资源，我们只能看到“西施的魅力”，排斥感受“东施效颦”的缺憾。如果爱情失误，那是我们注意力缺陷所致，而且个体注意力范围和目标吸引力强弱成显著相关关系——爱的吸引力逐渐减弱的时候，我们的注意范围会越来越大，缺点逐渐暴露。如果再有新的目标选择出现，必将因为注意力的转移导致原目标缺点的情绪性无限放大，烦腻厌恶的感受会在此时充分地滋生，愚弄左右情侣间原有的感情关系。一叶障目不见泰山、以偏概全不是我们有意的，不是我们的道德问题，是我们机能弱点的体现，使我们有必要借助道德标准约束我们被潜意识愚弄的感情选择，更有必要借助觉意识形成对爱的对象较全面的理解，尽可能消除“情人眼里出西施”的偏颇性情感选择结果。

53、**主题一句话** 你曾经的必然选择并不是唯一的，我们倾向中的必然是自主的作用，倾向中的偶然受环境的限制。

【另几位研究者考察了5到25个月孩子的玩具和衣服（Pomerleau，Bolduc，Malcuit，&&Cossette，1990），他们发现，女孩比男孩更喜欢娃娃和过家家玩具。男孩更喜欢运动器材、工具和汽车。一点也不奇怪的是，女孩更喜欢粉红色衣服，男孩喜欢蓝色衣服。显然，从很小的时候起，男孩、女孩就被区别对待了。】

——人格科学

行为兴趣爱好的选择，很多是社会化模式作用的结果。也许这是在向我们说明，你所喜欢的“那个”不是上天注定的，一切选择的结果都不是确定、唯一的。我们的选择之所以是我们的选择，是我们所处的环境作用的结果，换作另一种环境，将是另一个“必然”选择。我们的兴趣爱好同样是这样，包括我们的伴侣，每一种选择看似是必然，所谓的上天注定，其实，你所选择的仅是在一个特定环境中的必然，在更大的环境中却是偶然。

54、**主题一句话** 行为的消退和形成都可以称之为“行为塑造”。

【行为主义治疗师可能会使用一种叫做塑造的技术，这种技术是去强化一系列与期望行为相接近的行为。】

——人格科学

行为的消失和形成，分别可以通过“脱敏和塑造”的方式完成。一种行为的消失必然是另一种相关替代行为的产生，因此脱敏和塑造是统一于改善个体行为的两种不同方式。在脱敏和塑造行为中，行为发生发展分级的依据则是“刺激反应的连带性”反应——相关的行为、最近发展的行为连带发生。

55、**主题一句话** 操作条件反射的程序复杂化了，我们可以发现，为增加行为正负强化的应用，行为之后“给以奖励”和“撤销厌恶刺激”是同样的奖励意义。

表1 操作条件反射程序

程序	目的	应用
正强化	增加行为	行为之后给以奖励
负强化	增加行为	行为之后撤销厌恶刺激
无强化	减少行为	无刺激
惩罚	减少行为	行为之后给予厌恶刺激或撤销正面刺激

——人格科学

这一程序的设置是混乱的。对行为来说，表现的效应不是强化就是退化，差异在强化、退化的程度不同。正负强化不是两个不同程度的强化级别，而是同一强化方向的两个不同方式，如死刑犯因功劳获奖，是给他死后可以带走的荣誉还是给他减刑的自由更能强化他的功劳行为呢？正负强化是人类如何创设强化刺激方式向自然学习的技巧和发现，并不在于强化程度的区别。退化也是这样，未能得到强化，行为表现出淡化，表现为退化刺激的程度不同，淡化本身就是对行为期望的惩罚——管子所说“举事则欲成”是生命的生物性表现，也就是说，人类从事的行为都是有所目的的（觉意识或潜意识），从事某一行为的第一期望就是目标实现，不能实现就是失败刺激。

实质上，人类所有的复杂行为及其意义形成的基本原理在于条件反射，被动接纳式行为反应或者自主能动性行为刺激的发生发展，都受到这一机制的左右和塑成——可以概括为行为的倾向性；行为的发生发展还受到个体生物感受性的变化所制约，感受性的变化是刺激的强度和个体反应的效度之间变化关系的衡量标志。随着人类进化、智慧的发展，人的生物性中不利于生存的成分逐渐被利于生存的理性智慧能动所代替。

56、**主题一句话** 交往不仅是一种爱好更是一种生存必需的技能。对交往技巧的重视及应用，也是经历了由自发到自觉的行为发展进程。

【另一研究发现，孤独者更喜欢给陌生人提建议，当与室友交谈时，他们会更少地承认别人说的话。（Sloan 和 Solano，1984）另外，孤独者更倾向于扮演“被动交往角色”（Vtkus 和 Horowitz，1987），也就是说，他们不会做太多努力去加入谈话。那么很明显，我们常常会不喜欢与孤独者谈话，这并不是孤独者有意这样粗鲁无礼，而是他们也不明白他们的交往风格是那些很可能成为朋友的人远离了他们。】

——人格科学

个体交往的能力，不仅是技能技巧问题，深受个体生物性及认知情感特点的影响。也就是说，有的人就是不喜欢交往，有的人就是喜欢交往；有的人自然受他人的欢迎，有的人很难得到他人的欢迎。概括地说，热情洋溢、活泼爱动、坦率真诚的人总是受人欢迎，并且其交往的关系建立也比较融洽，反之则人际关系较僵化；交往更多地表现为一种“自我爱好”驱使的行为，纵然交往的技能也很重要。

由此可以看出，个体交往行为的特征和其人格因素有着密切的关系，而至于交往技能，是可以通过训练可以得到的。乐于交往的人，其交往过程中自然体现着很多交往的技能技巧，如果将交往技能变成交往的自觉行为因素，其交往成效会更加显著；不乐于交往的人，在交往中很难体现交往融洽的相关因素，但通过将交往技能变成交往的自觉行为因素，也会提高其交往的成效。对于一部分具备“热情”人格的个体来说，交往表现得很自然，交往也是一种快乐；对于一部分具备“孤傲”的人来说，交往表现得过于程序化，交往不会给他们期望的快乐。我们可以推测，交往的技能技巧的产生，就是通过这些善于交往的热情似火的一部分人演绎而来的，也是有一个由自发到自觉的发生过程，由潜意识到觉意识的发展过程。对于任何一个人来说，交往技能的发展也遵循用进废退的原则。

57、**主题一句话** 行为是思想、心理的物化，对人类自我的理解，使我们探索自己的行为，探索自己的大脑，探索和我们生命相关的一切。

【1924 年，华生出版《行为主义》一书，这是他在重新界定自己理论方面迈出的重要一步。他认为，如果心理学要成为一门科学，就必须停止对脑的研究。那些专注于意识、精神和思维的研究者并没有投身于正统的科学研究。只有可观察的事物才是合理的、属于科学研究的课题。由于我们主观的内在感受不能被观察到，也不能取得一致的、精确的测量，所以这些主观感受在客观的科学中是没有地位的。华生坚信，心理学者越早放弃这种研究，

心理学就会越早在科学界受到承认。】

——人格科学

认知的倾向性特别在专注于某一目标时，“热聚效应”表现就特别突出，容易导致失之偏颇。华生认识到行为的存在发生对现实环境的影响价值，即只有人类发生的行为才有人类存在影响的意义，个体的存在是以行为发生得以具体表现的，没有行为发生就没有对生存环境产生任何影响。“行为”和“思想”相比，当思想没有外现，思想就不具备影响存在变化的当前意义。从这一角度，我们可以看出行为是思想的“物质化”表象，失去行为外现的载体，思想不复存在的价值。但反过来观察，任何行为都是在思想的决策下完成的，不管是潜意识行为还是觉意识行为。因此，行为学派将行为凸显，可以认可其科学探索的意图，但因此否定行为的根源存在价值，则是“取之桑榆失之东隅”，也是对自己发现的思想存在价值的否定。

华生的探索让我们重视行为对存在环境的实际影响价值，同时引起我们对行为发生的思考，特别是由思想到行为的转化过程，即“执行力”的探索——只有转化为行为的思想才有作用于环境的存在意义，类似于只有转化为生产力的科学成果才有社会价值的意义一样。中国文化强调，任何事情发生于思虑，成于务，也就是要通过实际行动才能实现内心的想法，体现了系统认知人类行为存在意义的观念。

58、**主题一句话** 行为的自主能动性是生命间生存状态差异的关键因素。牺牲是人类衡量利弊的能动性选择。

【这些工作使华生确信，几个关键的条件反射原理就足以用来解释人类几乎所有的行为。在他看来，人格就是“我们习惯系统的最终产物”。】

——人格科学

华生的论断是客观的，人的行为发生宏观探究是简单的，和人格是行为模式表现的认知是一致的。刺激—反应是所有事物存在的基本活动模式结构，生物和非生物都存在（一分为二的认知方式）。

生物对刺激的反应存在生物性加工机制，非生物对刺激的反应表现出简单的物理化学机械反应。人类不同于一般的生物，他是具备更高级精神活动机能的生物体。虽然人类不能脱离生物体的一般加工机能的限制，但也拥有独特发展水平的“生命能动性”加工机能。也就是说，人不仅是被动接受外界的刺激作用，反过来，人的心理、精神还具备较强的能动作用于外界生存环境的机能——比起一般的生物，人类与自然的斗争中，伴随进化表现出更多对自然的叛逆，不再是逆来顺受的被动适应，越来越多自主行为；不仅是为自然驱使，反而要因势利导驱使自然为人类的生存服务。

如果将本研究表现得极端些，强调生命存在自主的方面，那就是“能动人格心理学”：强调人的能动性对生存环境因势利导的作用，强调能动带来避免被动争取主动的行为成效，强调心理决策转化为实际行动的执行机制，强调个体生命自我生存控制需要的生物性意义，强调以中庸思想统合心理学发展所有成果的观念，强调人类生命行为如何表现运动需要、发展、联系、变化的规律等。华生发现刺激反应是自然事物间互相作用的基本模式，强调环境刺激对人类行为的塑造，忽略了人对环境的能动刺激作用。能动刺激作用于自然环境的机制存在，不是人类所特有的，是所有生物所特有的，不同生物有着和生物体进化水平相适应的身心机制、所表现出的机能的层次差异——而人类进化具备了更突出的能动机制。

如以小的利益损失获取更大的利益，则是人类能动性控制自我行为的重要反映，其中自我牺牲是其极限自主能动反应的表现：自我存在是基本的需求，当自我控制不了环境的威胁境况下，个体衡量利弊，为了自我利益共同体（相关亲人、相关利益群体或个人）获取更大的利益，从而自主选择牺牲自我存在。动物当中也存在自主牺牲的现象，与人类的自主牺牲有意识层次的差异，人类表现出更多的觉意识自主牺牲，动物表现出的更多是潜意识的自我牺牲行为。

59、**主题一句话** 能与大自然力量抗衡的是人类群体的力量，美国电影《人民公敌》，是对群体力量积弱成强和个体力量强而弱小最形象的说明。个人英雄主义必然融入有机群体的范畴。

【华生对基本条件反射原理的作用有足够的信心。他的最夸张的论调就是：如果能对环境进行足够的控制，心理学者可以把一个孩子塑造成他们想让他成为的任意一种人。对这一论调，华生后来也承认是“有失事实”。他曾写道，“给我十几个健康的婴儿，让我在自己建构的特殊世界里把他们养大，我保证能够随机地把他们训练成为任何一种类型的专家——医生、律师、艺术家、巨商甚至乞丐和盗贼”（1924/1970）。他承诺，他能做到这一点，无论这些孩子遗传了什么样的能力、智力，也不论他的出身如何。】

——人格科学

虽然有些夸张外界刺激对人类个体的塑造作用，但不否认这种极端情况的存在。人与自然是互动的作用过程，如果自然的势力占绝对控制人类生存的优势，人类必然处于被动劣势境界，人类身心行为表现出更多地被自然塑造的表象；反之，如果人类的能动势力逐渐增强，足以与自然势力相抗衡，人类将会逐渐找到人类自我的自主（类似于个体自我的自主形成），人类的身心行为必然表现出更多的自主塑造的成分，自然世界必然将表现出更多的人类塑造的痕迹。

世界发展的趋势，自然必将更多地为人类所征服，人类将逐渐发现自主的宇宙存在意义。华生的这段看似夸张表述没错，仅是描述了自然界刺激反应互相塑造的一个极端现象——前提是足够强势的塑造刺激存在。

60、**主题一句话** 感受性是我们行为隐性或显性表达的决策依据，有刺激施加必然就有反应结果，忽略是生命行为必要的机制。

【班杜拉还认为，大部分行为是在没有外部强化或惩罚的情况下发生的，除非极个别的情绪，如战俘营。否则我们日常的大部分行为都是由被班杜拉称作自我调节的机制所控制的。】

——人格科学

任何行为都依赖于个体的“自主调节”，无一例外，这也是生物人和机器人的根本区别。行为以生命的存在为前提，所有的行为都是个体主观控制的结果，不是自主控制对外界威胁的适应性反应，就是自主控制对外界环境的控制性刺激。总之，个体自主控制是生命个体组织行为的基本模式，行为的发生是主观的，行为的存在是客观的，主观中包含客观因素，客观中充满个性的主观。

任何行为表达都有反应，至于是奖励强化还是消退惩罚，决定于个体的感受性判断。很多反应是微弱的，通常被我们忽略的，但并不是没有外部强化或惩戒的情况下发生的。

61、**主题一句话** 记忆是推理行为发生的前提。

【与铃声同时出现几次后，巴甫洛夫只响铃而不给肉末。怎么样了呢？几乎所有的心理学学生都知道，尽管没有肉末出现，狗一听到铃声就流口水。】

——人格科学

这是记忆诱发的间接反射，如果狗对它不感兴趣的铃声和饮食行为之间的出现关系没有记忆，这一条件反射不可能存在。实质上，铃声和食物同时出现，在狗的“认知”中建立了铃声和食物是一体化的联系，但根本还在于饮食需要的满足，所以听到铃声也能产生取食行为。认知不是人类特有的机能，狗对食物、气味、主人的分辨有它独特的表现。

62、**主题一句话** 人类的自大是人类暂时性愚昧的表现，我们把由此及彼的迁移叫做推理，低级生命也具备这一机能，只是人类的属于更高层次的觉意识水平。

【比如，如果你把绿灯和巴甫洛夫的铃声联系起来，过一段时间后，狗会一见绿灯就流口水。这种在一个条件性的S－R联系上建立另一个S－R联系的过程叫次级条件反射。】

——人格科学

刺激条件反射的存在，也可以看做是狗或部分低等级生物的原始推理机能的表现——由此及彼。人类的推理能力，和其他类生物推理机能表现的区别是层次不同，人的推理机能表现在觉意识层次，其他生物表现在潜意识层次——很多动物由此及彼的直觉比人类还要发达，如狗、蚂蚁、鱼对地震的“先机感知”。我想，应该把人类从万物之灵的神台上拉下来，人类才能真正地认识到人类的自大与人为的隔阂，并以虔诚的心态和自然万物建立更加有益自我生存的关系。

63、**主题一句话** 行为的选择和自我对行为难度的喜好相关，也可以说是对行为难度的感受性决定具体行为的延续。

【在教授一种复杂行为时，塑造特别有用。如果一步步地进行强化，孩子们就会喜欢阅读。但是如果学习字母、发音和单词都特别困难而且不愉快，孩子就不愿意继续阅读句子和故事了。】

——人格科学

行为因目标的存在具备难易的行为属性，行为的发生、发展和个体对行为感受的难度存在倒“U”型相关关系，太难、太容易都难以引起行为的发生发展，略有难度的行为易于引起行为的发生发展。

有的个体喜欢挑战高难度的行为，这是因为个体行为难度感受性的变化（感受性的变化用提升和降低容易混淆，用迟钝、敏感较形象易于理解区分）。我们普通人经历了很多的行为，感受性在逐渐迟钝，导致千里之堤毁于蚁穴的现象发生。而对于智者，以认知的能动性，保持敏锐的认知行为感受性，总能防患于未然、未雨绸缪、胜于不战、医于常态，享受拥有“行成于易”的超然生存状态。故孔子有“如履薄冰战战兢兢”谦恭面对生存的心态。对于个体身心行为的发生发展，存在两大重要现象，一个是最近发展区，一个是发展关键期。

64、**主题一句话** 人之所以是人、人之所以为人，理由很简单，有着作为人的生存机制，有着作为人的智慧。从顺从自然到与自然和谐，也许会脱离“地球环境的限制”，走进更深广的生存环境——宇宙。

【班杜拉抛弃了激进行为主义认为人类是由外界刺激来塑造的、被动的接受者的观点。人当然会对环境中的事件做出反应，人也会因为外界的奖励或惩罚而学会各种行为。但是，人拥有“之所以是人”的能力。】

——人格心理学

人之所以是人的能力就在于我们拥有比其他生命更高级的生存机制，人之所以为人是人与环境的交互和人类较高层次的自主性共同作用的结果。

人是自然的一部分，也可以说人是自己选择了自己的命运。但前提是自然赐予了人类独特的大脑，使人类拥有了属于人类的一切。自然生物是随着运动繁衍的变迁逐渐发展的，生存环境在变，个体的生存机能在变化，生物和生存的环境密切相容。在生命的初期，生物的生存机能以新生命的形式开始发展（一种生命总是从另外一种事物延续而来的，我们无法细究起源。但当自然催生物质拥有了一种生命的方式，我们可以说这一生命机能开始了发展）。生物拥有生命的本质，因此拥有生命的一切特征：存在保持性、运动性、自主性，我们通常把“存在和自主”整合起来为“自主存在”（生活常谓“自我存在”），即是生命都有保存自我活动状态的根本机能；运动则是所有自然事物的本质属性，对于生命来说，运动是生物性的自主运动，有运动才是生命的体现。虽然生命在初始时期，生存机制的机能是和当时生存环境相适应的较低水平，生物表现出对自然的依赖和顺从更多，但因为拥有生命“自主”的本质，使生命的自主能动性逐渐发展。特别是自然赋予的人类的大脑，是人类得以脱颖而出的生物性前提，在所有的地球生命中，人类的自主能动性发展的最为高级，虽然相对自然的威胁还嫌脆弱。

人类和其他生命一样，经历了依赖自然顺从自然，到依托自主抗衡自然的现代阶段，未来将达到依托自然控制自然服务于人类生存的阶段。人类生存机能中的自主，也是从顺应自然行为（哪里有食物哪里就有生命），到模仿自然行为（阴阳辨物张弛休憩），再到创造自然行为（发明创造晴雨控制）逐步得以建立的。人之所以为人，在于人拥有较高的“自主能动”机能。

65、**主题一句话** 环境限制人类行为，人类行为影响了环境的变化；确切地说，组成环境的生命因素互相限制，互相影响，是互相制约和互相支持的共生体。

【在班杜拉的模型中，不仅环境会影响行为，行为也可能影响环境。】

——人格科学

班杜拉的模型比较客观地描述了行为和环境的依存关系：个体的行为和环境之间是交互的。

今天的人类，不再是停留在对自然的依赖，更多地表现出对自然的征服和控制，人类因势利导借助自然的力量发展自我，同时更依赖于自主的力量创造自然，实践着人类生存的最优化。

个体行为的发展和群体行为的发展相一致：个体从被环境制约发展到不被环境制约，甚而制约环境的存在，和群体与环境的发生关系是一致的。行为对环境的影响不再是可能而是自始至终一定、一直存在的，区别在于行为对环境影响控制力的大小。

66、**主题一句话** 将学习的知识转化为融会贯通的、可以应用的智慧，才是真正的学习，能融入我们思想，成为我们的内心理念的知识，能及我们“所熟记”的十分之一部分就是万幸。

【社会认知理论对理解人类行为和人格的最重要贡献，莫过于创立了替代学习或称观察学习的概念。班杜拉认为，学习并不仅仅发生在经典条件反射和操作条件反射中。我们也能通过看、读或听说别人怎样行为来学习，许多行为很复杂，所以不能通过强化或惩罚这样缓慢的进程来学习。例如，我们不能把飞行员放在飞机座舱里，然后通过强化其正确行为，惩罚其错误行为来教他飞行。】

——人格科学

模仿的行为和自发的行为区别很大。模仿的行为是知其然而不知其所以然的行为，行为表现缺乏自主约束性，随意性变化可能较大；而自主需要发生的行为，是个体原发的，行为的模式不会轻易出现随意的变化。正因为这样的区别，我们就可以理解人与人的“事在人为能动性”的差别。

怎样才能优化生存、更好地生存，自古至今人类拥有指导人类自我生存优化知识不可穷尽，事实上能够做到的还是少数人，虽然“知道或者看到”的人很多。为何有这么大的差异？理解了很多至理名言，有利于自我生存的智慧策略，但生存依然很窘迫？我们可以判断，不同的学习方式造成的不同的学习效果起到至关重要的作用。

间接地经验获取学习毕竟不同于经历体验的学习效果，间接学习的内容信息量大，但能变为自主指导自我行为的理念却微乎其微。孔子说，温故而知新不亦乐乎，不仅是强调复习和学习新知的关系，更在于强调多次的温习，会从温习的旧知识里发现新的理解或者更全面的理解，逐渐把间接获取的知识转化为自主观念的一部分，也就是进一步接近知识发现者的体验感受，并将之转化为自己的行为决策观念。

由此看来，行为发生的方式（模仿或自发）影响行为效果，个体的学习能力（接受能力感悟能力）也对行为的效果起到非常关键的作用。有的人不学则会，有的人学而不会；有的人在此处学而不会，在彼处不学则会；个体的学习机能差异、学习方式差异共同影响着个体的生存行为的发生发展。现代教育中，重视传授中的知识体验的过程，也反映了人类对学习效能的认知更近了一步。

67、**主题一句话** 任何行为塑成都得益于行为结果奖惩的反馈，但并不是所有的奖惩都是“显性给予的”，多数行为的延续根据的奖惩反馈都是隐性存在的。

【社会学习理论者把行为主义的基本观点进行了扩充。洛特认为，给予奖励和惩罚后，由于人的期望改变了，所以行为可能会改变。】

——人格科学

任何行为的结果都是这一行为继续发展的反馈性导向：满意的结果，这一行为将得以继续，不满意的结果将阻碍这一行为的继续。任何一个正在发生的行为，都具备奖励和惩罚的结果（奖励和惩罚是矛盾的统一体，两种可能最终是一种结果表现，或者奖励或者惩罚，或者既有奖励的成分也有惩罚的成分）。行为总是在变化，不是被强化就是被消退；不是“所以可能会改变”而是一定会改变，可能的是期望中的定向改变。至于预期就是自我暗示的作用，会诱发个体机制在目标行为中，表现出更良好的机能或者较差的行为机能，影响目标的达成。

68、**主题一句话** 泛化是什么？就是脑机制活动相关性迁移的反应。正因为迁移的存在，是我们可以有能力发现事物之间的联系，才有知识发生。

【如果对每个不同情境都要学习一种新反应，操作条件反射就很有局限性

了。幸好，由于有泛化现象，所以情况并非如此。例如，被训练去啄大的红圈的鸽子也会去啄橘黄色的小圈。】

——人格科学

迁移为人类的智慧之源，是人类身心发展中对“联系规律”的体现，也是事物变化之中仍是相互联系的根源——哲学的描述，宇宙的现在是建立在过去存在的基础之上的。人类的认知、行为的发展，举一反三、以不变应万变是凭借“以彼及此（模仿）、以此及彼（推理）”的迁移机能为基础的——金庸武侠之功“以彼之道还彼之身”是迁移应用的形象化反映。

69、**主题一句话** 行为的执行机制和认知机制同样复杂，也是一个微调成行的过程。

【设想在聚会上有人侮辱你，你会做出怎样的反应？你会在几种反应中作出选择：你可能理智地淡然处理；你可能平静地说“这太过分了”，并要求他向你赔礼道歉；你可能很气愤，大叫着什么，还击他；你也可能只是走开而已。预言在这种情况下你会作出什么反应的关键在于，要理解洛特所说的每一种选择的行为潜能是什么，行为潜能就是在某一特定场合做出某种反应的可能性。对于这一侮辱，每一种可能的反应都有不同的行为潜能。如果你因为有人侮辱你而尖叫，就意味着对你来说，这一反应的行为潜能比其他可能反应的行为潜能大。】

——人格科学

这里反映的是行为执行的机制问题。行为，由心理决策到身体力行，经历一个表达外化的过程。很多人具备“茶壶里煮饺子”——有货道不出来、有想法却落实不了的行为特征，则是行为执行机制薄弱的现象。

浮想翩翩却不成一事的执行力缺失原因在哪里呢？

首先，决策是认知主观的成果，和现实总有一定的距离。决策的主观属性，使我们的执行遇到客观的障碍显得非常普遍，尽管我们已经关注依据科学的方法靠近客观做决策。主、客观的差异导致的执行障碍是执行的第一门槛。

其次，人格倾向决定个体的行为行动力则是执行力的第二门槛。行动力是个体行为习惯的一个特征，有的人三思而后行（谨慎型或迟滞型），有的人习惯于想到哪里做到哪里（爽利型或鲁莽型）；思考过多没行动和没有思考的行动是行动力的两个极端。思考过多没行动表现为犹豫迟滞，没有思考的行动表现为鲁莽。很显然，鲁莽者表现出极高的行动力，虽然这一极端不是我们期望的行动力理想状态。个体的人格特征倾向决定了行动力的倾向。以接纳倾向为行为主体特征的个体，行为执行表现出被动、逃避、接纳，以控制倾向为行为主体特征的个体，表现出能动、攻击、控制。对于接纳型的个体，行为或是不得已而为的——得过且过的结果，或者是不假思索的完全被动执行的结果，是两个行为极端的表现；对于控制型的个体，行为和认知思维决策协调性较好。控制型的个体，智慧能动性是决策及行为的核心，表现出较恰当的环境控制和事件控制的主动地位。

再次，因为行为和决策是个微观动态协调的依存关系，具体说，在行为尚未发生，决策行为的选择则有无数可能。所以，行为决策的品质——意志力、决断力等是行为的执行的第三门槛。面对瞬息万变的生存环境，很多刺激是完全意想不到或者不如所料的，对新出现的机会能及时抓住需要依靠良好的变通决断力；很多困难也是突发的，个体执行初衷需要意志力维持并不断强化或适当调整初衷，而不是轻易放弃或改变初衷。变通决断力和意志维持力好像是两个相互矛盾的行为决策品质，良好的决策品质是二者的统一协调，能共同为自我存在的最佳生存利益服务。

行为的潜能用行为的倾向予以描述更为确切。稳定人格的个体，在环境中表现出相对稳定的行为倾向——习惯性行为反应。但因为环境的多样性，面对环境的变化，同一人格个体会因此有相应变化。

70、**主题一句话** 期望就是行为发生发展的目标和动力，所有的行为都是被期望联系起来的。期望是行为的起源。

【同样，当你要决定是否参加舞会时，你会要考虑你能不能在舞会上玩得开心。洛特把这样的估计叫做期望。显然，人的期望是基于上一次在相似情境中的感觉如何而得出的。如果开夜车总是能使你得到好成绩，那么你就对开夜车能再次取得好成绩抱较高期望。如果你在舞会上从未开心过，你对去舞会能玩得开心的期望就很小。】

——人格科学

期望是建立在已有认知基础之上的认知重组，期望的产生受到多方面的成因影响，可能是经历，可能是阅历，可能是幻想。

经历是亲身的体验，阅历是间接的模仿体验——知道某一种状态存在，幻想则完全在于自己大脑的认知重组——自我创新。我们的行为被意识目标“期望”左右着，很多过程性行为是没有明确反馈结果的行为，比如学习中的

“开夜车”。大家都在开夜车没日没夜地学习，题海战术，但效果如何却没有及时性检测反馈，是投入过量还是投入不及都没有可以衡量的标准，更多的是无暇衡量，很多人都在做着，仅是朝向一个期望“奋力”的行动着，完全是只问过程不问结果的“风险投入”行为。从这个角度评价，多数人是自己人生价值的风险投资家。

71、**主题一句话** 最初，人类的知识来源于实践，实践一直是人类乃及所有生命学习的主要方式。后来有了“浓缩知识的间接学习”方式——学校机构的建立，人们便将直接学习忽略。人的行为是刺激反应递级完成的结果。

【班杜拉的理论检验了在内在事件、环境和行为间的相互作用；行为主义把自己的研究局限在可观察事件中，而班杜拉的社会—认知模式强调了如期望、预期结果等这样的内在特点；行为主义者通过经典条件反射和操作条件反射来解释新行为的获得，而班杜拉的理论加入了观察学习。同时，班杜拉的社会—认知理论对行为主义所详尽阐述的基本概念也并不否认。】

——人格科学

班杜拉的研究是对行为主义理论应用的细节化研究表现，期望、预期结果等都是刺激反应过程中的内容及表象。而观察学习的理论，是强调以生物的意识活动为主的刺激反应模式，或者概括为刺激反应体验模式间接形成的方式，不是个体的亲身经历体验学习，而是通过对“意识经验”的认知理解达到行为观念的建构。他人的体验虽然可以间接获取，但仍需要个体实践才能更好转化为属于个体的自主观念集合的组成部分，否则完成不了学习内容的自主性内化建构——理论可以指导但不能完全代替实践体验的转化。

所谓“实践才是检验真理的唯一标准”，指出人类总结指导行为优化理论的精炼性、代表性，也不否认理论相对现实不断变化发展特点表现出的暂时性，并指出根据时事差异变通应用理论指导的方式，通过实践既是检验真理当前的科学性，同时也是通过实践修正理论存在的滞后性。以实践检验真理，是典型的将间接经验转化为个体自主理念的行动学习方式，这一过程既存在学习间接经验的过程，也存在实践中自我发现的直接经验过程。

并不是行动实践学习方式的效果总是最突出的。对普通人来说，应用行动实践学习方式收效最好；而对于整个人类来说，阅读领悟式间接学习和行动实践直接学习的效果，不是通过方式的差异所能简单判定的。因为任何个体在学习过程中，都不存在仅仅使用单一的学习方式，而是间接和直接经历学习互相使用，每个人学习方式选择的特点仅是对某一种方式倾向的多少有所差异。善于将间接学习的知识及时应用到实践中，使间接学习和直接学习最大的融合，这就是所谓学以致用的善于学习。

学习行为本身是个体机制的一种机能表现，我们可以把它称之为学习能力——简称“学习力”。学习力不是简单的限定为学习的过程，因为实践本身就是学习过程的一部分。因此，学习力重点所指的是个体对两种（直、间接）学习方式的协调性使用及学习所带来的实际成果。为达到良好的学习效果，我们可以“觉意识”甚至刻意关注自我学习过程中两种学习方式的协调。但学习力的差异，并不是通过有意协调两种学习方式就可以完全弥补不足，学习深受个体生理性脑机制及学习表现出的品质限制的。具体地说，学习力是受到智力和非智力因素的共同作用得以体现的。个体的智力所表现出的领悟力、接受力、策略都对学习的效应产生巨大差异影响，个体的毅力、恒心、行动力等非智力因素同样对学习力产生决定性作用，学习力的强弱就只有通过个体的生存状态客观评定了——可以说，实践不仅是检验真理的唯一标准，也是检测个体学习力强弱的最好工具。

非实践方式的间接学习，是间接的体验，在个体的神经系统中，体现为模糊的“虚拟刺激反应”事件重现过程，表现为诱发个体刺激反应的模拟体验。因为间接学习依赖的信息，相对影响事件实际发生现场的信息来说是大大缺失，最大的缺失是失去情景感和一些被描述主体主观忽略的重要信息等等。这些都是造成间接学习效果薄弱的客观原因。虽然现代技术有很多方式再现过去，但也是“再现编导的主体”主观臆想重新加工“再创造的结果”。间接地模拟体验可以形象地打个比方，如同常说的“杀鸡给猴看”行为模式“塑成”方式，人的间接学习是“别人家在竞争中你死我活，自己是旁观者”，善于“旁观”的人间接学习力就强，间接学习信息给予自我刺激引起的反应就更有价值。

刺激和反应是一组辨证存在的概念：观察到的一切都是刺激的信号，感受到的一切都是反应的结果。分析的视角不同，刺激和反应所指的对象不同。反应不仅可以指个体行为反应，反应是对刺激的逐级加工的结果。如声音的刺激传到耳鼓，在耳鼓中初步加工反应为声音神经传播信号，耳鼓继续向大脑中枢传递，反应生成的信号成为下一步神经机制加工的刺激信号。简单地说，人与环境交互信号的刺激和反应状态是相对存在的，也是相互依存的，并且是相互转化的。把信号区分为刺激和反应的属性或者类别，是为了认知分析神经机制活动的各类机能，是选定一个矛盾视角认知分析的方式。如我们可以将外界的环境对个体作用的传递信号看做刺激，个体相应发生的行为信号则看做反应，也可以将人类行为作用于环境的信号看做是刺激，环境相应产生的信号则被看做是反应；这是较宏观的分析视角。或者对神经机制系统传递神经信息过程做微观分析：初级刺激被初级机制加工为初级反应，初级反应的信号刺激于二级神经加工机制发生二级反应，二级反应作用于后一级机制……刺激和反应总是联系着，形式上环环相扣，依存转化，循环往复无穷尽。刺激和反应的名称，仅是人类为便于分析交互行为信号发生，根据不同视角、不同行为发生层次所确定的标识。

72、**主题一句话** 行为的塑造需要“行为的镜子”，内省和外督促都是实现自我行为调控的有效途径。但事实上，我们是自己的盲人。

【自我监控法的一个好处是，观察自己的行为本身就有治疗作用。例如，患者被迫去关注自己吃了多少或吸多少烟，有时甚至会在治疗还没开始的前几周的观察期里就会对这些行为有改善效果。(Mahoney 和 Amkoft. 1979)】

——人格科学

自我监控是通过增加自我观察的信息，诱发加强个体自省的心理活动，实现自主调控的目的。

内省是人类普遍拥有的自主行为调控的常用方式。来自于外界对自我行为的调控，个体相对被动些，具有一定的强制性（是外界要我怎么做），来自于自主观察或者为自主需要的自主调控，个体行为表现相对主动些，是自觉自愿的（是我觉得怎么做）。对内省的使用莫过于孔子，孔子说，我每日三省吾身……可见，个体身心行为表现，很多为自主所不能觉察或不能及时觉察到的。

没有及时地觉察或觉察的忽略，导致行为发展反馈系统的残缺，摄取信息的遗失导致评价反应的不完善，使行为表现出脱离客观较多的主观性，表现出行为主、客观的不协调，更可能表现出脱离环境存在的极端自主的产生。我们都是通过外界的“镜子”看到自己的行为状态及结果，最近距离的自我行为我们无法看到——没有镜子你竟然无法知道自己走路的样式（当然，也并不是对自己一无所知，行为的决策和自我感受是个体了解最多的部分。再者还有潜意识指导下的行为部分也不能为自己了解）。遗憾的是，我们行为的外界镜子不是那么容易给我们应有的信息，出于各种原因，很多“我”的信息被“他人或外界环境的镜子”过滤隐藏、变异或者忽略了，使我们丧失有价值的认识自我的信息；并且，因为我们自身的认知能力及人格特征原因，虽然外界他人的镜子反馈了“我”行为有价值的信息，但是我们或感知不到，或予以忽略，或理解不透等，都导致我们的行为因为缺乏客观反馈评价，表现出行为发展的不适应，如同方向混乱的车船、脱缰的野马，拥有较大的张扬、任性自我的同时，失去了于生存环境的协调能力及有效改善自我生存环境的能力。明智的人在于有自知之明，一代帝王唐太宗因失去魏征而痛惜“以人为镜可以知得失，以史为镜可以识兴衰”，可见“人镜”的重要。

73、**主题一句话** **操作性条件反射的意义和价值在于对行为的人为定向塑造，是人类对生命行为拥有更大控制能力的重要“工具”。**

【传统行为主义确定了两种基本条件反射：当一个新异刺激与一个已经存在了的刺激—反应联系配对出现时，就产生了经典条件反射，当行为后面跟随着强化或者惩罚时，就出现操作条件反射。】

——人格科学

这句话说明了，经典条件反射和操作条件反射命名的区别。

任何行为都是简单的刺激反应—简单条件反射的叠加组合，不管组合得多么复杂，刺激—反应这一生命活动基本的程序是一致的。之所以加上经典和操作予以区别，实质是强调人为的行为控制作用——这也是行为主义发现在应用领域的最大价值。

但是，不管是人为还是非人为的条件反射，行为的发生都遵循刺激—反应的活动程序，区别在行为成效主体的差异，行为发生的奖惩原因或者动力需要并无本质区别。如同样是自行车比赛，几个朋友非正式的比赛，行为的反馈成效主体就是谁取得了胜利，成败在于比赛的名次；而正式比赛，有奖杯、有观众给予的荣誉、有奖金等比赛延伸的社会化结果，行为的反馈成效主体就被多样化了，存在很多变数——首先，行为得以继续的反馈成效主体不再仅是比赛的名次，还有奖杯奖金；其次，比赛的荣誉等其他因素会影响反馈成效的主体存在，有的以奖金为目的，有的以名次为目的，有的以参与为目的，有的以毅力展示为目的（坚持到最后的毅力表现）等。由此看来，经典和操作限定的区别在于强调条件反射形成的稳定性和时效性：经典条件反射形成于生命延续的过程中，表现出类似于“本能”的稳定性和长效性；操作性条件反射则形成于当前刺激，表现出类似于“习得”的波动性和暂时性。同时，强调经典和操作的意义，还在于强调人为的对刺激反射形成的控制、也就是行为塑成方法的应用。

74、**主题一句话** 身心行为是同步的，即使非期望的行为，也是心理行为的结果，心理的矛盾也必然通过行为的矛盾表现出来。

【阿尔波特·班杜拉提出，内部状态、环境和行为三者是相互作用的。人会调整自己的行为，人的思维是有目的并定向于未来的。班杜拉在经典条件反射和操作性条件反射中加入了这样的概念：人可以通过观察别人来学习，但人是否会表现出通过这种学习获得的行为，取决于对奖励或惩罚的预期。】

——人格科学

班杜拉的观察学习仅是人类学习机制中原始的模仿学习体现，属于简单的刺激反应结果。

人类学习是建构自我的过程，行为依托于建构的自我，这使人类行为的学习和表现出现更多的可能，不再约束于简单的奖励和惩罚结果。如果将内部状态和行为分开，并与环境并列观察，是一种模糊认知的角度。个体的心理（内部状态）和行为是同步一致的，是存在的统一体，如果将这二者并列于环境，探讨它们之间的关系，等于将心理和行为分离，等于将主体甲分成两个子体与另外并列的一个主体乙对等研究，是将甲部分和乙整体对比，必然表现为认知概念外延和内涵的模糊。

从另一方面来说，习得的行为并不意味着习得的是全新的行为，很多习得行为是个体具备优秀的再现潜质，外界的奖励和惩罚仅是促进行为塑成的一个方面，影响个体某一行为产生的条件是多样的，遗传、自主性、外界刺激效果等等，不是单方面制约的结果。

75、**主题一句话** 行为原理四命题

关于C－F（刺激—反应）的四个命题：生命个体有对刺激的自主存在需求（适当选择趋向）和调控反应的能力（最大利益原则）。个体的健康在于刺激反应回路的良性运转，个体的差异在于刺激反应回路的效能差异。

第一命题：隔绝生命个体某一机能发展需求的刺激，这一机能遗传的反应潜能趋于退化消失，从而使这一生命个体相对其他个体表现出这一机能的残缺。如不予其光则目将不明，不予其光则不见其色。

意义：个体遗传的机能及发展性机能的挖掘形成，需要必要的刺激——个体机能发展有对刺激的主动需求，个体机能有成长及提升发展的需要。

第二命题：客观存在的刺激施加于个体是多样、无法控制的（在一定程度上），“不适”的刺激导致个体机能的不良反应，个体产生“不适的行为状

态”，降低自我生存价值及生活质量。

意义：机能的低能反应能力导致个体低价值感和低的生活质量，低机能反应源于不适刺激不良反应的积累（心疾之源、低能之本）。

第三命题：客观刺激虽然多样，但个体的反应有自主调控回路的效能。面对不适刺激，个体机能可以主动趋向自我接纳性转化，优化反应回路，个体自身从根本上提升了生存发展的机能水平。

意义：个体机能应对刺激的自主适应能动性（对反应自主优化调控的能力），是个体机能差异的原因之一，更是个体机能适应性提升可能空间存在的依托。

第四命题：能使刺激反应回路强化的刺激是显效发展性刺激，通常产生经验反应，伴随较明显的体验感受（含情感体验）。刺激反应的回路可以被正向（预期目标）强化，也可被变向（非预期目标）强化，选择合适的刺激施与个体，个体机能会产生预料或预期目标的反应。

意义：对个体机能的发展，可以通过提供预期反应相对应的“适当”显效刺激，从而使个体刺激—反应回路向预期目标发展。优化社会环境、优化个体自主机能，是社会人提升存在状态的内外途径。

命题总论：各种心理咨询治疗方式，都是促使个体机能 C—F 回路向预期目标改变的不同措施。都是在干涉刺激施加、优化习得反应回路，都要经历唤起、体验、重构的可控制人生模拟过程，优化行为。

76、**主题一句话** 性如饮食，也成为社会人生存追寻的“必要条件”。

【同样，看过新近走红的喜剧片的人会发现，性已成为这些节目不可缺少的一部分，这一切似乎都在弗洛伊德的预料之中。】

——人格科学

性元素被津津乐道地表现，是性需求被社会道德压抑的反映。当社会化人的性经历了原始的交配方式、文明的约束时代后，再到保证生殖繁衍质量的前提下实现社会成人性约束的充分解放时代，性则渐渐会脱离人们感兴趣的话题。

人格论——遗传章

个体的遗传存在意义，不仅指个体从上一代获取可被诱发遗传信息承载的价值，还包括将当前自主性遗传给下一代信息的进化延续性价值。

——作者

1、**主题一句话**　行为机制如何得以遗传？并不是“人格特征行为”的直接复制再现，而是“行为特征的信使”，是某种未来行为的可能倾向。个体的当前人格行为特征是在继承的遗传信息的基础上，经历当前生存体验磨砺而成的。我们继承父辈的财富，不仅是父母成就的光环，还有我们赖以发展的自我机制。

【人们认为，通过基因，父母不仅会把像眼睛的颜色、身高等身体特点遗传给孩子。而且，孩子的人格特点也将是他们父母人格特点的重新组合。】

——人格科学

人类的遗传过程本身不是静态的复制过程，是上代雌、雄体承载两种信息基因竞争选择的最后结果。生物遗传的是构造或者结构的信息——信使，生物构造信息决定了生物生存机制发生发展的可能及倾向。再进一步说，人格的遗传是通过神经系统机制的结构模式保留延续下来的，是凭借指导脑神经发展的基因完成的。科学对基因的认知成果让我们相信，我们今天身心存在特征，在基因里都有对应的管理“信使”。

2、**主题一句话**　遗传率的提出是我们认知探索人类自我存在的一个误区，我们身心特征表现都是在继承遗传结构上的当前适应性变异，遗传率百分之百，变异率百分之百，遗传和组合再生的变异是一个整体。

【遗传率不是一个确定的数值，一旦你认识你身上什么东西是遗传的，你可做很大的努力。】

——汉斯·艾森克

可以说，个体的遗传率百分之百，也就是身心的所有，都是在遗传的基础上经历现世的变异而来的。变异是对遗传的变异，遗传和变异完全的融合，对于一个个体是不分彼此的，如此遗传率的提出没有实际的应用意义。有遗传率那就该有变异率了。

3、**主题一句话** 实验的简单化和心理行为的及其复杂化，是现在的心理学实验结果仅能作为参考的主要原因之一。

【一些研究者用临界值来解释这些结果。（Davidson & Tomarken，1989）大脑右半球活动水平高的人只需很小的消极事件就可以引发恐惧或沮丧的情绪。一个小小的失望或在言谈中的一点直率的评价就足以把这些推到体验消极情绪状态的临界点。而那些不具备这么高的消极情绪活动水平的人，需要更大、更严峻的挫折才使他们出现消极情绪。另一方面，大脑左半球活动水平高的人，只需很小的高兴事就能引起快乐。】

——人格科学

这一研究结果，也是遗传的神经机制状态及生理性活动特征，和当前人格特征表现相关联的证据之一。实验所论述的“脑活动水平”是模糊不确切的，因为大脑机制的分工十分精细，不是“左右脑的活动水平高低”可以说得清楚的。而且，临界点的提法比较刻板，不如继续沿用引起心理行为的根本“敏感度、受体”合并而成的“感受性”概念，会更加易于理解和说明心理行为发生的状态。

4、**主题一句话** 我们不能否认种族差异的生物性原因，但可以确认已有的种族差异存在生物性表现差异。

【这些心理学者对这些不确切的和错误的解释很敏感。比如，过去曾有一些人逆历史潮流，坚持认为种族差异或性别差异是由生物因素而非文化因素造成的。】

——人格科学

种族差异或性别差异是个体或群体于一定独特生存环境交互作用下，生存能力机制的人体反应，文化是这些差异的象征。在某种程度上可以说，人体的差异代表着个体生存环境的差异。

5、**主题一句话** 先天和后天相对于个体的当前状态来说，就是“原意向”和“后导向”之间的关系。先天遗传不是简单的复制，而是经历激烈的竞争重新组合的结果，后天的塑造不仅是外部环境的作用，更离不开自主的左右。主观是产生自主的背景，自主的机能强弱，确定生物群体自我于生物链上的位置。

【但是我们生来确实有一种智力潜质，这一潜质与环境影响相结合而决定了我们成年后的智力水平。同样，一些心理疾病具有遗传成分（Nigg & Goldsmith，1994；Tsuang，Gilbertson，& Faraone，1991）但这也并不是说一些人生来就注定会得精神分裂症或抑郁症，而是说一些人比其他人更容易罹患某些心理疾病。】

——人格科学

可以说，个体身心所有的存在都是遗传导向的结果，遗传率百分百，每一身心存在因素都是来自于父体或母体的遗传信息作用；但遗传信息是个体构建的原始导向信息——信使（基因重组后的“现世”发育蓝图），为个体在现实环境中具体地得以表现，必须经历客观环境生存条件的刺激施加和个体自主能动性倾向二者共同的交互导向作用。

遗传信息是个体得以构建的“原意向”，环境刺激及个体自主是重塑自我的“后导向”。因此，个体的存在遗传率表现百分百，后天重塑率同样是百分百。个体身心每一个构件（生理、行为等）的当前存在状态，都是先天和后天交互作用下的结果，因为交互作用的存在，个体身心发展的两个百分百就合二为一。两个百分百的存在是观察的视角不同所致，个体的存在表现，先天和后天的交互作用是不可分割的统一体，如同一枚硬币的两个面的依存关系。比如一枚一元硬币，不能从正面看是一元钱、从背面看是一元钱，我们不能说是两元钱一样；更难以评估抛起的一枚硬币的正面率占多少，背面率占多少。

对个体的发展来说，我们不仅赞同用行为理论施加刺激予以优化个体的发展，而且还要关注针对个体先天存在的独特性，施加合适的刺激，达到优化个体生存发展状态的调整目的（教育培训）；同时，不能忽略对个体自主能动性因势利导自我发展的作用价值。

自主能动性的存在体现，属于个体身心属性的一部分，也是伴随生命进化相应进化的人格因素，在个体先天和后天交互作用过程中发挥重要的作用，是个体在环境中生存反应表现出的生命属性之一。虽然环境对个体的现世存在状态起到塑造的作用，但是，个体的发展状态，不仅是环境刺激作用下的被动应激反应结果，更有个体能动倾向作用下的主动自主反应结果。确切地说，生命体的反应不同于非生命体的完全被动接受刺激反应，其他低级生命的自主能动反应又不同于人的最大能动性的反应。生命个体行为自主反应能力不同，对自我存在、发展状态的影响不同，是各类生命面对同样生存环境却有较大生存状态差异的关键性因素，是确定某一生命群体在生物链位置的举足轻重的条件。

6、**主题一句话** 遗传的改变在当今逐渐成为可能，因此，行为的改变借助生物性的手段会越来越多。自主性属于遗传性征的一部分，在变异的过程中，存在机能增强和减弱两种发展的倾向。

【多数人最终会表现出艾森克所描述的特征。由于他们遗传了生理上的差异，所以，一个内向的人不可能像那些生来就具有较低唤醒敏感性的人一样喜欢社会交往，也不可能让一个外向的人喜欢安静的、一人独处的生活。】

——人格科学

改变的“不可能”，这是一个“自相矛盾”的说法，原因是忽略了遗传性征的产生。遗传信息是一代代生命相继积累的象征，每一代个体都继承上一代的“遗传方式存在的信息”，同时又经历现世“重生体验”的身心变异。也就是说，遗传是一个变化着的信息基因团，一些信息经历一代代现世体验的“认可”被以稳定的形式保存下来，一些信息还不够稳定，容易被个体现世体验所变异；再稳定的信息特征（稳定不是固定）也是在一代代体验中积累的结果。因此，反过来通过一代代的体验改变，一些稳定的信息也会逐渐被生存需要消磨淘汰，由稳定变向不稳定。对于一两代遗传个体相近遗传信息表征来说，某些信息的存在稳定性较明显，但对于数代遗传个体来说，稳定存在的更替变化就比较明显。如沙漠里的流沙，今天这里堆起了大沙包，明天在那里堆起大沙包。沙包象征稳定的遗传信息，在一定时间里，他可能被越堆越大，但也可能逐渐被遗传中每一个现世体验的生存需要销蚀得越来越小。遗传性征的形成是积累结果，同样他的退化也是积累的结果，并不是不可以改变的。让一个外向的人喜欢安静、独处的生活并不难，随着生物技术的发展，对遗传性征的改变就变得有更多的可能。

说到这里，我们要回过头来讨论区别这些影响因素的目的是什么，争论的目的是什么。科学只有为人类的生存服务才有价值，心理科学同样是这样，服务于人，服务于人类的生存优化，如何可以有效地改善才是探讨的根本意义。

效能期望源于哪里？如何建立个体倾向性行为的期望？效能期望是自主能动性发生发展的前提之一。班杜拉提出效能期望源于个体的直接经历学习经验、间接模仿学习经验和情绪唤起，另外还提到语言的说服对个体效能期望的表现影响不大。其实，这一分析中忽略了个体因遗传获取的个性化效能感差异的重要影响因素——很多人天生征服欲极强，效能期望表现强烈。

个体自主能动性的发生发展，不是某一代个体暂时的获得性表现，而是人类生存机制经历长期进化历程获取的生存机能。因此，个体的主观能动性的强弱首先是生物性遗传信息的开发影响作用（先天潜能），然后是环境的直接作用，也就是个体的生存直、间接学习经验作用（后天发展）。自主能动性离不开先天潜能性和后天发展性相互整合：后天发展性，不仅仅是对个体遗传获得潜能简单诱发或原版表现，还会使个体出现两极倾向变化发展的可能，或使个体“能动性”提升增强，或者出现萎缩。能动性遗传潜能和其他潜能的获得途径是一致的，来源于父母双体遗传信息组合的显性原则表现。因为双体遗传存在显性和隐性的性征组合竞争过程，遗传个体会因性别等差别因素导致某些遗传信息能否得以表现变化，所以，不能将“母子”个体的表现性征作简单对比。

7、主题一句话　如果说遗传性征的测量，就在于对两代三体行为特征的相关性予以测量（变化的环境是变量之一）。测量的价值不在于目前，而在于未来对基因组合分裂变异过程的控制。测量的工具是对人自我认知机能的补充。

【高尔顿最初对人类特征的遗传特别是智能的遗传感兴趣。他坚信人类特征是遗传下来的，而且这些特征是可以系统测量的。】

——人格科学

遗传是以结构性物质存在表现出来的，物质因子的活动质量、结构都是遗传信息的承载，他们的状态决定了个体生命过程中可以获取的生存机制的潜能状况。生物性反应是心理活动的间接载体反映，而如表情、行为则是心理活动的直接反映。所以，心理的测量，用诸如罗夏墨迹、问卷、谈话、生物体征反应等投射测试获取的结果，都是心理活动的间接反映，只有对表情和行为的解读才是心理活动的直接反映。

对心理活动的把握或者测量，人本身就是最优良的“测量工具”，其他人造的工具比起人的“阅人”能力都存在先天的不足。当然，工具有工具的优越，是对人机能的有效补充，强调人的识别测量机能并不是否定借助工具的效能，而是反对一种绝对推崇的观念：或推崇于人、或推崇于工具。

8、**主题一句话** 生本能属于主观元本能之一，死本能属于客观元本能之一，二者统属于一切事物都存在的元本能——运动本能。

【弗洛伊德认为，人类行为受一种他称为本能的强大的内部力量驱使，这种强大的内部力量可以译为驱力或本能。弗洛伊德认为，本能分为两大类：生或性的本能，一般指利比多；死与攻击的本能，称为塔那托斯（Thanatoo，希腊神话中的死神）。弗洛伊德最初认为这两种力量相互对立，后来又认为这二者是相互交融的，这使我们的许多行为同时与性欲和攻击性动机交织在一起。】

——人格科学

个体为了保持自我存在，就有为了满足自我存在的需要，需要产生个体行动的驱力，驱力支配身心机制，从而表现出“目标倾向行为”，这就是生存行为。

个体为满足自我存在始终需要的动力也就是生本能，生就是生存，本能就是生命“自始（本）至终（一直）”存在的驱动力。本能的概念强调的是行为驱力的来源，是为了解释现在行为特征的认知需要。这一概念好像无意忽略某一本能驱力未来存在的趋势和状态，但恰是因为这一忽略，体现了人类对“本能”未来发展存在趋势的认知是不确定的，简单地说，本能可能会“自始至终”，也可能“到此为止”，“本”只说明“来自生命起始”行为现象存在的意义。

保持自我存在的生本能属于主观元本能，与之相对应的毁灭自我存在的死本能则属于客观元本能。元既是根源，又是集合。主观元本能就是源于主观产生的所有行为本能集合，客观元本能则是源于客观存在的所有行为需要本能集合。

所谓的主观元本能是指个体自主产生为了保障自我存在行为需要的动力，保障自我生命机制最基本或最低行为需要的动力则是生本能，而其余那些目标倾向于维护和优化生存的则是生本能的延伸，统属于主观元本能。主观元本能也就是有利于自我存在的行为需要动力，客观元本能也就是不利于自我存在的行为需要动力。

所谓的客观元本能是指所有生命个体必然趋向机制“衰退”的自然力量，包含生命个体生存机制的“自然”退化和环境给予个体伤害性刺激引起的个体生存机制“被动”退化的力量，这两者都是难以为我们主观意志所转移、客观存在的“毁灭”力量。这些伤害生命存在机制的力量都是客观元本能的体现，其中直接危及生命机制存在与否的动力就是“死本能”，其余那些倾向于退化和伤害生存的则是客观元本能的延伸。

对于本能的认知，我们通常会有把本能都认为是“个体自主需要”的误解。但生命发展与消亡的经历在向我们说明，没有任何一个生命最基本的期望不是保障自我存在的，没有一个生命个体期望自己走向毁灭；如果个体选择了自我生的毁灭，那也不是自己的根本期望。也就是说，我们生命主观上的本能需要都是源于利于自我生存的，而那些不利于我们生存的力量来源于客观，是自然存在的“毁灭本能”，不是我们自主需要、自愿选择的“本能”。生本能和死本能此消彼长，生本能强大，个体的死本能就弱小，反之亦然，任何生命都遵循这一存在发展的规律。至于客观毁灭力量为何会存在，一方面来源于生命生存环境生存竞争的威胁：比如生命存在的竞争，虽然自我生命没有伤害自我的意愿，但为了自我生存，会毫无选择地将死本能施加于外界或其他生命。至于如何理解遗传给予生命机制的意义，我们只能推测：生命机制的“永存”一方面靠机体机制的原体再生，另一方面就是“种子般”遗传的另体再生；我们也相信，“种子般遗传的再生”，会有获取更多的更新和变异强大的发展机会。

性本能和攻击本能都属于生命个体主观元本能之一。

生命体征的存在是以能否自主运动为标志的，生命的自主运动存在状态就是区分生本能和死本能是否存在的标志。因此，我们可以把运动作为生、死两种本能的结合整体，也就是运动本能。不仅是对于生命的个体，对于非生命的个体，时刻存在个体的存在保持和存在销蚀的“矛盾行为”运动状态。大到人、星球的行为，小到细胞、电子的运转，无不在运动，至于是生存的还是消亡运动各有所属。运动本能之于人还有其特殊的表现，如满足口腹之欲，饮食需要运动；满足腿脚灵活武艺高强，四肢需要运动；皮肤细胞保持敏感度，需要接受刺激的运动；满足欲望需要运动，欲望满足了又有新的需要的运动。运动是一个中性的元本能，涵盖主观和客观世界一切存在状态的发生发展乃至消亡的根源——运动本能。

9、**主题一句话** 心理机制根据活动的方式可以分为压抑机制和兴奋机制，根据行为产生施加刺激的主体特征可以分为防御机制和控制机制。

【弗洛伊德把压抑称作“整个精神分析理论的基石”（1914/1963）。显然它是最重要的防御机制。压抑是一种积极的努力，自我通过这种努力，把那

些威胁着他的东西排除在意识之外，或使这些东西不能接近意识。】

——人格科学

抑制的表现在很多层面上形式各不相同。在神经细胞层面，表现为神经细胞的兴奋（疏泄）与抑制，在心理活动层面表现为情感、认知、行为决策的压抑和兴奋。人的行为，可以用阴阳两种倾向予以概括，也就是抑制与兴奋的不同表述，这一点中国诸子已有论述。

10、**主题一句话** 生命神经系统遵循能量消耗最小化的简约经济的活动方式，这一方式使相似刺激反应的模式信息得以合并；对同一事物的认知是多种感官信息的融合，这使不相关信息建立新的关联关系；形似信息的合并、不同感官信息因同一事物而建立的关联，两种关联活动共同作用，导致刺激反应的关联性活动，产生了想象、迁移、错觉等心理行为现象。

【弗洛伊德认为许多不合理的害怕和恐惧都只是象征性替代。例如，弗洛伊德的一位患者的儿子害怕马。他推测，这个孩子是用对马的害怕替代了对父亲的害怕。】

——人格科学

一种神经冲动模式的诱发，往往因为刺激的相似性，虽然施加刺激的情境有所差异。这也正是神经系统机制的活动方式表现，称之为“相关联”活动机制，通常表现为行为的迁移现象。迁移的效果会有两种功利倾向，如有利于人的学习中的迁移触类旁通的能力反应，如不利于人的学习中的迁移混淆的发生。

我们认同心理活动机制有两种方向，自上而下和自下而上加工。也正是这两种心理活动加工方式的存在，使人类的认知具有了自主想象的空间。行为的发生首先遵循自下而上的加工方式，刺激施加于神经系统下级区域，经逐级加工传递到高级神经活动区域，同时产生活动的记忆储存，高级神经系统活动产生决策，指导行为活动的轨迹。因为记忆的存在，使神经系统下级区域因接受刺激的相似性产生反应的模式，从而实现神经系统加工机制中简省耗费节约能源的经济活动需要；因为记忆的存在，神经系统高级区域大量的信息资源及行为活动模式素材，使神经系统高级区域具备资源重组、模式融合、心理行为自动化的功能，也就是借助记忆进行无限可能的心理行为活动——认知、思维、想象据此而生。没有记忆机制的存在，我们生命永远只会简单的应激反应，不会有思维想象的素材和创造的机会，也不会有自我主观性的表达，也不会有所谓自上而下的心理行为加工机制存在。

错觉和移情都是身心行为模式迁移的表现，也是由相似刺激引起的神经系统活动关联性反应。很多不同情境、不同事物刺激于个体神经系统，因为这些事物具备相类似的刺激特征，使神经系统把这类刺激产生的反应模式归属于同一类，并因管理简约耗费资源最小化活动需要，神经活动将同类的信息合并、归类管理，从而在自上而下神经活动加工机制中，个体心理行为在调用储备资源时产生相关信息联动的状况。举一个我们认为是错觉的例子：色彩给予我们的冷暖感受。冷暖是温度触觉感受，却能产生于视觉感受，这就源于神经系统高级区域发生了关联性反应：阳光和火焰长期的刺激与人类的多种感官，对阳光和火焰的感受是综合的——视觉反应的是红、橙、黄色等，触觉反应的是温暖、灼热等，颜色和触觉在神经系统的高级区域形成信息联合；阳光和火焰是不同的事物，但他们存在相似的刺激因素——视觉的和触觉的，因为刺激的类似反应必然相近，神经机制将对火的热感受和对太阳的热感受合并在一起，对二者的色彩感受同样合并在一起。因此，当我们在寒冷中靠近炉火，我们会感受到太阳般的温暖，当我们寒冬过去春光明媚时，我们会感觉到炉火的温暖；当我们心灰意冷时，接到雪中送炭的帮助，我们同样会产生温暖的感受，进而会在脑海中产生阳光和火焰的意向……一种刺激会引起我们脑海中储存的相关联刺激反应模式的共同活动——这就是相关联动。事物内在的特性和外在的表现在我们的认知里通常是表里一致的，这也是大自然造物的规律体现，如红色给我们温暖热烈的感受，不仅来自于太阳和火焰，还可以来自于辣椒等给我们相关刺激的事物，这一共性普遍的存在，使我们的神经系统会出现更多关联活动的可能存在刺激反应相关联动性，一种刺激就会诱发多种相似行为模式的联动反应。但是，这种相似因为情境或事物的诸多差异存在，往往会导致我们对某一特定情境下行为理解的困惑。如很多心因性病态反应和一些不合理的或者莫名其妙的行为反应。

11、**主题一句话**　“爱”“恨”交加，情感的矛盾表现为行为的矛盾，这些行为一般为觉意识控制，爱有所指、恨得明白。但当理性认知和被压抑的情感需要未得以完全协调时，出现行为表达的情感和内心实际情感的矛盾，称之为反向生成机制。

【例如，一个女人总爱告诉别人她多么的爱自己的母亲，实际上她在无意识中隐藏着对母亲强烈的憎恨。】

——人格科学

心理机制的反向生成表现，是某一认知倾向未能被自我情感系统接纳的典型反应，是认知和情感的矛盾未得统一的反映。认知和情感是表里相依的，认知的我是外现的（外我俗我虚我），是为了迎合世俗而建立的“我的模式”；情感的我是内隐的（内我真我实我），是滋生于内心的观念观点建立的“我的模式”。只有被内心情感接纳的认知才能成为自我的一部分，也就是自我外现和内隐自我需要的一致，自我才实现真正的认知统合建构。心里矛盾冲突因为外部需要（超我）和自我情感（本我）的接纳之间的矛盾很多，反向生成的反应是这一类表现的反映之一。

12、**主题一句话** 弗洛伊德认为治疗师不要反移情，这是不可能的。移情是生物性交往的基本行为机制，“反”移情在于避免移情产生的不利因素。

【弗洛伊德提醒道，控制移情是治疗过程中复杂而重要的部分，他同时提醒治疗师不要反移情，即治疗师把自己对他人的情感转向病人。】

——人格科学

移情是情感的迁移，即以此及彼或以彼及此的情感、认知和行为的发生。因为情感存在稳定的模式，以至于移情行为很常见。可以移情于同类事物，可以移情于异类事物。移情的对象之所以可以转移，一是在于移情者的支持需要，需要一个可以表达感情的对象——表达的需要使然；如孤独的老人喜欢养花养草，像对孩子一样地照料着花草。另外是被移情者具备诱发移情的特征因素。如咨询治疗中医患之间会产生相互的移情现象，患者会因为不愉快的就医经历对新的医生产生偏见，医生对患者同样；再如我们遇到一个初认识的朋友，总会对号入座，调动我们记忆中和类似人的交往模式。移情的弊端是因为移情忽略了被移情对象的差异性所带来的不利交往结果，反移情是“剔除”移情带来的不利因素，这样确定“反”移情更科学有益。不仅在医患之间存在反移情，在我们生活的每一个情感认知的空间里，都会自然存在移情的行为，我们所关注的是移情弊端给我们带来的麻烦，以此减少不利人际的谬误。

13、**主题一句话** 地球生命的体系里有其井然有序的生物链，生物链的形成和各物种拥有的生存机制机能的水平是相对应的，物种间拥有的生存机制机能有共性的参照，也有差异的对比发现。

【针对斯金纳观点的另一种批评意见是，人比行为研究实验室里的动物复杂得多。行为主义者用观察老鼠行为得到的数据来解释人类行为的方法，是

主要的批判对象。】

——人格科学

生物的生存活动机制既存在较多的共性，也存在较多的差异。虽然各种生物具有的生存活动机制机能水平不同，但它们存在相同或类似的基本生存活动模式。反之，不同物种间更有生存机制机能的差异；而且，同一物种也存在发展的机制机能变化差异，如在进化的每一个阶段前后差异。

通过研究动物来推测人类的行为机制，是人类迁移机能、类比认知的智慧和人本研究方式的反映。对动物生存机制的研究，仅相当于对人类早期的生存机制及人类从远古延续至今的一些生存机制的探索。并不能将对动物的研究结果，完全照搬于人类，也不能因为是对动物的研究，完全否定人类生存机制原始成分的存在，或否定人类生存机能和其他动物生存机能的密切关联。而且，人类所拥有的很多较原始的生存机制机能，在人类现今的生活中仍然起到非常重要的作用。

纵观生命世界生物所具有的生存机制状态，经过对比可以推论，人与其他动物的生存机制差异、同类生物的差异（动物与动物之间的差异、人与人之间的差异），主要表现在生物个体拥有的“自主能动性水平”——人类的自主能动性水平在地球生命里表现最突出，人类在控制着地球生命的环境。人类有曾经的无知，把地球看做宇宙的中心；也曾经因为无知，把自己看做本质上脱离动物世界的万物之灵。

14、**主题一句话** 人类个体由潜意识自我向觉意识自我进化，人类群体同样也在经历着由“群体潜意识自我”向“群体觉意识自我”进化的历程。当个体自我服从于国家自我需要，国家自我服从于人类自我需要对抗人类生存危机的时候，“人类觉意识自我”就开始存在。同时，这也是人类进步获得新的理性层次的标志。

人类还处于由“潜意识人类自我”到“觉意识人类自我”过度的转化进程中（人类自我是群体自我，不同于个体自我，个体自我已进入觉意识自我的生存状态）——换种说法，人类群体的动物性仍占据左右社会人的行为发生发展的重要地位，人类社会凸显的、较稳定的理性、规则化行为表现仍然相对微弱；关键是人类群体化自我行为比较单薄，表现在国家自我之间缺乏有效地良性协作，面对危及人类生存的自然威胁仍然是“无动于衷”或者“熟视无睹”；即使国家主体间有过《联合国气候变化框架公约》类似的自我保存意识，但是很多国家仍然以国家自我生存的需要为准则，放弃人类自我生存的利益；当人类生存的危机意识能为绝大多数人或者大多数国家的觉意识核心，才会产生“人类群体性自我”的觉意识；而当前，人类文明的层次决定人类还处在“蒙昧群体自我”阶段，缺乏群体性危机反应意识和能力。

我们的理性和非理性是我们生存机制水平的一个反映，理性化程度较高的人生存机制机能表现强、生存状态良好，反之则处于生存的弱势。理性化集中体现在人的“自主能动性”行为之中，理性是通过自主能动克服人类被动顺从的弱点而逐渐萌生出来优异生存机能得以表现的。

我们所说的人类行为，主要指人际间的行为，多为情感所制约，表现出更多的生物原始性生存机制；人类还拥有非人际行为，在这些行为中，理性制约通常可以占主导地位，情感处于次要地位，如人类发展的很多制造技能，充分展现了人类理性行为的智慧魅力。当然，强调情感对理性的制约并不是否定情感的理性——理性对情感的管理，而且“情商”高的人（不是滥情的人）于人相处易于融洽，会产生良好的生存状态，情商使用的理性、得当是生存机制高层次的重要组成部分。生存机制的非理性则是通过认知的谬误、情感控制性弱、行为执行力弱等综合表现出来的。

15、**主题一句话** 特殊的创伤体验或过度满足，直接引起个体“感受性”变异，导致心理机制机能的破坏，表现为使用心理动力的各类障碍。

【在某一阶段遭遇到某种特殊的创伤体验或过度满足，会导致耗尽或滞留大量的利比多。随之而来的是，自我没有足够的能量维持正常的成人心理机能。】

——人格科学

力比多指心理动力，心理动力效能的大小是心理机制机能大小的反映。个体心理机制经历生存体验过程，并在体验的过程中塑造个体身心行为的模式。当创伤性和极端满足性体验作用于个体，使个体心理机制发生变异于常人的刺激反应（过与不及的原理），特别是对刺激接受的敏感度和接受度发生变异。敏感度的变化导致对类似刺激的反应变化，继而引起心理机制对某种刺激的接受性变化——或者出现不适宜的极端反应，或者没有反应。特殊的刺激产生特殊的反应，不适宜的刺激造成心理机制机能的损伤，表现出不适宜的反应，可以形象地称之为心理动力异常。

16、**主题一句话** 我们心理动力的激发源于各类支持性精神力量，外界的支持如父母亲人的支持，朋友同事的支持等，还有一种内在支持的力量就是“分离的自己”给予自我的支持。

【患者一旦看到了自我指导训练对解决某一问题的有效性，那么他在解决其他问题时就会编出恰当的内心独白。】

——人格科学

这是建立自我暗示、自我支持、自我教育的解决问题、面对问题的策略；是利用脱离的精神自我和面对现实问题的自我距离，建立认知导向支持的心理行为方式。简单地说就是“自我鞭策”。

精神可以脱离自我吗？不可以。“脱离”仅是我们想象中的感觉，是想象机制机能建立一个任意观察自我的“视角”，这一“视角”代表观察的自我，他的观察角度完全是自由的，观察的位置、远近距离也是自由的。这个观察的自我在意识中像一个“飘忽的幽灵”，与实际自我“完全独立”，好像是灵魂出窍，让我们产生“脱离”的感受。

17、**主题一句话** 不独催眠方式，我们已经拥有意念植入的机器。

【他们设计了一个被称为阈下心理动力激活（Subliminal Psychodynamic Activation）的程序。让参加实验的人看一个速示器。他们起先看到的是黑色的、空白的屏幕，然后实验者在屏幕上很快地闪出一个意象，时间是千分之四秒，速度非常快，使参加者不能说出他们看到的是什么，也就是说，信息不能保留在意识中。但是，他们说，意象闪现的时间足够使它被记录在无意识中。如果这些研究是正确的，那么阈下心理动力激活程序就使意象和信息留在了某些人的无意识中，而另一些人则没有。】

——人格科学

由此，我们可以发现，一种新的治疗工具——可以代替催眠、自由联想等意念植入的治疗工具诞生了。通过心理动力激活工具，将调整型意念植入个体的潜意识中，因此产生的心理动力调节个体的心理应激能力。不仅速示器可以起到意念植入的作用，在半睡半醒之间的迷离状态下，同样是意念植入的最佳时机（或许对妄想症、自卑等意识症状有较好的“手术”疗效）。

18、**主题一句话** 潜意识哺育了生命的最初，但我们的自主和理性却需要挣脱它过分的约束，才有机会获得自我的新生。

【另一研究中，阈下信息被用来减轻焦虑。（Orbach. Shopen - Kofman. & Mikulincer, 1994）参加这一实验的人从速示器上看到“妈妈和我一样”的句

子后，表现出较低的焦虑水平。对于因与母亲分离而苦苦挣扎的人，这一信息可能为他们提供了自信。】

——人格科学

选择植入性信息，需要注意针对性。潜意识的速示植入，原理是避开了个体自我控制的防御系统。如同在燕雀的巢内偷偷放了一颗杜鹃的卵，孵卵的母亲不具备鉴别是非的能力。

19、**主题一句话** 把相似的信息（刺激及刺激反应模式等）归为一类，让相关信息得以联合——“生命活动机制”的这种经济简省的方式来源于“认知的冲动”和“信息本身具备相似特征的刺激诱发”。联系律是相关联动产生的基础。

【为了验证这种假设，心理学家有时使用一种由记忆的研究者提出的称作“聚类”的技术……很快你就写不出来了，在这个时候，你可能想让单子上的名字慢慢多起来。一会儿写一个，一会儿写一个，直到时间用完。但是，你确实可能发现鸟的名字是按照群集出现的，你可能会想到小鸡，然后突然就想起了鸭子、鹅、火鸡。你可能想到了鹦鹉，然后就是长尾小鹦鹉，澳大利亚玄凤（一种鹦鹉）。在你的单子上出现这些鸟的群集或聚类的原因是在你的头脑中，你组织和整理了这些信息。】

——人格科学

不仅记忆体现出活动的相关性，而且，大脑的神经活动、各级神经系统的活动都是以相关性活动为基本原则。

相关性活动使人类拥有迁移、对比选择推理判断发现等认知能力，相关性使生物活动、生物的神经活动体现节能性，消耗能量最小，实现生存活动的优化。如定式、习惯行为的优越性，学会了熟练开车，开车就可以变为“潜意识能力”，就可以实现一心多用，提升了生存机制的能力。神经系统相关性活动原则源于自然的规律：联系律——事物是联系发展的存在。有研究证明，每个神经细胞承载的职能相对稳定，大脑之所以可以高效处理无限的信息，是因为神经细胞的承载职责的更替、分工和随机相关组合。我们可以想象得出，一种未知的痛觉传来，我们大脑里储存相关痛觉的所有神经细胞都将活动起来，然后是进一步的分辨，一些次相关职能神经细胞的活动逐渐被排除，直至对这一痛觉的确认。如果是全新的刺激或者被淘汰的信息，一些细胞的职能将会被重新定义拷贝或者格式化。神经细胞的信息承载职能相对稳定，时间和学习等经历会使一部分神经细胞的信息活动承载职能出现淘汰和新增的变化。

20、**主题一句话** 行为发展需要训练，机能发展需要刺激诱发。

【年幼儿童经历一系列以主要的性敏感区为标志的发展阶段。儿童经历口唇期、肛门期、生殖器期，最后进入性器期，能进行健康的性欲发泄。】

——人格科学

早期的生物性发展需要的刺激中，口唇、肛门、生殖器、性欲等为主要的刺激接受途径，对个体的生物性发展及相关的心理模式形成起到重要影响作用。

个体从出生到发育成熟，接受的刺激是由内部生物性发展需要为主到认知情感精神发展性需要为主流转变的。对于生命个体——人来说，生物性发展需要的刺激是心理或者精神系统发展结构的沉淀和基础，也是整个意识结构的最底层，认知情感发展性需要是意识系统发展结构的主体和高层建筑。

弗洛伊德先生认识到，个体发展中生物性刺激（幼年触觉爱抚的需要）对发展个体心理系统的影响，但也相对忽略了无形的视、听信号对神经系统（意识）形成的重要刺激作用。

21、**主题一句话** 成年是一个人完全融入社会的生存时期。个体机制机能的发展表现出映射叠加的特征。

【然而，有一些婴儿从没有得到他们所需要的关爱和照顾，这使他们产生了一种基本的不信任感。这些儿童在一生中对他人都会是疏远的和退缩的，不相信自己，也不相信他人。】

——人格科学

这是对个体发展关键期也就是发展的时机性存在意义的描述。因为发展时机的错失，将导致难以弥补的长期遗憾。至于关键期及关键期内的发展目标尚需探讨。

从生理的角度或者生理和心理的关系角度探讨，关键期可分为幼儿期、童年期、青春期、成年期（社会期）、更年期、老年期。每个时期都在充分发展个体的各项机制机能，但有的机制处于发展关键期，有的处于发展准备期，还有的处于已发展期。

具体机制机能项目有待细化确认。但有一个规律，在成年中表现出来不能为自己理解、不能为自己左右的个体行为倾向，多是在前期阶段发展的结果，表现为一种行为机制机能映射叠加的模式：机能前期发展状态映射到隔后一期，前期的准备发展表现为潜意识，隔后一期为觉意识发展；所谓叠加是指个体的某一行为倾向（机制机能）从潜意识发展期向觉意识发展期发展，个体的其他行为倾向（机制机能）也在经历着发展关键期。

我们通常所说的关键期应指的是机制机能潜意识发展期和觉意识发展期。具体模式如下：

——幼儿期

（性取向潜意识发展关键期，映射青春期、生理性发展显著关键期）

——童年期

（交往倾向潜意识发展关键期，映射社会期、自我实现发展关键期）

——青春期

（情感依恋潜意识发展关键期，映射更年期、自我价值发展关键期）

——社会期

（社会价值取向潜意识发展关键期，映射老年期、社会关系建立关键期）

——更年期

（生存依恋潜意识发展关键期，映射幼儿期、人格稳定完善期）

——老年期

（独立性自我的潜意识发展关键期，映射童年期、完全价值期）

幼儿期映射青春期，生理性发展属于关键（个体所接触的生物性气味的原始认同接纳亲近与厌恶的本能反应、神经系统的基本发育、身体的发育，特别是个体对所喜好、憎恶人情感建立的性别取向，在此时储存于潜意识中，错乱了就会产生莫名其妙的未来选择倾向）；

青春期映射更年期，情感稳定性发展是关键（情感的稳定性在青春期得以塑造，随着第二性征的出现，性需求激发了情感系统的迅猛发展，情感的稳定对人格的稳定有决定性的作用）；

更年期映射幼儿期，人格稳定性是发展关键（更年期表现出难以自拔的自我，容易不自觉忽略外界的感受，给予无条件的理解和支持，会帮助个体找到情感失落的支持和缓冲，对于人格的稳定性至关重要）。

幼儿期、青春期、更年期三个阶段都是和个体生理性发展过度紧密相关的，也是较明显的生理性发展变化直接影响的心理波动反应期。

童年期映射社会期，社会性自我控制感发展是关键（有过相关的心理学实验：独处一室的孩子如何面对诱惑。童年是自我存在受到限制挑战的时期，能否在这一时期发展自我控制的所必需的主动性，能否以积极的心态面对挑战，对于个体的自我存在感建立起到根本的制约作用。有外向和内向的交往倾向表面反应，有勇敢和逃避的巨大心理选择倾向差异）；

社会期映射老年期，社会价值观发展是关键（社会关系的系统建立关键在这一时期，社会性事业发展行为是主流，个体与社会的互动关系达到最大，个体对自我在社会存在的价值感因为事业的发展状况逐步萌发，个体与社会的利益取舍互惠关系初步发展）；

老年期映射童年期，人生观是发展关键，自有老如顽童之事实例证（老年期不仅对世界有完全的观念，对个体自我的一生的生命也有了完全的观念，在了解世界无限联系发展变化本质的同时，不抛弃对自我生命有限性的认同，在全心服务于社会的同时，不抹杀享受人生的快乐）。

童年期、社会期、老年期是生理发展的稳定期，也是人格形成的关键期。

22、**主题一句话**　早年是人格基本结构宏观组建期，后来的人格发展，都是在这一基础上细化、变异完成的。因此，早年人格表现的优势和劣势都有被未来环境无限放大的可能。

【与弗洛伊德一样，沙利文强调早期经历对成年人人格发展的重要意义。】

——人格科学

早期发展对人格影响的意义之所以被强调，根本在于早期属于神经系统的宏观构建期，这一时期的任何一点瑕疵如果未能得到及时消除，都会在神经系统成熟期得以放大。并且，人格的发展在最初（前期）表现为潜意识主导下的神经系统活动，人格的某一特征的发展不是限于某一个阶段内完成，而是经历准备发展的隐性阶段和主体发展的显性阶段，所以，早期或前期的发展奠基性作用更显得难以把握，被给予更多的重视。

23、**主题一句话**　动机需要总是随着环境的变化而变化，但人格的表达一般不是容易变化的，对于每一个个体的人格发展状态，都存在稳定的延续性。

【行为在没有了这种动机之后却仍然持续下去。奥尔波特认为，人们经常把成年人的某种行为追溯到他的人生早期，但成年人的行为与早期行为并不一定出于同样的动机。】

——人格科学

对个体早期行为及社会关系状态的考察，是因为人格的发展同自然事物的发展是一样遵循“联系的、发展变化”规律，探讨曾经的经历，是探讨过去的体验对今天身心行为的影响作用，以整体一生的观点理解个体的现在，避免割裂地看待个体，也是更好地理解个体的捷径（以彼至此）。个体发展的过程也就是自我发展的过程，也是有更多的自我能量参与自我生存的过程。

24、**主题一句话** 食性对人格发展塑造的影响

食性的形成不是一代之功，但在一代生存过程中，食性选择的差异会产生明显的人格变异。最好的实例就是僧侣清心寡欲的生活：在他们的戒律中，之所以不允许吃肉、喝酒，并非仅是为了慈悲不杀生，还在于这样的食性控制对他们的心性控制更为便利，不至于因为饮酒乱性，不至于因为食肉堆积无法释怀体内的能量和激素，以驯养“自己的身体”，“修炼”自我不羁的心性。生物的“性格”和食性密不可分的，从各类生物今天所具备的特征，我们不难发现其中的规律：草食性动物多是温驯的性格，肉食性动物多是凶悍的性格，杂食性动物性格复合。当然，这些性格仅是普遍的表现，我们知道在特殊的情境下兔子也要咬人，狮子也有乖巧的时候。

25、**主题一句话** 人格的“重生”

【人格至少部分是生物遗传差异的结果。】

——人格科学

对先天和后天作用人格的认知，人们还停留在单一决定论的立场或者百分率的提法。到现在我们应该明确，遗传提供的信息包含生理的结构构建信息和心理机制形成的构建信息等多方面，基因遗传存在的意义仅表现为个体潜在发展提供了机制的可能；后天生存条件下的存在过程，也就是“当前生存过程”，意味着对个体潜能的挖掘和身心机能延伸的变异性发展。

哲学联系定律表明，生命个体的现在，是在过去存在的基础上构建的；哲学变化律表明，生命个体秉承过去，并在当前发展新生的自我。每一当前个体相对于“上代”都是现世的重生。

26、**主题一句话** 自我存在产生控制的需要

自主控制（控制自我言行、控制环境等）是自我存在感的原始需要（自我生存是行为机制的根本目标，统属自我存在；竞争、控制是生命的本性，人类仍然表现更多的本能防御性行为，机制机能的进化尚处于生物性自我存在维持的低层次）。

27、**主题一句话** 实现行为目标欲望的强度、行为进程给予行为目标确定性的影响、主体行为执行的毅力和韧性，都是产生行为被阻断情绪困扰反应的影响因素。

行为延伸过程中被阻断将引起机体情绪的困扰性综合反应，简称为“阻断反应”。阻断是对个体需要或欲望的抑制。行为目标随着行为效能的积累而逐渐被强化，阻断发生在需要得以满足行为过程的不同阶段，个体产生的被阻断性反应不同。

行为目标萌生，但行为尚未发生，目标行为已成为不可能，此时目标行为被阻断产生的阻断困扰最小。任何行为目标都存在客观不确定性，确定性随着行为发生发展的深度而得以增强，确定性会进一步增强个体延伸该行为的动力。行为发生之前被阻断，行为目标的不确定性最大，且主体没有浪费资源投入，主体因此而来的情绪困扰强度最低。

当欲望行为已经发生，如果此时被阻断，个体会因此产生较强的情绪困扰。首先是实施行为的欲望强度，欲望越强大产生的阻断困扰就越强大，阻断困扰强度和行为欲望强度成正相关；其次是行为发展的阶段影响。如果行为的阶段性发展是个体欲望得以强化的原因（随着行为的进程，好像是实现目标的希望越来越大越来越明朗……），此时行为被阻断，将比行为发展不是个体欲望强化原因的阶段产生的困扰要强。如功亏一篑的行为阻断情结表现较强。

行为实施者的目标欲望越强大，行为进程使行为目标越确定，被阻断产生的情绪困扰程度就越强，我们可以形象地称之为“行为阻断情结”。不同的个体对行为目标的态度不同，阻断性困扰的产生程度也不相同。执著的人容易产生较强的行为阻断困扰，随遇而安的人产生的阻断困扰则相对较弱。

一件事被阻断、人生被阻断都会留下或多或少的遗憾……

人格论——社会章

1、**主题一句话** 心理学中有关男女认识的定位是社会化的人格表达，生理学中男女分为男性和女性。

【女性原始意象（阿尼玛，anima）指男性具有女性的一面，男性原始意象（阿尼玛斯，animas）指女性具有男性的一面。不管一个男性化的女人多么不愿意承认，但她的内心深处是女性的。每一个女性化的妇女在内心深处都是男性化的自我……】

——人格科学

男性化、女性化都是社会化的概念部分，是人们社会认知倾向的一种典型反应。虽然个体从一出生，就接受社会化的塑造，但是，社会个体的生物性本质，并不能因为社会化的简单标准而有完全的一致化转变，男性生理特征不会自然变成女性，男人还是男人，女人还是女人。男性化和女性化本身仅是一种行为倾向性的反应，而且，并没有任何一种气质特点是某一性别专有的，如男人有莽汉，女人有狮吼。因此，既然是一种倾向，也就是说个体的特质表现，某些方面倾向于男性普遍的特征或女性普遍的特征。但个体表现出来的典型特征不一定和社会化的性别标准相符合，如女性表现出果敢、冲动，男性表现出扭捏、犹豫；男人爱女性化装扮；女人爱男性化装扮等。这里既有生理特质成分的影响作用，也有认知形成的影响作用。男性化和女性化是社会认知后的概念产物，并没有一个也不会有一个确定的标准，仅是一个普遍的社会观念。

对社会人来说，男和女的区分，是人们自己的认知扩展给自己设置了认知的障碍。社会人在生活中根据普遍的感受，总结定义了男性化和女性化的概念，但却因为对个性化个体的忽略、普遍现象的完全扩大化，产生认知的矛盾，用普遍的倾向衡量所有的个体，必然产生错误认知观念。实质是，男人、女人和男性化、女性化是两个不同内涵的概念。男女的分辨有两种角度，一种是“是非”标准，即根据生理性别划分为男性和女性；另一种是“倾向”标准，即不管生理性别如何，根据个体性格特质行为表现出的突出特征与社会化性别倾向的对比的划分，即将社会人划分为男性化人和女性化人。对于社会作用来说，不同的划分标准其社会意义不同：根据生理标准划分，更多的是服务于社会伦理文明道德的要求，如厕所的区分；根据性格特质划分更多的是服务于个体的社会价值作用的需要，如任务的分配与完成，有的需要女性化的个体，有的需要男性化的个体，以便更能顺利完成相关任务。

男性和女性是可以截然区分的，但是，男性化和女性化是不可以截然区分的，任何一个社会化个体，都同时具备男性化和女性化特质，如女性更多表现出温柔体贴，男性也有；男性更多表现出刚毅果敢，女性也有。因此，对于每一个社会人，同时具备男性化和女性化特质是客观存在的，否则刻意地塑造某一性别化，就是失去特质平衡性、极端特质特征的社会化强迫变态人。

2、主题一句话 男性化和女性化有其积极的社会分工意义，但也存在应用的弊端，如“假男人”和“假女人”的“污名”。

【例如，一些研究者描述到男性化的男人和女性化的女人都好像拥有一个稳定的性别图示。（Bem. 1981）可是，其他研究者发现，把他们分成两种类型的人更有用。这些心理学家提出，性别定型的男人拥有一个稳定的男性化图示，性别定型的女人拥有一个稳定的女性化图示。（Markus，Crane，Bernstein，&Siladi. 1982；Payne，Connor，&Colletti，1987）有实验支持这一模型。在一项研究中，男性化者有准备地回忆起了男性化的单词，而不是女性化的单词；女性化者正好与此相反。（Markus et al. 1982）但是，有些心理学家提出第三种方法。他们质疑说，对“男性化”和“女性化”的描述是否集合了所有关于性别的行为。（Edwards & Spence. 1987；Spence. 1985）】

——人格科学

性别化图式是认知模式的一种，至于如何按照一定的性别标准将所有人组成的整体分类，分为男性化、女性化、双性化、无性化等，我们首先要考虑研究的价值，是否有利于人类生存发展或者说社会生活的需要，否则就是自问自答式的无意义探究。

对于性别化研究的价值，充其量仅是从一个角度对人类社会化塑成人格行为的理解，使社会化服务更适于个体的性别倾向需要（这种需要也是暂时的）。但性别社会化的片面强调却带来人格的“污名”，如“假女人”等。客观上，每一个个体并不缺失人格系统的任何维度，都具备所有人格维度的表现特征，差异在于核心维度的不同、同一人格维度的不同倾向表现。个体人格特征（如性别社会化）所处每一人格维度的位置并不能因为生殖性别的差异予以决定，而是还有很多更重要的决定因素，如非指导性别的生物遗传信息、环境刺激、主体的能动性等。因此，过多的研究性别化问题是个有失偏颇的研究方向。每一个个体都以自己独特的生存模式活动，既然已作为模式是因为具有稳定性，而稳定不是固定，生命的属性是活动变化，有淘汰有更新，每个个体的性别社会化都是一个独立自适应的变化延续过称。因此，通过带有污名效应的性别角度将人类的群体予以分类、将个体给以性别的人格标签固定是不合适的，也没有必要。

3、**主题一句话** 任何社会化的事物都是有其意图，总是代表这一部分人的某些需要，男性化和女性化也不例外。如封建社会对女人“三从四德”的要求，是为了满足男人控制性社会地位的需要。

【性别定型者更可能根据有关性别的线索进行信息加工，然而这种加工倾向对其行为的作用可能会受到环境的局限。】

——人格科学

我们可以提问：什么样的人是性别定型者？以什么标准？有无可以确定的标准？为了什么给予性别定型？研究者已经发现，“这种加工倾向在生存活动中表现出局限和不适”。所谓的性别定型完全是“硬造”概念，也没有太多社会化应用的价值，是人类对生殖性别社会认知泛化的一个暂时的表现。只有在特殊情境中，我们才会这样思考，“我是男人，我必须怎样”“我是女人必须怎样”。

4、**主题一句话** 尊重人类行为发展过程中的生物性限制，男性化和女性化是人类社会化生存需要某个阶段的产物。

【按照性别图示理论（Bem，1979，1981，1985，1987），那些具有很强的男性化和女性化特征的人是性别定型了的，也就是说，这些人比大多数人更可能按照性别来认知、评价和组织……】

——人格科学

这句话我们可以看出表述观点的牵强：“那些具有很强的……是性别定型……”我们可以反问，是谁来定型？什么需要定型？定型的根据和意义是什么？性别化（不同于生殖性别的区分）的区分源于社会发展阶段生产力特征因素的界定，和生产方式相关，确切地说，和生存需要密切相关相适应。男人和女人在生殖系统，也就是生物特征上有所差异，必然导致人格的倾向差异。但并不因此使某一性别个体缺失了某一人格维度的特征表现，也并不是性别差异决定了个体人格维度的差异，而是生殖性别差异对个体行为表现倾向在某一人格维度上的位置会产生影响。

生殖性别差异是遗传过程的偶然结果，本身是双性综合的结果，身心拥有的特征是双性性征的重新融合。因此，生物性性别差异的遗传获得影响、生存环境的标签塑造是个体产生社会化性别倾向的表现特征。很强的性别化个体仅是群体里的少数极端，但我们不能说十分男人的男人没有温柔的时候、十分女人的女人没有强悍的时候。

生殖的性别差异是生物性的存在，衍生出生存社会化需要的人格性别化差异（性别化属于人格范畴）。随着人类的进化，人类理性的发展，人类的生存机制将逐渐发展得更协调，生物性的性别差异和人格的性别差异将缩小矛盾，规范道德的发展将越来越有利于人类最优化生存的需要：同性恋是个体自由的选择，变性仅是普通的商业行为，感情结合会更加融洽自然或自由（自由是对今天受约束的人类感情行为而言，自然是对未来感情关系的存在状态的描述）。人类理智的发展，不在于完全脱离生物性约束（手脚受伤了，不是把它砍掉，而是好好地善待医治，使康复的手脚为自由的身心服务），是尊重生物性影响的存在，尊重个人的选择，以最优化生存为目的（仍然是因势利导的中庸之道：因自我生物性存在之势，为自我生存优化的向导）——男性化、女性化、双性化的标签或者其污名性的存在必被很快淘汰，人类需要的是有利于人类社会化生存需要的人格维度特征，不在于“为性别化而性别化”。

5、**主题一句话** 对异性喜欢的因素是将社会化生存需求标准和生物性需求标准混合在一起形成的，至于哪一部分所占的比例多一些或少一些，他人难以分辨，任何选择都符合个体的自我需要。

【另外，男女在寻找未来伴侣时所喜欢的特点已经超出了我们从祖先那里遗传来的天性，野生动物的基本需求与生活在现代社会里的人类的需求已经大相径庭。比如，许多女性喜欢一个肯花时间陪伴自己的男友，而不是一个倾尽心力于事业，一心往上爬的男性。】

——人格科学

谁能否认，男性化和女性化从人类生命一开始就已经“潜伏着”，是随着对自我生殖性别的认知而逐渐发生的。男性和女性的认知也是由原始潜意识状态到自我觉意识状态发展的，由不分男女发展到“男女授受不亲”的极端化表现，男女社会关系的约束都是后来社会规范的衍生。因此，异性选择的第一条永远是性本身生物性吸引因素，其次是社会化生存竞争的吸引因素。如果美貌是生物性吸引，那么美德就是社会性吸引。而男性化和女性化个体的行为表现特征，则属于性别社会化吸引的人格魅力范畴。

6、**主题一句话** 生产劳动方式塑造人类不同社会时期性别社会化的分工角色，生存的能力决定了社会存在的人际关系模式，决定了性别的社会化角色的内涵，决定了个体的社会地位。

【这些研究结果并不意味着男孩仅仅模仿男性榜样，女孩只模仿女性榜样。相反，儿童首先会注意到某种特定的行为通常更多地表现在某种性别的人的身上。（Bussey & Bandura，1984；Perry. & Bussey 1979）男孩女孩都会发现，男人更多地干技术性的工作，女人很少干。需要安装设备时，父亲往往要挺身而出。所有的汽车修理工好像都是男人。】

——人格科学

男性化和女性化的社会化塑造，首先是由生存中生产劳动方式对男人女人生物性体能体力特点的需要决定的。生产劳动是财富和生存延续的根本，男人拥有自然赐予的体力，使男人拥有与之相适应的社会化劳动及延伸的生存保护的角色；女人是生殖承载的身体，使女人拥有相适应的养育细致体贴及延伸的生存看护者的角色。生产劳动方式塑造人类不同社会时期性别社会化的分工角色，母系社会，女人创造了生存延续的生产资料的主体，女人是社会的主体，父系社会相反。未来的社会发展，女人不再是人类的唯一延续承载体，现代工具的使用、人力劳动的缩减，也使男人坚强的体魄退出生存所需的力量创造的主体地位，未来社会男女角色的可能会是另一番情景。

男性化和女性化的塑造还体现在社会文化的塑造上，可想而知，每一种社会文化，都是当时生产活动决定的社会关系的反映表达。物质基础总是决定上层建筑的倾向，以此类推，在以往的母系社会，男人的社会地位该是多么窘迫。归根结底，是生存的能力决定了社会存在的人际关系模式，决定了性别的社会化角色的内涵，决定了个体的社会地位。

7、**主题一句话** 男性和女性可以截然分清，但男性化和女性化不是截然对立的。

【贝姆还反对适应良好的人是性别角色与性别类型相匹配的人。相反，她认为适应最好的人是同时具备男性特征和女性特征的人，她把这称作双性化。贝姆认为，只有男性特征或只有女性特征的人缺乏适应能力。】

——人格科学

男性化和女性化或者双性化，都是个体适应社会、适应自我需求的结果，不是我们所指定哪一种好就选择哪一种，是多数个体的共性选择形成了社会选择的倾向。男性和女性是自然生殖性征的选择，完全是遗传的需要；男性化和女性化的塑造是社会文化的反映，是维护社会生产关系的需要。个体自出生以来，任何性征都是潜能的方式存在，某些性征存在些许的遗传差异，但是否能被刺激发生发展如何，取决于生存环境的条件；在相同或相类似的生存条件环境中，决定个体生存能力的是个体的遗传性征，特别是个体的自主能动性水平。所谓的男性化和女性化特征，都是人为标识的结果。个体一出生，具备所有社会化的潜能性征特质，虽然某些特质的潜能大小有所差异，但每一种社会性征特质都不会缺少，至于哪一种性征特质被激发，哪一种性征特质被特别强化，哪一种性征特质被消退，都是社会化作用的结果。所谓的两性性征是任何个体客观存在所有特质的反映，虽然仅限于社会性别角色化描述的意义。至于贝姆将女性化和男性化特质对立，则是对性别角色社会化发生认知的模糊。事实上，并不存在为某一性征个体所特有的特质，我们至今乃至永远都不能确定“果断”为男人所独有，“温柔体贴”为女人所独有。男性化和女性化本身就是个泛泛而在的概念，也仅是社会文化的一个反应，不是一个能和生殖性别相一致、有明确分界的区分标准，仅是对生殖性征男女区别称谓的借鉴衍生使用。

男性化和女性化性征的内涵不是完全对等的，社会化性征不是一个连续体上的两个对立面，所以，就会出现“不能因个体的男性性征不高就能推其女性性征如何”的矛盾。比如，假设个体性征特质有十种，每一种都存在连续强弱两级的表现，社会化男性性征的内涵可能仅包含一、二、五、六、七项强极端表现，社会化女性性征可能是三、四、六、八、九、十项的强极端表现。这样就好理解某一个体男性性征强的不一定女性性征就弱，男性和女性性征也并不都是绝对对立的特质，还有重合的部分特质。而且，男性化和女性化社会化性征虽然有通俗的标准，但对于个体来说，作为判断依据的是一个无确定内涵的社会化性别标准，为我们所看到的仅是个体的某一项或者几项特别突出的性征特质，我们往往就是根据我们所感受到的这一项或几项特质来以偏概全地定义个体的男性化和女性化。

概括地说，男性化和女性化不是两个非此即彼的概念。比如，一个女孩子在很多场合表现出很好的果断特质，我们容易冠以“男性化”的描述，但我们却忽略甚至不能理解她在“心爱的男人身边娇嗔”的表现。男性化和女性化是类似于儒家文化的父系文化的体现，男女社会地位的差异被蒙上了文明的虚伪，“这些所谓的文明”已成为对人类适宜自我本性发展存在的约束。我们需要的是生存的优秀品质，不是用简单的性别化来予以区分，并难免滤除社会化性别带来的污名效应。社会化性别的存在有性别歧视的意义，任何个体对性别化的期望，都是对自身本性一些优秀特质的否定。

8、**主题一句话** 自我是存在的唯一，无论如何我们都是自我的表达，超我和本我是自我表现出的两种不同侧重的倾向。

【人格划分为伊底、自我和超我。正如我们常说的：“一部分我想做这件事，另一部分我想做别的事。”弗洛伊德认为组成人格的各部分经常发生冲突。】

——人格科学

本我是原始自我存在自发需要的表现，超我是规范道德社会存在约束需要的表现，这两种需要相互作用后的当前需要的表现就是自我。一个社会个体的表现只有自我存在，本我和超我仅是自我表现存在的两种倾向，本我和超我是组成自我存在交互调和（冲突、融合）后的两种因素或成分。三者的关系不是并列存在，而是一种存在的两种可能倾向。

9、**主题一句话** 本我的超我化是个体人格社会化的本质。

【弗洛伊德认为，出生时只有一个人格结构，即伊底。这是我的自私部分，与满足个人欲望无关。伊底采取的行为遵循快乐原则。即伊底只与直接满足个体需求的东西有关，不受物理的和社会的约束。当婴儿看到想要的东西，就去够它，无论这东西是否属于他人或者有害。这种反射行为一直保持到成年。弗洛伊德甚至认为伊底冲动永远存在，它们必须被健康成人人格的其他部分加以限制。】

——人格科学

本我的需要会持续到成年不足为怪，任何时候都存在生命身心自发的需要，生命的过程也可以说是本我需要和超我需要交互一生的过程，社会规范在变化，本我的超我化属于社会化自然经历非完全强迫形成过程，人生都在经历着社会化的过程。

10、**主题一句话** 因为本我的自我中心、超我的客观变迁，人格的发展是始终矛盾的过程，寻得对立的协调就是自我完善。

【由于养育不当，一些孩子没有充分建立起超我，长大成人以后，他们缺乏对偷盗和攻击他人的内控机制。】

——人格科学

超我在自我行为中得以体现的过程就是本我社会化的经历。这是个体生命经历一生的本我与超我的斗争体验。

11、**主题一句话** 弗洛伊德的三角矛盾并不存在，是对承载“本我和超我”一对矛盾斗争倾向“自我”唯一实体行为状态的偏差描述。我的存在即是自我，自我的行为可能会倾向于“本我需要”，可能会倾向于“超我需要”，自我行为是超我和本我的实体。

【好似作用于三个角上的拉力形成三角形一样。伊底、自我、超我相互补充、相互对立。在一个健康人的身上，强大的自我不允许伊底或超我过分地掌管人格。三者的斗争永不停止。我们每个人意识之下的某个地方，都存在自我放纵、考虑现实性和强制执行严格道德准则三者之间的紧张状态。】

——人格科学

我们常说的现实性是什么？就是本我的存在需要和超我的社会需要斗争调和的最终状态。任何时候，都不存在一个完全社会的本我或者一个脱离社会的超我。本我就代表无拘束的主观需要，超我就代表社会化统筹个体需要所产生的约束。存在的仅是放纵和约束之间的紧张状态。是两维对立协调，不存在三角恋。更确切的比喻是，本我和超我是一条磁力线的南北两极，这条磁力线就是自我，某一时刻的行为就是坐落在这条磁力线上不同位置倾向的表现。

12、**主题一句话** 哲学让我们接近真实世界，心理学让我们接近自我。

【我们身上多数真实的东西都不是意识，而我们意识中的多数东西都不是真实的。】

——弗洛伊德

是心理学使人类真正关注自我接近了自我，尤其是弗洛伊德学说的产生。

13、**主题一句话** 防御机制的提出是站立在环境施加刺激于人类的角度上看待生命存在的，生命是被动的、接纳的。我们难以排除生命自主的行为成因，生命的机制包含自主控制的部分，从伴随生命一直存在的控制自我，延伸到对环境的控制，和被动、接纳相对立的是主动、控制。生命不仅是接受环境施与的刺激，同时拥有施加刺激与环境的行为客观存在。

【幸好，自我有许多处理非期望想法和欲望的技术。这些技术总称为防御机制。】

——弗洛伊德

正是本我需要和超我需要的矛盾，产生了多样的心理现象。并且，神经系统在处理这些矛盾的过程中发展了自我活动机能，这些机能就是心理机制的体现。而不仅是防御机制，是身心行为机制。

例：不同层次的自我控制

每个人的快乐是建立在自己生活圈子的约束之内的，作为一个保安，他有自己不为人知的快乐，车辆的进出归他管，他有控制的权力、控制他生活世界的权力，他会因此拥有背手而立于门旁的快感。每个人都有自己快乐的途径和方式，每个人都有自己痛苦的原因和疏解的方法。

14、**主题一句话** 自我的三层次：“我是怎样的”、“我能怎么样”、“我怎么样了”代表着个体的“状态认知”、“价值评价”、“行为表现”三个方面。

【自我图式就是“对来源于过去经验的自我认知上的泛化，它组织并引导着关于自我的信息加工”（Markus. 1977）。你的自我图式就是由你的行为中对你最重要的那些方面组成的。】

——人格科学

“自我”在不同的使用环境中表示的意义不同，在生活中的自我表示个体以自我为中心的行为表现，在学术上的自我指一种独立的生存状态。“自我”可以分为三个层面理解：第一，自我指“我是怎样的”，也就是在生存互动过程中形成的对自己的感受评价，形象的说法是“自我图式”；第二，自我指“我能怎么样”，也就是在生存活动中形成的自我控制感，形象的说法是个体对自我生存状态的评价，我和环境的互动关系是被动的还是能动的、是顺从的还是控制的；第三，自我指“我怎么样了”，也就是“客观要求和主观需求、超我和本我”协调后的最终表现结果——通过“自我”表现出的唯一行为存在，是个体存在价值的具体表现。

15、**主题一句话** 个体关注力的大小限制了自我世界的范围，个体自制力的发展是自我完善的标志。

【男孩产生阉割焦虑，害怕父亲发现他们的想法而阉割掉他们的阴茎。如果男孩看到姐姐的外阴，他会认为这种命运已经降临到她的头上。女孩看到男孩的外阴时，则会产生阴茎嫉妒。她们希望有一个阴茎，同时伴随着一种由缺乏阴茎引起的自卑。】

——人格科学

焦虑、恐惧、嫉妒等心理的发生及发展，是建立在个体与外界交往的过程中形成的。而且，所有的心理模式的形成、变化，都是围绕个体自我的发展而衍生的。在个体一出生时，是最无助的，但也是完全自我的时期，个体在发育发展，个体关注力所能涉及的仅是狭小的自我世界，对外部的世界，仅从父母亲人的面部表情开始。这时候，世界的一切都是围绕着“个体我存在的”（充分的本我），慢慢地，个体的视野逐渐扩展到更多的外部世界，但并不是我看即所有，而是我理解感受到的才是我的视野。

随着个体交往能力的增加，于外界交互行为的增加，生存能力的增加，个体开始经历环境的限制和经受社会化道德规范的制约，自我存在感、自我控制感受到威胁和抑制。个体产生失去自我的存在性慌乱（青春期慌乱的一部分）。随着社会化程度的增加，个体越来越多地感受到社会化的抑制（超我）。在本我和超我交互作用的过程中，个体对自我的存在感逐渐由潜意识发展到觉意识，自我不再由本我完全控制，而是由超我和本我共同作用后控制自我。

就在超我和本我的交互过程中，一切心理问题都随之产生了。人的心理的发生发展，就是一个围绕自我存在感变化发生发展的过程，更是本我和超我斗争交合的一生。心理疾病，就是本我和超我未能统合异常自我的表现结果。弗洛伊德先生对心理行为发生发展的解释，仅是个体本我和超我交合作用众多类像中的一个或一种可能。我们再一次感受到，存在是生命的根本，生命存在是一切行为发生的依据。

16、**主题一句话** 游戏是孩子们接受社会化的模拟演练。

【处于潜伏期的男孩和女孩似乎对彼此都没有任何兴趣。】

——人格科学

进入游戏的年龄，个体就是进入了社会化竞争演习的预备场。存在，最大化的存在，主动对自己的控制、主动对世界的控制，社会化控制行为就在这一时期初露端倪。“自我”发生发展的各个阶段，能否成为个体觉意识是各个阶段的区别，自主性表现的方式、自主策略、自主欲望的程度也是区别之一。

17、**主题一句话**　自我执行的监督机制属于习惯性心理行为的一部分，是个体于环境互动的过程中潜移默化的行为模式。

【精神分析过程中，治疗师鼓励病人用自由联想的方法暂时逃避自我所执行的监督机制，我们经常摒弃令人憎恶的，看似琐碎或愚蠢的想法，以避免受这些想法的侵扰，或犯愚蠢的错误。】

——人格科学

所谓自我执行的监督机制就是指超我的社会世俗规范的“习得性”自行制约。而“琐碎、愚蠢、令人憎恶的”都是自我斗争的内容。

18、**主题一句话**　“你太自我了”，这是一种习惯的错误说法，这里的自我指的是“自主”。然而，自我是任何一种个体行为的存在，但是，自主明确所指为个体的“自我控制力表达”。

【他认为，自我是人格中一个相当有力的、独立的部分，其作用是建立人的自我认同感和满足人控制外部环境的需要。埃里克森的人格理论被叫做自我心理学是合适的。】

——人格科学

每一个人的存在都是独特的，也就说每个人都拥有一个独特的人格模式，每个人的存在都是一个独特的自我。但是，自我不代表自主。自主是通过个体维护自己的完全利益和要求表现出来的。从人格因素角度分析，自主是人格中能动控制自我生存状态的行为表现。简单地说，自主就是自我对自我的控制。

19、**主题一句话**　自我认同感就是个体对自我存在状态的正面评价，属于自我存在感的良好倾向部分。自我即存在，自我感即存在感，生命的存在即自我，个体存在的状态就是自我。对自我生存状态的评价会产生认同和不认同，或者说满意不满意。我们需要认同他人，更需要认同自己，认同自己是建立良好存在感的前提。

【根据埃里克森的观点，自我的基本功能是建立并保持认同感。他把自我认同感描述为一个复杂的内部状态，它包括了我们的个体感、唯一感、完整感以及过去与未来的连续性。常被人滥用或错用的自我认同危机一词就来自埃里克森的著作，这个词指的是人在缺乏自我认同感时所感到的混乱和失望。】

——人格科学

自我是精神自我和身体自我的统一体。我们更多地强调精神或心理的自我，忽略身体生物性的自我。当自我指向自我的根本存在需要时，身体的自我的主导性就表现出来（生理生物性的基本需要）。自我存在是原始的需要，在自我心理存在感基础上衍生出自我控制感和自我接纳感（含认同感）。自我心理控制感是个体存在的主动、施加性感受，自我接纳感是个体存在的被动、接受性感受。自我心理认同感是主体接纳性感受（包括自我认可的自愿接受和不希望接受的也必须接受——心灵的妥协），是自我对自我存在状态的正面评判。当个体无法保障自我存在时，焦虑、混乱、失望甚至绝望各类失败消极的感受不断萌现。有存在才有控制，有控制才有认同。自我认可、自我认同也是自我控制和自我接纳相互融合的表现。

20、**主题一句话** 价值感、安全感等的缺失都会导致存在慌乱，产生认同危机。认即认知理解，同即赞同依托。

【尽管认同危机在任何时期都有可能发生，但埃里克森相信，在社会发生动荡，动摇了人们生活的基础时，更容易发生认同危机。例如，剧烈的社会变迁、战争威胁、政治和社会权力更迭等都会导致稳定的丧失、个人价值的改变和不确定的情绪出现。】

——人格科学

在社会环境的生存条件中，当威胁个体生存的力量比较强大时，个体自主控制感逐渐减弱，自我认同感随之而降低。但认同感的产生依赖于个体主观经历的体验，个体心理动力的大小直接影响自我认同感的强弱。（埃里克森先生的自我认同观念的产生和自己的人生经历是密切相关的）

21、**主题一句话** 关键期也是突变期，是个体某一机能在各方面条件具备的情况下迅速发展的表现时期。适应不再是单方面人对自然的顺从行为，还表现在环境对人类生存行为的适应。因此，适应和适应困难我们要做重新界定。

【根据埃里克森的观点，所有这8个阶段在人一出生时就以某种形式存在了。然而，在我们的生命历程中的特定时期，如人格发展的某个转折点、某个危机时期，其中的某一个阶段就会成为最关键的时期。解决这些危机的方式决定了我们人格发展的方向，并影响到我们如何解决今后危机的方式。每一个阶段在克服危机的方式上都带有两个特点：一个是适应，另一个是适应困难。】

——人格科学

关键期的客观存在，对社会化个体的发展影响较大，也就是个体发展的时机性需要特征。面对环境刺激或克服危机的施加作用的方式，有两个视角：一个是自我控制，即外界对自我的适应；另一个是自我接纳，即自我对外界的适应（妥协、认可）。具体表现为控制与接纳并存形成的自我存在感，形式如同超我、本我并存而成自我。

22、**主题一句话** 完全自主就是自我完善。自主是自我存在必要的支撑，存在的价值感源于自主感和环境的支持，也是自信发生的根本。我们的身体可以孤独，但我们的心灵不能孤独，它需要支撑才能得以延续。

【和阿德勒不赞成溺爱孩子一样，埃里克森发现，父母的过度保护会阻碍这个年龄儿童的自主性的发展，如果不允许儿童进行探索，不能获得个人控制感和对外界施加影响的认识，儿童就会产生一种羞怯和怀疑的感情。】

——人格科学

在任何阶段，个体都是需要支持的自我，即既要有自己的独立性又要有环境或外在的支持（依托于个体生命存在的情感属性）。因此，人在生命过程中的每一个阶段，既不能给予完全的呵护使个体失去自主，也不能给予完全的抛弃使个体厌恶社会，每一个阶段都是自主发展和社会性支持相互作用的协调。如果不得协调，个体将出现社会化属性的障碍。

个体自主的发展经历未觉察自主（潜意识）到觉察自主（觉意识），再由理解自主、构建自主到完全自主（因为自始至终，生命个体总是以自我需要为中心、为生命活动的出发点的，自我需要是自主的本源）。未觉察自主，是本能性自我中心表征，外界一切无条件无理由的为我存在而存在；觉察自主，是觉察到自我存在的需要和条件限制的状态，是自主的现实性得以发展萌芽的自主混沌；觉察自主的矛盾期从意识到外界对自主需求的限制开始，直到完全自主的形成。人生大部分是在觉察自主的矛盾期度过的，在这一过程中，理解自我存在价值和意义、树立自我和世界的关系（世界观）是觉察自主的内涵；当形成了对自我和世界的观念，就开始了完全自主的生存活动。

在完全自主的历程中，是自我和外界最佳的协调，自主不再受外界的限制，自我完善为外界环境提供最大的价值作用。当环境成就了个体的发展，实现自我完善的个体必将反哺环境，这就是完全自主，也是完全自我、自我完善的价值体现。正如孔子所言，“吾十有五，而志于学。三十而立，四十而不惑，五十而知天命，六十而耳顺，七十而从心所欲，不逾矩……”七十岁随心所欲、不为拘泥，而且不逾矩，完全与社会融于一体，我即社会、社会即我，我即环境、环境即我。当然，社会的进化，个体的独特性，使自我的自主性发展的每一个阶段的开始并不能以年龄为固定的标准简单划分。个体能实现对自身的自主、实现在生存环境中的完全自主，这是生命能动性的价值，同时也表现出对人格能动性的依赖。

23、**主题一句话** 我们不能选择自我生命的开始，但可以选择生命的今天和未来。面对生命的瑕疵和灾难，我们很难扭转生态求得重新开始，瑕疵和灾难、垂老已归属我们生命自我的一部分，否定现实只有虚妄的意义，我们不仅需要接受，更需要积极的改善。

【埃里克森写道：“人对唯一的一次生命，是将它作为不得不是这个样子而接受的，把它作为必然的、不允许有其他替代物而接受的，是以人的生活是人自己的责任这样一个事实而接受的。”（1968）】

——人格科学

埃里克森是这样的，很多老人也是这样的，在生命终结向自我的毁灭妥协。但是，类如秦始皇这样控制感占主导地位的个体自我却不是这样，他们追寻长生不老，要控制生命。当然，更多地表现为与有限的生命相抗争，用有限的生命创造延续人类的财富，很多致力于一生科学研究的人都是这样的个体。人对生命的看法就是对自我的看法，对生命的接受与否，就是对自我接受的与否。

24、**主题一句话** 经历是财富，有些挫折体验是其中的一部分。攻击是面对挫折的第一反应，也是消除障碍的最简单直接的心理反应。挫折和失败是个体本我经历超我驯化形成自我的必然经历，也是自我存在控制感波动的原因。接纳那些我们不能控制的一切，是对自我控制感的有效补充，也是人类进化而来理性机制作用的反映。

【当我们寻求快乐的冲动受到阻碍时，就会体验到一种攻击障碍物的“原

始的反应”。】

——人格科学

经历挫折行为的过程，个体自我控制感受到伤害，滋生挫折情绪。大量的挫折情绪产生挫折的心境（情感），悲观倾向性归因和挫折心境的未能得以及时的支持性清理，产生抑郁。

挫折给予个体应对困难时情绪控制的学习体验机会，对个体健康的行为模式或人格形成都是必不可少的。个体会认知到，有些问题是自己可以直接控制、解决的，有些问题不是自己可以控制解决的。当遇到不是自己可以控制解决的问题时，接纳、认可这一现象的存在，是对自我控制感的间接补充构建。任何情况下，个体都不能失去对自己的控制感的存在，自我控制感是建立在对自己身心行为的发展变化和外界环境中影响生存因素的控制中形成的，或者是直接的控制，或者是间接的控制——接纳认可。

25、**主题一句话** 影响自我控制感的内外因素有自我机能水平、控制的难度等。每一个为人所奋力实现的事件，都有独特的价值，对其价值的有效占有就是控制。

【冰球手的暴力行为与他们在联赛中的排名有关。排名第一的和排在倒数的几位的球队，攻击性较小。在最靠近目标的队员（排在第二的球队）暴力行为最多。比赛中的一些挫折会使此队的球手比排名第一的队和根本无望拿到第一的队更激怒，可能因为后面的两种球队不会损失什么。】

——人格科学

自我控制感在何种状态下会产生积极主动的控制反应，何种状态下产生接纳认可妥协的被动控制反应，和对目标控制的困难程度及个体的生存竞争控制能力水平相关。当生存竞争目标的困难程度离个体的控制能力差距极大（如果难度极小则容易引起个体的控制放弃），个体容易产生接纳认可妥协的被动控制反应（如“习得性无助”），当生存竞争目标的困难程度为个体的能力水平越接近，个体越容易产生主动控制性行为反应。如得之很容易、得之不可能，得之不容易但有很大可能，这两种对比状态影响个体的自我控制态度。

对获取事物的控制态度，取决于个体获取事物的过程难度和所获事物的给予自我的价值变化。其中，事物给予自我的价值变化起到决定态度的主要作用。如大浪淘金的艰辛，对金倍加珍惜；如果后来遍地都是金，此金不足惜，仅有象征的价值。经历千辛万苦的婚姻，能为双方互相珍惜；但若互相已无相伴的价值，事实婚姻也随之解体，即使保存也是婚姻历程的回忆象征。

26、**主题一句话** 自恋不是自尊，但是自尊、自信的一部分。

【自我概念是关于你对自己人格特点看法的积累——也就是说，你认为自己是一个什么类型的人。自尊则是指你对自我概念的评价。其实质是你是否喜欢你所认为的这个自己。】

——人格科学

心理学的许多概念目前是混乱的。

“自我”依托弗洛伊德的概念确定比较科学，即指社会超我和生物本我协调而成的社会存在自我，是对“个体我”的行为人格模式的客观描述。

自尊，则是个体自我存在控制需要的一种反应。以自我需要为中心的自我不是“心理学的自我”，而是自我存在表现出的自主。自尊也不是自己是否喜欢自己，不是自恋，而是自己对自身存在价值的认可和维护。自我价值感是对自我存在意义的认知感受，属于自尊建构的范畴。

27、**主题一句话** 比赛中，男人试图打败另一个男人，好像是要战胜父亲——过多地应用潜意识解释当前行为，是认知的热聚引起的泛滥。

【根据弗洛伊德的观点，由于要在象征意义上击败他们的父亲这一未排解的恋母欲望的存在，在这一竞赛中，男人试图打败另一个男人。】

——人格科学

个体的竞争是为自己的存在而展开的，当个体成长不再局限于家庭，而是更多的社会交往影响，竞争的对象主体已不是家里的父亲，而是伙伴。

在父系社会为主体的结构关系中，竞争对手主要是同性，而不是异性。所以，当个体更多地依赖群体生活发展时，同性伙伴竞争是生存竞争的主体。而对于异性，则更多表现为竞争的结果（异性态度的关注）。

28、**主题一句话** 小时候，我们从不会想“我们为了什么存在”，这就是未觉察自我阶段。当你的心灵获得了完全恒久的自由，你达到完善自我的人格状态。其余的时光，我们都是在理解和雕塑着自我。

【与弗洛伊德一样，沙利文强调早期经历对成年人人格发展的重要意义，他对儿童与母亲之间的关系特别感兴趣，但是，和埃里克森一样，沙利文认为：人生最初几年以后，人格仍继续发展。他认为人格发展有七个阶段，他称其为发展时期（Developmental Epochs）（见表5－1）。这七个时期是婴儿期、儿童期、少年期、前青年期、青年前期、青年后期和成年期。弗洛伊德用先天生物钟来描述发展阶段，而沙利文认为，这些阶段主要是社会因素决定的。儿童以特定方式通过特定的阶段，其原因，一部分与该阶段的生物变化有关，另一部分与儿童在该年龄的特定处境有关。因此，在不同文化背景中生长的儿童会经历完全不同的发展阶段。】

——人格科学

沙利文的影响个体人格发展阶段的因素是有道理的，一方面受个体生理性发展影响，一方面受个体生存的环境影响。因此不同的个体人格发展的时间阶段是有所差异的，通过统一的年龄划分标准予以衡量，是存在大小不一的误差的。

以个体行为的特征为依据，人格发展的阶段是难以细化的，我们可以从自我存在感发展的显著性变化为划分界限，把人格的发展阶段划分为：未觉察自我、觉察自我（理解自我、塑造自我）、完善的自我。

29、**主题一句话** 生存因为群体化而具备社会性，但趋利避害的个体自我保存决策原则永远不变。

【这些神经症者的一贯需要是攻击他人，保持优越感，控制他人和显示力量。】

优越感是个体自我存在感的社会化竞争后的体验积累。

30、**主题一句话** 健康需要袒露，需要良好的人际交流。但是，过多的交流，交流的泛滥却是一种人格疾病。所以，经常地自我表露不足为衡量健康人格的标志。

【按照朱拉德（1971）的观点，经常地自我表露是一个人健康人格的标志。】

——人格科学

自我表露是获取社会性支持的表现，通过“共鸣式”生存境况获得社会关系中的接纳感，通过经历体验的“分享”建立沟通联系的渠道，使个体在认知情感、存在状态上形成社会化全面支持的共同体，这是合作建立的基本原则——“我的隐私（个人经历）”也是“你的经验财富”，在信息的层面上形成互惠互利的支持关系。但是，潜意识中无限制的、无原则的、不分对象信任度的自我暴露，很多时候表现为一种缺乏自制，而不是一种适宜长远生存的坦率。

31、**主题一句话** 从某种角度分析，自我是自我行为的总和，而行为又是以社会人际关系为主的行为，强调自我的社会人际关系属性不错，但不是全部。我们不可忽略人和另类事物组成的环境之间重要交互作用形成的“大人格”系统。

【沙利文认为，无论是现实的人格还是我们想象的人格，都不能脱离人际关系而存在。人格“从来不能与复杂的人际关系相隔绝，人们生活在这种复杂的人际关系中，并成为他自己”。(Sullivan，1953）我们只有观察人们对各种人际情境做出怎样的反应，才能了解他们。在沙利文的体系中，“自我”的概念得到进一步的发展，它只有在人与人的关系中才是有意义的。】

——人格科学

哲学中联系的观点，心理学中个体行为发展变化所需要的刺激源——就是社会各类关系的动态存在。而且，通过对个体社会行为的观察能得到对个体人格等各方面的认知。自我，不仅体现在人际环境关系中，同样体现在人与自然环境的关系之中。

32、**主题一句话** 宗教是心理支持需要的产物，永远的神在你内心。

【人类的宗教必然会被归于群众性的妄想，无需讳言，没有一个处于妄想中的人承认他是妄想症。】

——西格蒙特·弗洛伊德

这是宗教自始至终客观存在的状态——存在于人类的幻想或者妄想中，是人类对美好的信仰，而非对某个神灵的依赖。

人类在自然生存的斗争关系中，不是征服自然就是被自然所征服。当人类被自然所征服的状态下有时不得不暂时屈服、妥协、接纳、认可。对于个体面对生存的竞争同样会产生类似的结局。个人或者人类在逆境、失败的无力中，生存的本能需要使人们期望得到支持。给予支持和获得支持的意识是伴随生命体延续而存在的，当个体诞生时，生存能力极低，这时个体可以获得母体的全面支持，母体自然给予子体必要的支持。支持的给予和获取是生命的本性，由遗传性支持到社会性支持，支持的需要是宗教、神灵得以发生、存在于人类妄想的原因。因此，宗教的存在给予人类群体或个体失败、失落、绝望、无助时提供了安慰帮助的心理支持。

宗教，是最具普遍性的心理咨询治疗方式据途径。佛、道、基督、伊斯兰等所有的教派存在，都是人类社会发生发展所需要的大众式的心理医院。

在神灵面前，个体可以获得完全的心理支持，因此可以放下所有的心理包袱，减轻神经系统承受的无法释怀的压力。即使离开神的环境庙堂，绷紧的心灵已经得以喘息，心理承受压力的机能得以一定程度的恢复。即使离开神的庙堂，“父神”无处不在的妄想在个体的祈祷中，会让个体随时重新获得妄想或自我暗示的支持。当你需要宗教帮助时，你可以自由地寻找；当你可以给自己找到支持的力量，或者完全是自己给予自己的信任，你是自己的神。

33、**主题一句话** 哪一天我意志薄弱了，我会寻觅宗教中的安心之处。

【重要的是解决他们人格中善与恶的问题，心理学家试图通过各种治疗技术来帮助他们。然而荣格指出，现代宗教已经发明了它们的一套方法来达到同样目的。例如，教堂采用忏悔、免罪、宽恕来象征性地帮助它的信奉者，帮助他们协调自己身上善与恶的冲突。】

——人格科学

忏悔就是疏解，免罪和宽恕是宗教的支持性象征。宗教具备一套完整的心理咨询治疗手法。教堂的宁静纯洁和无限包容性，是人本、精神分析迁移的模板。宗教信仰是自由的，当宗教体现出专制性，是被一部分人利用的工具标志。

34、**主题一句话** 不仅是信仰宗教的人有充分的妄想表达，在所有人的内心都排除不了“妄想”的出现。

【弗洛伊德对有组织的宗教给予了强烈的批评，把它叫做集体妄想和一种神经症。荣格用上帝的原始意象概念来解释人类对宗教的永恒需要。荣格是否把外在上帝的观念看成是幻影尚无法确定。他指出，当病人对宗教提供的答案感到失望时，现代心理治疗就可以取代宗教的作用。弗洛伊德认为，对宗教的普遍需要产生于逃离自由的需要。】

——人格科学

当个体迷恋于宗教行为时，可能发展为神经症；宗教行为和其他行为一样都会有极端状态的发生。

宗教和现代心理治疗是两个可以互补的心理咨询治疗途径。对宗教普遍需要的根源是，个体面对生存威胁的无助逃避和获得支持的需要。妄想的根本就是逃避现实，宗教的这一点心理成因不可否认，但另一方面是向往美好。所以我们不能否认宗教给予人类生存过程产生的巨大帮助价值。妄想有妄想的价值，妄想是理想的前身。

35、**主题一句话** 个体的发生发展离不开生存的多维环境影响。如遗传的延续影响，如人际环境的影响，如人和其他事物间非人际环境影响，如人的内部环境的影响等等。

【如果依恋理论学者是对的，那么在婴儿身上发现的不同依恋类型也适用于成人。即爱因斯沃斯及其同事将孩子分成安全型、回避型和焦虑—矛盾型……】

——人格科学

三种依恋关系是对个体现实人际关系存在状态的良好总结。

虽然强调了早期的影响，但忽略了在个体发展遗传机能时，环境对遗传特质“当前”的影响作用，忽略了个体和环境关系建立的自主调控效用。因此，当出现自闭症、抑郁症、精神分裂的成人症状时，我们再予以调整就显得力不从心。三种依恋关系可以看做是两种人际关系倾向：亲密的、疏远的，或者信任的、怀疑的。

36、**主题一句话** 人的社会化类别因为参照的标准不同分类也不同。我们为了确切地描述每个人或者描述人类的全体，从而期望一个简单的非此即彼的分类标准和划分方式，思路是对的，但做法是错误的。

确定性认知、描述一个人，不是用“非此即彼”的关系，而是用“是此非彼”的关系客观描述。

【你不能既有点像 A 型，又有点儿像 B 型。你必须是非 A 即 B。这些假设显然难以与事实相符合。就连“体型说”的倡导者其实也是根据人们与某种类型的相像程度来描述人的。】

——人格科学

对人类自我的认知理解，使我们有了对社会人的定位及分类。但如何选择分类的标准，比较多样。以性别分类，分为男性和女性，还有中性；结合人格则又有男性化人和女性化人，还有两性人和无性人；按生理年龄分为年轻人、中年人、老年人等；结合人格特征又有心理年龄的分法。

选择不同的角度描述人类，就有不同的分类形式，每一种分类的结果都是符合自我标准对人类某一存在状态的描述。将社会人非此即彼的分类，最终是给每一个个体确切的定位，明晰地描述“他是怎样独一无二的人”，类似于要给每一片树叶定位。面对科技无限的发展性，我们说这样的定位不是不可能，只不过今天我们没有这个可能，也没有这个迫切的自我认知定位需要。在当前，我们人际间出于交互了解的需要，我们已经借助“核心人格维度”

的描述形式，给予和我们交往的人予以人格定位，实现我们和不同人选择不同交往模式的参照需要。

对人的分类和对世界万物的分类是一样的：我们可以把事物分为生命的和非生命的，或者是有机的和无机的；然后可以继续细分，如生命体系由低级到高级的层级科目分类。也就是说，不同的概念内涵就有不同的事物外延。我们认识确定人也是这样的方式，选择不同的分类特征，自然就有不同的类别组成。而非此即彼所对应的是非此即彼的内涵，并无任何的困难。如人可以分为活人和死人，非此即彼；还可以分为黄种人、白种人、黑种人、棕色人、混血人等，也是非此即彼的全面涵盖分类。如果从人格角度定位，选择核心人格维度的特征予以组合，形成此人的人格系统模式，当越接近于微观的时候，这一人格模式系统是独一无二的，相当于确定了树叶世界里的某一片树叶独一无二的特征。为了确定每个人在社会中的“人格位置”，使我们想到了“非此即彼”的描述方式，而这一简单分类方式的外延，对应的必然是简单的分类内涵，最简单的也是最为模糊的。我们期待存在的这一方式，客观违反了我们确定一个人在社会群体里独一无二的“人格位置”的认知初衷，能替代“非此即彼”的说法，而又能传达人类认知个体独特性需求目的的应该是“是此非彼”。

37、**主题一句话**　贞洁，是一个个体对另一个体独自占有欲望的延伸，男人对女人会提出贞洁，女人对男人也有贞洁的要求，同性恋同样存在。期望贞洁和专一是占有欲的限制——“那个人是我的，不是其他人的”。

【例如，一些进化理论学者认为，男性在选择婚配对象时应该比女性更重视配偶的贞洁。尽管研究者在很多社会里发现情况确实是这样，但并不是所有文化里都存在这样的性别差异。(Buss，1989)】

——人格科学

贞洁仅是某个社会、某个群体、某个时期的特殊现象。或者说，父系社会里男人对女人贞洁的要求，是男性占有欲望畸形表现；女人对自己的贞洁要求，完全是当时社会道德的牺牲。某一时期的社会道德（含法律），总是服务于社会资源控制者的集体愿望。当然，贞洁在一定社会历史时期起到社会关系稳定的作用。

38、**主题一句话**　文明具有两面性，和所有的事物一样，有利有弊。健康和不健康是相对的概念，多数人是相对健康的，少数人属于极不健康和高度健康的范围。

【如何穿衣、如何吃饭等也都有规定。但是心理健康的人不像一般人那样严格遵守这些社会规则，除非他们感到可以在遵守规则的过程中满足自己的目标和愿望。他们“受自己的做人原则支配，而不是受制于社会规则”。(Maslow. 1970，p. 174)】

——人格科学

人类生活里的每一件事，都有约定俗成规矩的可能。所谓的心理健康的人不像一般人如何……好像把一般人排除在健康人之外了。这样的说法属于表达不准确，虽然我们可以理解他要表达的意思。

“受自己做人的原则支配，而不是……”这句话，也就类似于孔子“七十从心所欲而不逾矩”的说法。但因为这样的一部分“心灵自由人”的存在而否认了普通大众的健康存在，的确失之偏颇。

严格遵守社会规范道德是社会的期望，是为人类协作提出的一般要求。但因为规则的普遍性和稳定性，必然存在一定的针对性和可变性的不足。只有这样的一部分“心灵自由的人”才能做到遵规不逾矩，同时又能为了解决“针对性的问题”做出“从心所欲”的变通调整。

一切现代文明在秉承文明现代的荣誉符号同时，也发生着生活障碍的作用，如普通人对待文明规则缺乏变通的现象。但是，并不能因此否定文明和否定普通人具有一般健康水平的存在。另外，健康的状态也是变化的，个体由健康到不健康，也可以由不健康到健康；有的人健康倾向稳定性强，有的人稳定性弱；大部分人倾向于健康状态，少部分人倾向于不健康状态；一小部分人倾向于极不健康的状态和极健康的稳定状态，多数人处于一般健康状态（群体健康状态呈正态分布）。而引文中 Maslow 的说法，则是把极端健康的一小部分人确定为健康的全部，把多数人归结为不健康状态，是划分的标准太高，夸大了不健康的存在，忽略了个体健康和不健康动态的转化，忽略了健康和不健康内涵的相对性，导致脱离现实的结论。

人格论——综合章

1、**主题一句话** 心理学是人类自我认知的最直接学科，心理动力学则是人类自我驱使、自我控制的科学。

心理动力学是调动我们内心行为力量的科学，让我们的心力不再是放纵的河流，而是做有益增加自我存在状态改善力量的汇聚和驱使。

能动人格是心理动力学的人格成因分析，心理动力学关注的重点是如何汇聚、如何激发、如何驱使无限心理动力的科学方法，人类数千年积累的智慧将是心理动力学研究的核心。

2、**主题一句话** 确定的人格描述就是一个人的标签。大五人格、五维人格、二维人格等都是描述人格不同标准的参照，说明一个人关键还在于说明一个人的核心人格维度特征。

【最广泛的是“神经质性”（Neuroticism）、“外向性”（Extraversion）、“求新性”（Openness）、“随和性”（Agreeableness）和“尽责性”（Conscientiousness）。细心的读者会发现，这五个维度的第一个字母能组成OCEAN（海洋）一词，它正好容纳了人类人格的“海洋”。】

——人格科学

这样的人格归纳也暗合了中国五行学说。中国古代常用五行来确定人格，水性智慧、木性耿直、土性诚厚、金性凌厉、火性热烈，各自代表意象并有关联。大五人格神经质体现生物遗传性特质、求新性体现认知思维智慧、外向随和性体现情感意志、尽责性体现社会化道德规范。对比五维人格论，发现大五人格独少了对行为执行特征的概括。虽然任何人格特征都是通过行为得以具体表达的，但对于每一个人来说，执行力、行动力的差异会导致行为差异的巨大不同。所以，人格的维度中我们不能用认知、情感、遗传特质的描述代替或掩盖了对行为特征的分析。

五项一体，还可归纳为“四加一”式人格。“四”指人的生物性特质、认知思维智慧、情感意志、行为执行四项自然属性，“一”指人的道德规范一项社会化属性。对人格描述的综合度不同、表达的维度数量不同，使人格分类方式多种多样，最终是以便于人类在生活中概括描述有效和简洁使用，作为衡量的标准。

人格的维度表现在“五个基本的方面”，还可以综合压缩为两个，即人格的先天和后天因素；还可以压缩为三个维度，遗传的、社会的、主体自我的（包括认知、情感、行为）。不管将人格因素如何分类，都是描述人格的参照，具体有效的描述仍需遵守核心人格因素表现的观察提取方式，关键在于可以“明确地说明一个人”。打个比方来说，如果把人看做是一种产品，人格就是附在某个人—产品之上的“使用说明书”。

3、**主题一句话**　割裂人格特征的描述方式是难以说明问题的。如把积极和消极情感割裂，或者把认知和情感割裂等，都是我们对自我认知的误解。

——人格科学

看到这个两维图，我们才发现“独立、割裂”情感“维度”的谬误所在。这里所谓“消极和积极两维”是人格系统中某一级维度的两大倾向，把同一维度的两种倾向分裂为两个维度，直接否定了两种矛盾倾向此消彼长的同一关联属性。再如对人格的控制维度划分一样，自我存在的主动控制性和被动接纳性，是人格维度中控制程度的两大倾向性描述，但他不能把“控制性和接纳性”同一维度的两个倾向割裂作为人格的两个维度，否则个体就会出现对单一对象（非复合）既主动又被动的悖论行为。从这个角度来说，人格的组成维度可以通过“五个基本的方面”予以综合体现，人类人格特征表现使五个维度的每一维都有正态分布——中间为常态，多数两极为极端偏态少数。

每一人格维度一般分为两种矛盾倾向表现，“维度”和“维度表现的矛盾倾向”是两个不同属性的概念。矛盾是用来描述人格特征分布的倾向性表现，人格维度本身是个中性词语，人格表现则具备倾向性色彩。对于一个确切的个体、确切的时刻、确定的单一元素交互对象的人格表现，在这一维度上只有一个位置，不存在矛盾；如一个人在某一件事情中表现积极，就是积极的人格特征，这时不能说他的表现是矛盾的，积极占多少比例、消极占多少比例——体现行为表现性质的唯一性和确定性。相对人的群体、某阶段时间、面对复合元素的交互对象，人格的某一维度则表现出矛盾共存的状态：不同的人之间会存在矛盾人格的表现（如急躁行为和缓慢行为），同一个人面对不同的对象会有矛盾人格的表现（如喜欢一种人厌恶另一种人），同一个人面对同一对象在不同的时间也会有矛盾人格的表现（对一个人不同的方面会产生爱恨交加的情感等）。

4、**主题一句话** 心理学和哲学的从属关系

心理学源于哲学，不能因为心理学的独立而抛弃其普遍适用的规律，如联系的、发展变化的、运动的这些最基本的世界事物存在状态的定律。

5、**主题一句话** 当人类脱离狂妄的那一天，人类才拥有真正的智慧。

【这些心理机制是人类特有的功能。】

——人格科学

暂不管“这些”心理机制具体指什么，但很多动物的情绪性表现使我们可以看到非人动物心理的存在。至于为人类特有的，大概也仅是在某些心理机制方面的更高级形式的存在。

6、**主题一句话** 对同一病症有不同的看法，如同中西医断症的区别，因此，相应的治疗手法也各不相同。咨询师的理论倾向影响了诊断和治疗方式的选择。

【一位来访者向你求助，帮他解决舞台恐惧，选择什么样的方法解决这一问题，主要在于你如何解释这种恐惧产生的原因。他的焦虑是不是某些潜在冲动导致的症状？也许舞台或者观众象征他过去生活中重要的人和事。如果你的解释是这样的，那么你可能会尝试精神分析的治疗方法。】

——人格科学

个体过去模式建构对现在影响是必然的，但个体的当前表现并非完全取决于过去的经历体验和认知结构。

比较客观的治疗方式，是关注患者人格模式形成于关键期的重要影响作用，更关注患者当前的应激性不适反应因素，将过去到现在看做是延续的整体。不是以某一个生存阶段决定现在作为治疗依据，从而选择针对性的治疗方式，以便最有效地调节个体的人格模式。

面对患者，咨询师一般依据自己的自我诊断理解，选择相应的治疗方式。如果咨询师所持治疗方式倾向性很单一、偏执，就容易导致对众多患者做同

一倾向的诊断解释，必然产生治疗方式选择的单一和不适应此治疗方式的客观群体存在。

7、**主题一句话** 人格结构的建立是人类认知自我的基本工具，依此用于评估人行为特征和再塑人格。

【卡特尔从事研究的核心目的是为了发现究竟有多少不同的人格特质。心理学家们提出，测量和研究了数百种人格特质。然而，这其中的许多特质都是有相关的。例如，虽然我们可以确定善交际与外倾有些细微的差异，但它们二者并非完全不同。卡特尔推断：如果把相关的特质归类，分离出那些独立的特质，我们就能够确定人格的基本结构。】

——人格科学

人格维度或者特质的表象是无限的。我们总会把人格的“综合性特征表现”和“独立性特征表现”相混淆。综合性特征和独立性特征是相对而言的，综合是指内涵和外延较宽泛的人格特征，独立是指内涵和外延较具体的人格特征。如内外、主动被动等人格特征就属于综合性较大的特征。综合性特征还可以分离成诸多独立人格特征。特征这样存在和人格维度的综合性和独立性相一致的。

如我们把人格分为“遗传、认知、情感、行为、社会”五大维度，其中行为维度就是所有行为人格维度具备的特征总和，是综合性较强的维度，其可分支为“主动和被动的应对维度”、“果断和犹豫的决策维度”等独立性较强的人格维度。人格特征源于个体自我存在，滋生主动控制与被动接纳基本的行为机制，具体表现为多维人格表象。如老子《道德经》中所言：一生二，二生三，三生万物。

8、**主题一句话** 临床心理学成熟的一个标志是，拥有比较完毕的心理诊断治疗的工具。

【用操作条件反射治疗心理问题的另一类方法是生物反馈法。生物反馈法需用一种特殊设备提供关于肌肉活动的信息，没有这样的设备，这些信息不易被察觉，因此也就不容易被控制。例如，一位焦虑的女士可能用这样的一台设备来告诉自己，脸部和背部的肌肉什么时候紧张，什么时候放松，否则她不会意识到这些肌肉的运动。】

——人格科学

生物反馈法是借助工具，让“微观隐性”行为转化为“宏观可见”行为的有效途径。生物反馈法是测量工具在心理咨询治疗中有效应用的体现。不仅是生物性反馈工具，所有可以应用的工具在心理咨询治疗中的使用，将大大拓宽心理咨询治疗的方法手段，将使心理咨询治疗由无形化向有形化转变。

工具可以用于诊断测量，也可以用于直接治疗。延伸了人类很多生存活动机能的工具，在心理咨询治疗领域的充分应用将成为临床心理必然趋势。如可以改善个体舒适状态的理疗机（振动机、香味机、吸氧机、漂浮机），可以检测生理反应、记录个体行为表现的检测反馈机（生理反应记录仪、摄像机等），可以提供治疗刺激的治疗机（多媒体、电针灸），可以提供接受个体刺激作用的反应机（电子人体模型、游戏机）等等。只要是能有助于个体身心协调性目标转化的工具，都可以恰当地应用到心理咨询治疗当中。

9、**主题一句话** 心理测量在一定时期内还要以投射测量为主，绝对全面的测量是不存在的，测量的准确性是测量精细度的代名词，我们只要抓住“核心特征”就足以描述一个人的人格，衡量评估参照以做治疗调整。

【最后，还需要找到更好的测量认知结构的方法。】

——人格科学

认知测量主要是对个体认知模式的测量。和其他人格测量方式有很多的共性，都是借用投射的方式，测量个体人格特征表现出来的倾向行为延续的可能趋势；区别在于，各流派测量的视角不同、倾向的人格维度不同。

心理测量的现状如同盲人摸象——精神分析倾向于情感活动、生物测量倾向于身心物理变化、行为测量倾向于行为的频率、认知测量倾向于认知的结构等。遗传及社会道德行为表现的测量融于其他测量之中。虽然测量视角不同，但因为这些人格维度（人格五维）是相辅相成的表里关系、互相生成的依存关系，所以，无论从哪个角度测量投射，都可以或多或少地获取个体人格的部分特征。

10、**主题一句话** 自我认知困难是我们人格构建和自我调整困难的原因之一，如果我们能客观、及时地对自我行为有较准确的评估，生存的状态就会得到显著的改善。遗憾的是“忘情失道”是我们常见的行为失控状态。

【参加这个测试的人经常都会对自己常用的建构感到惊讶，原来他们平时就是用这样的建构对生活中的人进行分类的。】

——人格科学

所有的测试都可以为个体提供自我认知的镜子：我们的行为、情感、社会关系等在生活中表现出来的实际状态，和我们对自己的感觉评价有着很多的距离，这也是自我认知的困难造成的。总有一天，我们可以获取完全对自我行为观察、感受的信息，形成更加客观的自我认知模式。

11、**主题一句话** 怎么理解所感觉到的一切？依据自己的内心。

【基于儿童常做一种游戏，就是当云在天空中形成的时候，描述他们看见的东西。一个孩子看见的也许是海上的一艘船，另一个看见的或许是一头狮子，而第三个看见的可能是一位名人的脸。当然，没有谁是不对的，因为云中没有真实的图画。但是这些表象从何而来？根据弗洛伊德的观点，这些表象来自人们的内心，并反映了他们看到了但没有描述过的东西。描述模糊物体，譬如云，是获得无意识东西的另一种方法。】

——人格科学

投射测试反映了"对比参照累加认知机制"的对比参照识别原则。天空的云如果在你的眼里像一艘船，那是你心里已经有很多船的模样，而且，这艘船还是你此时心里的某种愿望。这就是心理的投射，投射内心的和目前感受到事物的关系，有内心的"参照"，有"当前感受的对比"，有新感觉的"累加"，认知在不断扩展。

因此，如同无物不可占的周易之占卜之术，心理学的测量中，无事、无物不可反映人的内心。我们在咨询的过程中，随时可以依托观察、语言、气味感知个体的人格特征，也就是中医所说的"望闻问切"之原理。特别是心理学还缺乏直接能测量到神经活动行为意义的能力时，咨询师将感知判断测量融合于咨询治疗过程是最佳的心理工作手法。

12、**主题一句话** 不存在一次测量定终身的心理测量方式，人格测量同样如此。确定人格特征发展每一稳定时期的核心部分，作为测量目标内容，人格特征一生的变化趋势，可通过建立的四次人格发展稳定期的测量予以描述。

【批评主要针对投射测验的信度和效度。研究发现，这些测验的信度和效度低得让人无法接受（第二章），尤其是罗夏墨迹（Aliken. 1927；Peterson，1928）测验。例如，没有证据可以支持墨迹测验的跨时间稳定性。】

——人格科学

投射测试如同中国中医里的听诊和把脉，并不是这一方式不能作为测量的标准工具，而是用这一方式还需要建立一个较为方便依托的判断标准。而且，这些测试方式，获取成果的深浅、获取信息的多少和施测者的感受理解能力成正相关关系，而不是一目了然的工具，不是什么样的人都可以凭借工具就可以有效操作，体现治疗师的专业性。

行为随着时间和环境的变化而变化，人格也有相应的变化，既有自主性发展需要作用下的变化，更有生存环境施加刺激作用下的变化。但是人格中有一部分稳定的成分表现出跨情景的不完全一致性，一部分表现出对环境较大的交互变异性。生存环境的稳定性和自我人格的稳定性是影响个体人格稳定性的两大因素，而个体人格特征的变迁，取决于这两大因素发展的一致性，取决于自主性和生存环境相互抗衡关系的变化趋势。生存环境的变化大小直接影响人格特征的变异，自主性发展需要直接作用人格的方向，人与生存环境的抗衡关系左右人格的变化。影响生存的环境，包括人际关系环境、生产力水平环境、自然灾害环境等。

人格特征中相对较稳定的成分，应是为自我始终认同的和遗传获得的人格特征，容易变化的部分应是未能为自我始终认同的及生存危机作用的后果。人格特征可以分为稳定和不稳定两种状况，为人格的测量增添了难度。生活的俗语和科学研究可以给我们很大的启发，童年人格发展的重要性广为生活和科学认可，因此，我们暂确定几个人格发展的“测量区域期”，作为人格测量的时间参照坐标，并以各时期所发展的核心人格特征为测量内容，从而确定人格的“当前”状态。一次测量很难对人格做较长久的定位，后测量是前测量的补充调整。

根据社会人身心发展的一般状态，我们可以暂定间距递增十年为一个人格发展重要变异时期：十岁以内是人格建构的基础期，稳定性人格因素所占测量内容比例较多；二十岁内为情感和自我建构核心期；四十岁内个体以与社会交互关系为主，人际关系和道德行为模式为核心建构；七十岁内为自我价值和自我完善（含自我实现）模式核心建构期。测量区域期范围限定在标准年龄前后加减三年，如十岁前后的七岁至十三岁，二十岁前后的十七岁到二十三岁，四十岁前后的三十七岁到四十三岁，七十岁前后的六十七岁到七十三岁，测量区域为七年。确定稳定的人格成分和相对每一时期不稳定的成分，区别分析看待测量，人格特征一生的变化趋势，可通过建立的四次人格发展稳定期的测量予以描述。

13、**主题一句话** 东西方测量方式逐渐趋向融合。

【尽管这些测验对病人人格的测量不尽如人意，但它们能有效地帮助治疗

师深入了解病人的人格，这是其他方法无法做到的。】

——人格科学

从测量的方式和对测量方式的依赖，可以反映出东西方文化的区别和各自的优势。一般西方测量方式对测量分析者的要求较低，而东方式更多依赖测量者的感受分析，测量和分析体现出更多的整体性。再者，人格测量的目标确定还有待细化，哪些方面才能最客观地反映个体的内心特征，还在探讨之中。因此，任何工具的效应还不能客观比较。由此，我们暂时只有推崇应用有显著效果的。

14、**主题一句话** 人格特征的研究是心理学的核心和其他衍生学科的基础，特质学说的贡献在于确定一个良好的评价人格状态的标准——核心人格特征的使用代表价值。

【当我们试图用人格测验分数预测行为的时候……】

——人格科学

心理学发展在于理解人类自我、调节自我、预测自我、优化自我。心理科学发展的状态现还处于框架未完全构建的阶段，迄今为止，我们对人格还没有统一的认知理解。人格是心理学的核心概念，是心理学一切分支学科的唯一基础。在人格概念构建中，人格的测量伴随发展，相得益彰。当人格框架体系得以完全构建，特别是人格因素的细节化构建能得以完善时，人格的测量才具备更完善的预测人类行为的效用价值。人格系统具备相对的稳定性，但总是因为个体自主和环境的不间断交互作用发生由量变到质变的变化。所以，任何测量总是相对落后于人格的当前变化，而借助于测量的预测，也仅是接近客观可能发生行为的效度性参照。

特质心理学最大的贡献应该是提供了一个对人格描述的角度：人格表现系统中，“核心的维度和首要的维度”的存在，以及人格维度的稳定性是建立个体独特个格维度体系的人格测量依据。

15、**主题一句话** 心理测量是人类认知世界中最复杂的测量形式。

【特质理论家通常不关注任何个人的行为，而是关注对处在特质连续体上不同位置上的人的典型行为的描述。】

——人格科学

特质论家关注的是行为特征在人格维度的倾向性。而人格维度的量化，在一定历史时间内，仅能以倾向性描述为主体。只有生物科学测量工具应用的构建完善后，从而代替简单物理测量工具在心理测量中的应用，心理测量才具有真正接近客观的意义。

16、**主题一句话** 投射测试中的主体理性和测试载体的特征，对投射的效度有密切的关系。

【请看××照片。照片中发生了什么？你认为照片中的人是个什么样的人？请你编一个有关于这个人的故事。这个故事的结局如何？你对这些问题的回答没有对错之分。】

——人格科学

投射测试里情境的清晰度对被测试个体的主体投射有所影响，成负相关关系，也就是越清晰的情境主体的投射性反应就越低。受测个体的主、客观认知倾向（理性化程度）和自我投射表现成负相关关系，理性越强自我投射越低。相反，测试情境的模糊性（似是而非的表现）和测试投射的效度、信度成正相关关系，越是模糊给予个体的主体想象再造空间就越大，投射的主观就越明显。

17、**主题一句话** 我们的心理是多变的。我们不仅具有稳定的人格模式，更有多变的“情绪性偶然行为”。心理行为测量学更在于对个体当前隐蔽性心理行为的迅速感知理解。

【……这样就可以得到这个人成就需要的分数。例如，如果你认为上面照片里的人正在努力地为达到更高目标而勤奋工作，那么你的故事可能就是显示出你的强烈的成就需要。】

——人格科学

这一测试明显忽略了受测个体当时的心境或者说暂时性情绪的影响。像特质性或者稳定型人格的测量需要一种平和的心态、心境。通过“积聚数据”的互补得以较好的人格认知提炼。

其实，每个人在现实生活自然状态下的反应，是对主体人格及当前心理活动的最佳投射。因此，心理学测量的意义不仅在于理解认知个体人格稳定的表现趋势，更在于对个体实际生活中当前行为的理解及相应作用。现在常规测量仅能测量稳定的人格模式，技术上忽略或难以达到对刺激变化的多样性和个体应激反应自主性变化多样性的测量。

18、**主题一句话** 人的行为是生物界一种多因素最复杂组合的结果。

【A 型者或 B 型者的表现都会与前面的描述恰恰吻合。】

——人格科学

对于任何一个人来说，其人格具备人格维度的所有成分。差异仅在于每一种人格维度的表现程度，和在一定刺激情境下被诱发反应的状态。每个个体行为都是一个独一无二的人格维度组合体表现。每种人格维度在常态下都表现出一定的稳定性，但在特殊情况诱发下，个体某些人格维度会有异常的表现状态（让熟悉的人大吃一惊或意想不到的表现），人格的稳定性表现并不代表人格的固定。

19、**主题一句话**　刺激反应的相似层次不同，导致不同层次差异的相似人格。

【最后，凯利宣称，两个人可以有相似的人格而不一定要经历相似的事件，这是直接对行为主义观点的挑战。】

——人格科学

人格必然存在群体共性，也就是群体人格的特征。探讨人格形成和经历的关系，目的是理解某一人格的成因，以预测某种人格的行为趋势。刺激和反应是一一对应的，类似的刺激产生类似的反应。任何刺激都是复合的形式，反应也是复合的反应。因此，所谓相似的人格不一定要经历相似的事件（刺激）则是必然。且相似人格是群体内普遍现象，而经历相似事件（刺激）也很普遍，但人格的形成是长期不间断事件刺激而形成的行为模式反应，不是一些“相似”事件就可以形成的，相似事件的存在不是相似人格的必然条件。确切地说，相似事件是极其模糊的说法，进一步说是“相似刺激”也还是含糊不清的。我们可以把引起同一反应的刺激都叫做“相似刺激”，或者“相似事件”。相似，也有不同内涵层次的差异，如事件相似，刺激相似，结果反应相似的刺激等等。

20、**主题一句话**　影响心理机能形成的因素

心理机制产生的心理机能，是在多方面条件综合作用下生成的多样化系统结果：

（1）四种基本条件共同作用塑成了个体独特的心理机能。

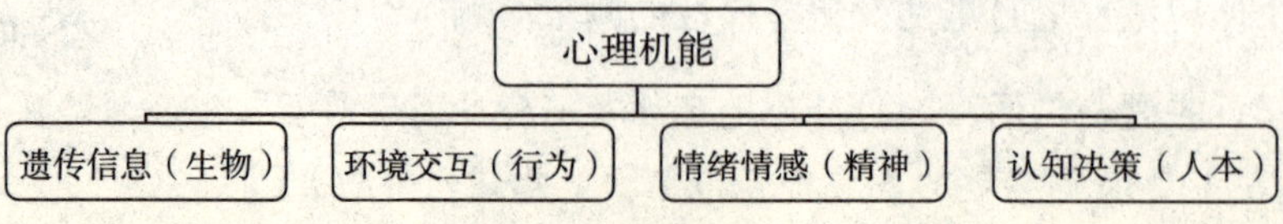

（2）生存条件和个体机能的相互作用产生了个体的身心行为。

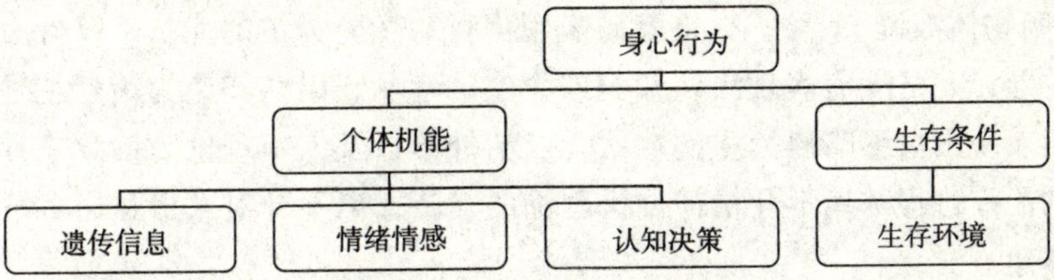

21、**主题一句话**　情感行为的特殊性，弗洛伊德理论的价值。

【到弗洛伊德提出的遗忘、拒绝、利比多、压抑及其他概念，这也不是什么怪事。但弗洛伊德最具影响的贡献或许是，几乎每一位主要的理论家都不得不以弗洛伊德的理论为参照，将自己关于人格本质的思想和他的理论作比较。弗洛伊德对心理学和20世纪的思想有极其广泛的影响，以至于大多数人低估了他的理论对我们思想的影响。】

——人格科学

在以后的心理学发展及应用心理学的发展都离不开弗洛伊德的学说，因为弗氏学说是以解决和解释情感问题为核心的理论及方法。情感总是于人的行为相伴随的，情感出了问题要用情感解决，认知、行为出了问题不仅要用认知行为解决，更离不开情感解决的策略。情感是生命符号，是生命中最神秘持久的行为表现；情感源于需要的倾向和需要的满足，而需要是生命得以维持的动力根本。母鸡下蛋咯咯地叫唤，是成就感、自我价值、自我存在感的表现；枯苗得甘露，那种枝节伸展的快乐，我们可以感受得到，测量得到。所以说，情感不仅是人所独有，是生命存在的属性，是生命保存自我的进化反应。生命、动力、需要、情感是完全一体的。所以，精神分析以及相关情感解决与分析的心理学派，将在以后心理学的发展中占据重要的理论和应用位置。

一般来说，心理学理论及应用发展到今天，繁荣的基础已经建立，整合的完成已为很多心理学人士所关注。但如何整合，需要认真探讨。多数心理学家都认同，不同学派心理学都有自己的存在道理，实质是对心理观察研究角度不同，导致派别不同的表象。精神分析、人本论是以人的情感角度观察探讨如何影响心理机制的发生发展，特质论及生物论是从人的遗传角度观察探讨如何影响心理机制的发生发展，行为论是从人与环境的关系观察探讨如何影响心理机制的发生发展，认知论是从人的认知思维模式探讨如何影响心理机制的发生发展。这就为我们对心理学诸多理论的应用提供了明确方向：

人格障碍表现出器质性变化为主的症状，以生物和特质论为指导进行治疗（采用药物体液调节等）；人格障碍表现出行为变异为主的症状，以行为论为治疗主导；人格障碍表现出认知偏差为主的症状，以认知论为治疗主导；人格障碍表现出情感障碍为主的症状，以精神分析及人本理论为治疗主导。但所有的治疗过程都离不开精神分析理论的支持，离不开对人格障碍者情感的梳理重建。

22、**主题一句话** 心理疾病和人格疾病的关系

我们通常把心理变异较大的心理疾病称之为“人格疾病”，把人格变异较小的心理状态称之为“心理疾病”，二者代表着疾病程度的不同，实质是统一的，都是人格障碍的表现。

人的身心行为模式都可用“人格”予以概括，任何身心行为（仅指行为层面非生理层面）的变异都属于人格变异的范围。当人格障碍表现为暂时的、易于排除的人格变异状态时，我们称之为心理疾病，类似于轻描淡写的意味一样。对受到巨大创伤形成的长期的、难以改变的障碍性人格变异，称之为人格疾病，类似于加重语气的意味。但我们要认识到，人格障碍就是心理疾病的根本，心理疾病就是人格障碍的反映。将二者区分开仅有类似于标签的生活暗示效用，在心理学研究中没有明显的价值。

任何个体的人格特征，仅是在情感、认知、行为这三大人格维度的变异倾向和在每个人格维度倾向程度表现的不同，如同三原色对颜色体系的构建。认知、行为和情感是一体的，行为是认知思维决策的结果，是认知的外化表象或外向影响存在性投射，情感是生命的属性，通过行为表达、促成认知行为发生的动力。当个体人格某一维度出现障碍时，不是独立的，而是三种维度障碍性的综合显现。

23、**主题一句话** 谈话法的意义

谈话疗法因弗洛伊德先生的努力，在心理咨询及治疗中被视为一种最常用的方法方式。中国有“话是开心的钥匙”的说法，就点明了语言交流这一方式的效果。通过语言的交流，观念得以交流沟通，认知得以调整，情感得到支持，情绪得到释放。而交流过程形式本身——“话”，就是情绪得以疏解的载体。因此，“话是开心的钥匙”这句普通的谚语，总结了心理学里一种最常用有效的咨询治疗方式——谈话法。

24、**主题一句话** 解除阻抗的意义在于合理化患者的防御机制，是有效

治疗的重要侧面。但不能以患者与治疗者创造的特殊人际环境中的暂时性表现，完全替代其在更大人际环境中的“真实”表现。

【治疗师还像是一个发现者，当病人无意识地或狡猾地误导治疗师，企图阻挠他的探索时，治疗师必须对一些神秘信息做出评价。】

——人格科学

当治疗师还未能被来访者完全信任或内心接纳，治疗师是威胁患者自我存在、自我控制的对象。因此，解除个体的防御机制，建立充分的信任，是顺利治疗的基础。只有让来访者充分信任，能将自我缴纳于心理医生，催眠及其他治疗活动才能真正地开展。建立信任或者说合理化来访者自我控制防御机制，是治疗的开始。前期的咨询，中心任务不是解决问题，而是建立充分“投入治疗师怀抱式”的接纳信任。当然，建立信任、被来访者接纳，除了技术权威的暗示影响以外，治疗师和来访者之间建立“暂时性”良性人际关系的过程，尤为重要。治疗师的人格、治疗师给予来访者初见成效的表现都对“信任接纳”的发生程度有重要影响。

如果说，精神分析的治疗过程就是“解除阻抗”的过程，是对“合理化防御机制”这一治疗目标需要的夸大化，信任、接纳和医患人际范围的解除阻抗，并不能完全代替给予来访者的全面治疗。解除阻抗仅是辅助手段，因为建立的医患接纳关系属于限定对象的狭隘人际关系范围，仅是建立有效治疗所需要的暂时性心理沟通环境，不代表在“真实”大环境里的人际关系下的模式化延伸。不可否认，人类与环境之间的交互行为，一方面是防御，另一方面是控制。人格障碍不仅体现在防御机制中，还有更多地表现在控制机制中。精神分析的解除阻抗的说法很显然是顾及了人类生存行为机制的一个方面，忽略了人类自主机制会出现的问题。

25、**主题一句话** 欲速则不达。治疗师兴奋于隐藏在现象背后的秘密。

【刚入门的治疗师通常在他们自己刚弄明白行为或陈述背后的无意识含义时，就想向病人作解释。这对病人的自我来说太可怕，会导致他（她）建构起新的，更不易穿透的无意识防御机制。】

——人格科学

这是在治疗中不损害建立的暂时性信任关系需要注意的技巧。

如果信任的程度还不到个体向治疗师完全缴纳自我的时候，治疗师的反应时间方式（即时反应、拖延反应等）、反应内容的形式（如何包装表达）

都需要关注来访者可能会出现的接纳反应。

26、**主题一句话** 从一个侧面来说，治疗师是在和患者建立融洽的当前人际关系基础之上，治疗患者以往人际关系中发生的障碍。

【具有讽刺意义的是，治疗进展的最初标志之一是拒绝的产生。例如，病人宣称治疗对他们没有用，希望停止，或陷入长期的沉默，回到已讨论过的内容，忘记预约，或坚持讨论某些不值得讨论的话题。这些拒绝的企图也许表明，治疗师和病人正在接近重要的东西。当无意识东西快进入意识时，受到威胁的自我最后会近乎绝望地试图抵抗对其防御机制的深入揣摩。】

——人格科学

来访者处于自我慌乱期，经历咨询介入的新冲突。

27、**主题一句话** 疏导不是精神分析治疗的全部，病态的暂时性缓和不是心理治疗的最终目标。

【精神分析的大部分时间花在将无意识冲动带到表层的工作上。这时，治疗师与情感脆弱的病人合作，在无意识水平解决冲突，并把它纳入新的人格中。成功的治疗能释放自我压抑冲突时消耗的能量。能量一旦释放，病人就能过上快乐、正常的生活。】

——人格科学

精神分析立足于潜意识的梳理，根本是对积累的情绪障碍的弱化和褪除，是一种身心行为深层次梳理重建的视角。但仍需借助认知、行为能动等疗法方式实现患者自我成长的目标。

28、**主题一句话** 身心行为模式的治疗是心理治疗的根本。

【不是每个人都用同样的应对策略去减轻焦虑。相反，多数人习惯于用某几种策略而很少用其他的策略。换言之，我们发现人们应对焦虑的方式是相对稳定的，不因时间的不同和引发焦虑的情境不同而改变。（Holahan & Moos，1987；Terry，1994）在生活中遇到各种危险情境以后，我们每个人都形成了一些自认为有用的应对策略，我们有时称一个人应对压力的一般方法为他的应对风格。】

——人格科学

这就是个体的人格模式存在的具体表现，人格的稳定性的表现之一。稳定的行为模式表现为行为习惯或者行为心理的习惯，因此，人们发现“习惯造就性格，性格决定命运的生活存在规律”。

在心理咨询治疗的过程中，为了取得事半功倍的治疗效果，咨询师的治疗方式，要能在掌握理解个体应对模式倾向的基础上，因势利导完成改善成长的目标。控制和逃避倾向表现过强的都需循序渐进的调整，不是认识和说服就可以完成的，良好的效果取决于个体习惯养成的深度、个体调整的能力。因此，咨询师要有耐心准备和对个体改变的信心，同时能冷静、正确地看待暂时性治疗效果。

29、**主题一句话** 研究发现“女性比男性更趋向于使用情绪策略”解决问题，这一发现不排除以下可能的影响，即“女性化的女人要比女性化的男人在数量上多出很多”。

【另一些研究发现女性比男性更趋向于使用情绪策略，而男性比女性更喜欢直接采取行动解决问题。(Ptacek，Smith)】

——人格科学

这一发现说明的是女性化个体和男性化个体的行为倾向区别，而不是女性和男性的行为倾向区别。男性和女性是生理性别的划分，男性化和女性化是认知行为模式的划分。

解决问题的方式属于行为模式的范畴，所以，当咨询治疗师面对不同行为模式倾向化的男人和女人，可以选择不同的治疗策略。对男性化的男人和女人，宜先采取以问题解决为中心的方式，再辅以情绪治疗；对于女性化的男人和女人，宜先采取以情绪为中心的应对策略，在后继以问题为中心的应对策略。

30、**主题一句话** 人本理论强调了自主调节自我的作用，却淡化了治疗介入的价值，患者自主作用的启动得益于治疗师的科学介入。

【卡尔·罗杰斯的人格理论对传统的各种心理治疗流派提出了重大的挑战。罗杰斯认为，一个治疗师不可能像患者一样完全了解他们自己的问题，对改变状况负责的应该是患者而不是治疗师。】

——人格科学

为了体现对病患者的尊重，对心理疾病自我成长的自主作用的重视，否认了治疗师的专业化作用。这是和心理咨询业“诊断能力”测量工具的落后，表现出发展局限性直接相关的理论推断。

31、**主题一句话** 不是因为疾病，而是由于成长的需要、社会化的需要，我们不可能再回到一出生时身体健康的状态和童年纯真的心态，或多或少我们的身心都会在健康线前后徘徊，而这恰是身心“健康的真实”。

【在治疗快结束的时候，患者应该成为完善和幸福的人。】

——人格科学

能成为一个完善幸福的人，不是治疗可以承载的任务，是人生发展的最终目标，在这里是扩大化治疗的作用。如同治疗身体疾病，我们只能说治疗好个体的某一疾病，但我们不能说“经过我们的治疗，从此她就是完全健康的了”。

32、**主题一句话**　治疗关系的建立，首先是给予患者缺失已久的情感支持。

【与他人建立真诚的关系对患者来说是非常必要的，他们可以公开说出自己的感情，从而逐渐地理解并解决自己的问题。罗杰斯相信，当治疗师真诚地对待他们的时候，患者就会不断地诉说。】

——人格科学

信任是心理治疗关系的开始，身体治疗同样需要信任。但并非有了信任，患者的问题都可以通过自己的诉说就可以解决，这是对一类“仅靠疏解、认知、反省就可以解决的心理问题”解决方式及效应的夸大化，简单地说，心理疾病并不仅仅是这一类简单的问题现象存在，随着心理科学的发展，其专业化存在形式越来越明显，而专业化的存在是治疗效应显著的反映。人本主义疗法如同亚历山大的绳结寓言中的环节，很多武士、王子连绳结的头绪都找不到，这就是人本主义治疗方式会遇到的问题。但面对无限病情无限患者，要像亚历山大式的“一剑劈开”那样，治疗需要更有效多样的方式，而不是固守一端。

33、**主题一句话**　听到他人对我的语言的重复，是给我提供一面审视自我语言行为的镜子。

【复述的目的是把他们的注意力指向正在说的内容，从而帮助患者分析自己的思想。】

——人格科学

重复在治疗中的应用：重复患者的话使个体产生暂时性换位反省，自己的话通过他人的重复变成了一面可以审视语言行为的镜子，审视、批判甚至攻击外界人事都是社会人交往中认知发展出的一个习惯。我们不能直接看到自己，包括自省，都是通过外界的镜面反应间接对自己有所认知了解。毛泽东先生所说的“批评和自我批评”，指出既要有指向他人的“批评”，更要有指向自己的“自我批评”，实质也反映了人类社会交往关系中批评攻击倾向的普遍存在，而自我批评认知比较困难，提示了人类理性发展的一个目标。

34、**主题一句话** 测试疗法就是通过自我测量自我的当前状态，找到与标准的差距，并以此而作靠近目标的行为调整努力，这是一种非常有效、实际应用普遍的心理疗法。

【在第二次分类的时候，要把卡片全部弄混，重新做一遍。这一次，要求按照“理想自我”来对卡片分类。例如，如果“是一个健谈的人”和现在的情况并不完全符合，但是你希望变得健谈一点，那么在评价理想自我的时候，就要把这张卡片放在高一些的类别中。在完成了对现实自我和理想自我的分类描述后，你和治疗师就可以比较它们之间的差距。】

——人格科学

这也是“测试疗法”的发展参照：通过测试、结果的讨论，对比发现自己的不足或者继续发展的方向，使个体获得发展性调整方向，优化自己的生存状态。但是，对于特别自我的人，用Q分类法则不能得到有益的行为认知差距，因为对于自我为中心的人，对自己的选择有很强烈的认可维护倾向。极端自我的人的表现可以概述为——“我的当前就是最好的选择”。

35、**主题一句话** 每一种治疗技术都有特定的适应群体，治疗师的价值一是在于辨别、提供因人而异的治疗技术，另外是借助这些技术实现与患者的互动，引导患者自我人格的成长。

【Q分类卡片技术非常适合罗杰斯的理论。】

——人格科学

这一技术并不符合治疗的所有群体，所以这种技术仅能在一个反省力较强特征范围的人群里使用。按照人本主义的标准，以自我为中心的人，“期望的我”和“评价的我”相统一就是心理健康者，忽略了自我评价中自我人格表现出主观片面的因素。

36、**主题一句话** 自我表露的深度不仅和信任度相关，还和自我表露的需要（迫切性）密切相关。

【把有关自己的秘密信息展示给另一个人时，他们就在进行“自我表露”。表露者要考虑信息的隐秘程度。并且，把谁作为表露的对象也是要经过相当

的选择的。】

——人格科学

自我表露的深度和信任的深度一般呈显著正相关的关系。对治疗师来说，治疗师的自我表露在治疗中可以作为一种技巧，既可以是真实的泄露，也可以制造“自我表露的情节”——无中生有。“需要虚假暴露”的原则要服务于治疗，且具有不可验证性。

37、**主题一句话** 创建治疗的镜面技术，是治疗师帮助患者实现自我成长治疗的依托。治疗镜面的创建能力决定治疗效果的大小，也代表治疗师治疗的水平。自我表露是情绪压抑或情绪膨胀的反应，也是泛化对象的攻击性表现。

【人经常展示真实的自我，因为他们对此毫不焦虑。更重要的是，朱拉德认为，只有通过自我表露，我们才能真实地逐步认识自己，如果我们不把思想变成语言文字，隐藏我们真实的情感和观念于一堵否认和扭曲的墙后是很容易的。】

——人格科学

并非只有自我表露我们才可以认知自己。而是可以通过自我表露，根据我们接受到的反应，形成一个镜面的认知关系，帮助自己认知了解自己。在人本主义治疗过程中，诱发患者自我表露既是为了让患者建立自我的镜子，更是为了让倾听者完成对患者的诊断，并以有效地反应方式形成治疗镜面——除了行为治疗、生物治疗、催眠治疗，精神分析、认知疗法、人本疗法中，多是通过建立有效地自我认知镜面，达到治疗的目的。

自然的自我表露行为是个体情绪活动膨胀发泄的常用方式，如极端的表现为自言自语，同时表现为一种将对象泛化的攻击、客观强迫性（你不得不接受）活动，如露阴癖等。自我表露既有语言的形式，也有行为表现的形式。自我表露之所以发生，一方面源自“人类原始的自由表达冲动”——情绪积累的疏泄需要；另一方面源自社会化生存需要给自然人自由表达需要的压抑，也就是长期社会化规则约束过程产生的挣脱性反应。

社会化如同“有所限制”自然人放纵行为的制动装置。情绪具备滋生发展瞬间无限膨胀的特征，是脑神经关联活动的高度兴奋反映，同时也是大脑“自平衡机制”难以抑制的脑机制活动。因此，很多情况下，个体的情绪自己难以实现“自我化解性”抑制，情绪的几何级膨胀使个体只好借助于“外化性”行为发泄，或表现为倾诉，或表现为各类难以自制的自我暴露性行为。否则，个体不能在脑机制实现自我平衡，不能实现情绪的自我认知化解，情绪被硬性束缚压制，反而会形成健康行为的干扰性“障碍力量”，随着这样力量的积累，逐渐表现出阻碍个体正常行为的发生，表现出相应程度的“情感性心理疾病”。

38、**主题一句话** 与其说治疗师要尽可能的透明，以提升治疗的效果，不如说“治疗师要保持坦荡的心态”更为确切，自我暴露的透明也是应该有不同程度限制的。

【朱拉德和其他一些人把“透明的自我”的概念运用到了治疗的情境。当受辅者进入一个与治疗师真正自我表露的互动中时，他就会从治疗中获益匪浅。当然，治疗师必须做到尽可能的透明。】

——人格科学

治疗师把自己完全透明是一种治疗的误区。以建立信任的氛围和治疗支持为目的自我暴露技术，不能忽略其无益、无效的负面效果。暴露也是有所限制的，有目的的暴露服务于长短期治疗效果的技术方式。

自我暴露不是心理咨询治疗独有的方式，而是社会人际交往中比较常见的、建立互信关系的有效交往技术方式。进一步说，在心理咨询及治疗中的有效交流，很多方式是借鉴人类长期发展得到的人际社会交往技能的结果。

39、**主题一句话** 交往中互惠原则是诚信建立的原因，互惠是群体形成及维系的根本，群体是因为有互惠的需要才得以建立的。互惠本身是一种文明，也是从潜意识发展凸显出来的。

【“一对一效应”：朱拉德观察到，当一个人在一次交谈中展示自己的私人信息时，另一个人几乎总要回报。后来，研究者把这一点标记为“表露互惠原则”。根据这一社交规则，人们在参与一项已习惯的交谈来展示有关自己的信息时，其私人性大体在同一水平。只要你能同等水平地把自己类似的私人信息展示给我，我就会把我自己的私人信息告诉你。】

——人格科学

表露互惠根本在于获取社会性（情感、力量、体验的共享）的支持，由此可以发现，谎言式自我表露的欺骗性效果是如何巧妙建立的。因此，对于咨询治疗技术，可以借鉴“谎言式自我表露”方式，促进治疗的效应按治疗目标发生。

互惠在这种情境下，只是可能会出现，很多时候会遇到只有付出没有回报的结果。人类的“互惠”行为源自交换共享的社会性支持需要——要想获得他人的支持，要有自我牺牲、奉献等方式的付出行为在先，然后才有得到回报的可能，而且仅是可能。这样的“互惠”行为因为属于弥漫式交易行为，交易活动单方面发起、交易对象随机确定、交易付出价值不确定、交易回报无所限制的弥漫散乱式人际交互行为，很多时候是只有付出没有回报。这就是社会人际信任关系建立的发生情况。建立信任可以帮助实现人际间物与物的交换或者贸易，可以帮助人际间社会性支持的形成。语言的交流互惠也是人际信任关系建立需要的表现之一，最大的互惠行为是以国家或全人类的力量来对抗自然环境的灾难。

40、**主题一句话** “一样的表露水平”“一样的互惠水平”是个体间相互交往支持性获得的期望。

【研究者发现关系良好的夫妻通常是有选择地对彼此表露，而不是泛泛地成为高表露者。(Prager，1986)】

——人格科学

自我表露技术的应用，在所有的人际关系中都要遵循适度的原则，否则将不利于融洽的人际关系的建立。必要的保留隐瞒还是需要的，每个人的意识活动更多地植根于主观世界，客观现象的吸纳受主观意识条件性限制（合乎自己利益的往往被吸纳，不合乎自己利益的往往被忽略排斥，类似于自欺欺人的现象），特别是令我们难以左右其发生发展的情感，因为难以把握所以更需要选择性的处理。对创伤性的表露，特别是面对人际的对象，使个体获得社会性支持感更加强烈，从而获取更好的生存状态效果。

在现实人际交往中，自我表露的需要和深度，多数个体是由在交往中形成的直觉所决定的，少数人已将这一技术自如地运用。自我表露和其他有效的生存机能发展的模式是同样的，都是由潜意识到觉意识的发展趋势。

41、**主题一句话** 服从与控制在人类个体与群体活动历程中表现出抗衡变化的规律，生命是积弱成强进化的历程。

从意识活动的角度来说，个体掌控着自己的认知世界，对自己的控制性有绝对主导权，类似于人与环境的交互过程中，在一定时期自然环境起到决定性控制作用一样。简单地说，控制和接纳性，在人类活动两大主体环境中，其表现各有主导：在人的意识活动环境中，个体对自我意识活动一般居于主导控制的地位，对客观环境的接纳以服从于主观意识的需要为主；在人与环境互动的生存大环境中，自然环境对人类个体活动一般居于主导控制的地位，个体主观意识活动以服从于自然环境发展变化的趋势为主。

控制性和接纳性在人类发展水平的不同时期，在人与自然环境的交互中，主导表现地位在相应变化：随着人类理性的发展，人类意识活动对自我需要的直接满足逐渐降低，对客观环境刺激有效接纳的会更多，个体对自我行为意识的控制更接近于客观、更有利于生存；随着人与自然关系的交互关系的成熟，客观环境对人类个体的约束控制逐渐降低，人类将更加主动地协调处理与自然的共生关系，使人类获得更有效地生存发展趋势。

42、**主题一句话** 人类很多现象的理解，如果仅限于对调查结果的当前解释，忽略进化的变迁因素，任何解释都有可能偏离根本。

【为什么应该这样？根据朱拉德的观点，当男性成长时，他们发现像女性那样表达和表露是不合适的。他们害怕如果表达过多的真实感情会被讥笑和拒绝，一些研究支持了这些结论。（Chelune，1976；Derlega & Chalkin，1976）】

——人格科学

自我表露的水平如果解释为“害怕”则仅是看到了表面现象，关键是为什么会有“害怕”顾虑。通常的解释是社会对性别赋予了性别特征，从一出生就被社会化塑造。更久远的、更可信服的解释是和人类早期的社会经济活动相关，男人狩猎需要更多的沉默，面对自然危险的威胁男人更需要沉着冷静；女人从事家庭式的劳作，需要更多的交流，女人处于被呵护的生存状态中，自由表达的机会多，女人需要创设更活泼和谐的家庭生活氛围。对于社会赋予的性别特征，也在男性化和女性化的区别中得到体现，并非是女人都爱自我表露，而是女性化的人自我表露水平相对较高。现在的研究，更多地停留在对表面现象的调查上，忽略了社会进化的潜在因素。

43、**主题一句话** 根据各心理学派理论及技术的特点，根据患者的表现特征，合理组合搭配各种治疗技术，通过多元化治疗方式实现治疗过程、效果的最优化。

【有时候，行为治疗的方法可能很简单：强化良好行为，惩罚不良行为。】

——人格科学

行为疗法依据行为的发生发展形成的机制，对症下药调整行为倾向。如同哪里有病灶就用化疗的方式予以修复，效果比较直接。虽然效果比较明显直接，但也带来一定的化疗副作用，接受治疗者会感受到治疗的剧烈反应。如果能将以意识层面为主的治疗方式，如精神分析、认知疗法、人本疗法适当地融入，如同在手术前要做好充分的各项准备一样，使病患者会感觉更舒适，病灶修复更顺利。如果把行为疗法、药物疗法比作手术治疗或者化疗，那么精神分析、人本、认知等以关注意识层次为主的疗法，可以称作是康复性治疗。这也是为什么各种疗法的所用时间、和所适用的病灶有所区别的原因之一：精神分析、认知疗法、人本咨询治疗见效慢，难于把握病灶发展，适于疏导性咨询治疗；行为、药物疗法等见效快，适于有形转化治疗。

有一点要特别提出，如何针对个体的认知、情感、行为及生物性特点予以治疗，一些原则需要重新界定。如对自主转变的遵循，对于一些认知结构难以转变的个体，可用手术中麻醉的方式，不能、不该或者不需要病灶个体“明确或者认知的就可以不依赖于他的自主转变”，可用催眠、信念植入等作用于个体潜意识的方式实现主体的“自主转变”，而不是完全依赖于病灶个体自主的转变，使咨询师处于疲惫、被动的治疗地位。也就是说，咨询师确立治疗关系，并非一定要站在中立的立场；咨询师治疗方式的选择，并非要完全遵循患者中心的原则。面对任何来访者，咨询师都需把握咨询师主导、咨询方式更有利于病灶消除、咨询过程更简易、咨询效果更长远的非固步自封的诸多原则。如在精神分析里使用较多的催眠，就是通过“潜意识”的催眠情境下完成置换，实现调整个体病灶的意识及行为；行为疗法则直接提供刺激强化或者消退，夸张地说，连个体自主理解行为认知的机会都不给；对于认知疗法也是这样，需要根据个体认知的层次特点，予以协助建立优化的认知或者意识体系，而不是一味地说服、一味地等待其自我发现真理的“无原则无目标的尊重”，尊重的是个体人格自主的存在，不是对其病灶的“尊重”。中国历代智者都再三强调“聋者不示之五音，盲者不示之五色”的因势利导针对性对待的基本原则。

44、**主题一句话** 心理咨询诊断和身体疾病诊断意义不同。心理治疗诊断不排除对身体健康因素的考虑。

【与用其他方法进行心理治疗的治疗师不一样，典型的行为主义治疗师并不花太多时间来寻找患者产生问题的原因。相反，他们关注的焦点是可观察的行为。其他治疗师可能会把行为看成是某一潜在问题的信号，而在行为主义治疗师看来，这一行为就是问题。】

——人格科学

和身体疾病的治疗不同，问及疾病的原因对身体治疗有所帮助，但不会直接起到治疗的作用。但对于心理治疗，因为心理行为中的相依相伴情感的存在，问及原因不仅是起到了解病理的作用，同时起到情感疏解和支持的治疗效能。也就是说，心理咨询治疗中病情原因问及，对个体的康复起到直接治疗的作用，这是和身体治疗些微的不同。

再者，生命体的身心行为是依存共生的，有心理的运动就有身体的运动，反之亦然。因此，在心理治疗中，不管是哪一种治疗取向，都必须将身（身体状态、行为表现等）心（心理机制心理状态等）予以综合统筹调整。治疗的方式多样，在于技术组合的巧妙、投入的经济、效果的最优。比如自主学习式治疗，根据患者的认知水平、人格特点，可以先让个体阅读学习相关的资料（心理治疗方面的或者其他方面的），然后再进入咨询师干涉性治疗阶段，借助间接学习的力量，让个体先完成自我转换的基本框架的建构，会起到事半功倍的治疗效用；再如通过各类心理测试，可以让患者自我诊断提出自我治疗的对策，然后予以专业化的协助，同时促成个体自我成就感发展，使个体获得心理的自我成长。

45、**主题一句话** 综合各理论学派的治疗应用，我们不难发现，不仅行为测量，所有测量都有较大的改进完善空间。

【行为主义者的自我报告问卷会问人们，他们是否经常做某件事，而不是他们对这些事件的感受如何。】

——人格科学

如对一名烟瘾者的测量，我们不仅涉及吸烟的时间、地点、数量等可见信息，还可以涉及吸烟的原因和感受等不可见信息，这将给综合治疗提供全面的参照信息，既有可见的行为量数，又有隐形的心理评估量数。

46、**主题一句话** 行为疗法对心理治疗因为过多关注表面行为特征，略显得生硬，行为疗法是一种“治标及里”的间接心理行为治疗方式。

【尽管行为疗法成功地解决了很多问题行为，但仍有一些批评认为，当行为主义治疗师只是减少了一些可观察行为时，这一疗法往往歪曲了真正的问题。】

——人格科学

当行为治疗仅关注于行为表象，脱离了决策行为的认知及情感的内因，忽略“心理行为模式化的改变”，这样的治疗必然是肤浅的，疗效是短暂的。

然而，行为治疗并非没有问诊的过程，只看症状不问原因的治疗是不存在的，和其他疗法相比，仅是处理的侧重面不同、途径不同。行为疗法处理的对象是直接看得到的行为，给我们的感觉好像是“忽略了心灵世界”。但事实上，是心理行为决定了个体外在表现的行为，行为的心理决策属性决定了行为和心理的同步、一致性。因对心理和行为“习惯分开的说法”，导致“行为和心理可以独立分割”的误解。再将行为疗法和认知及精神分析等疗法整合成内外兼治的组合治疗方式，达到身心行为同步矫正的良好疗效，使“治标不问治里”的治疗过程得到较好的改良。

47、**主题一句话** 理想的治疗效果在于施加合适的刺激，治疗效果的维护及完善在于自主的唤醒。

【最后的一个批评涉及行为矫正法的影响力。一些批评者指出，有些行为矫正法的影响是短暂的，治疗一结束，患者的问题行为又死灰复燃。在代币制中这个问题尤其严重。（Greene，Sternberg & Lepper，1976；Levine & Fasnacht，1974）只要能得到代币，患者就会整理床铺或做他们该做的事。】

——人格科学

这不仅是说明行为治疗的缺憾与不足，而是所有治疗效果难以持续的不足。行为治疗更多地表现为针对病患行为“立竿见影”的治疗方式，倾向于行为干预式显效改变。

行为心理学的绝对化论断“足够的条件下可以把一个孩子通过行为训练成你所期望的人”，从另一方面可以充分地说明治疗的无效，是因为没有找到更合适的干预性刺激出现的结果。期望的反应源于相应的刺激，合适的刺激是期望反应的前提条件。从这一角度论断行为疗法的缺点，虽然行为治疗的暂时性效应比较明显，但是因为没有施加改变个体行为稳定性反应的适宜刺激（药物的、精神的、行为的、认知的独立刺激或者复合刺激等），使行为治疗表现出行为改善式发展的波动性不足。行为疗法如能结合认知重建、情感梳理的治疗方式，统筹表里治疗，疗效必然会更长久。

一劳永逸的治疗只有建立在对患者自主维护机能塑成的基础上。

行为治疗的过程，或者其他方式治疗的过程，治疗师主导干预的治疗力量存在较明显。脱离治疗师干预治疗的过程，个体开始转向完全自主治疗，诱发患者自主支持的内部力量实现治疗的目标，将治疗师的主导和来访者的自主治疗能力的唤醒、养成自始至终融合在治疗过程中，这才是完美的心理治疗过程——也就是有效实现助人自助、实现患者的自主成长的过程。治疗过程能进入咨询师干预处于附属治疗作用位置、患者的自主干预处于主体存在的治疗阶段，类似于“代币”机制带来的支持发展性刺激，将转化为个体内部自主能动性发展的需要，促使患者具备自主成长的动力，逐渐接近自主完善身心机制的健康生存目标。在身体疾病治疗中，有很明确的治疗过程分段表现，如治疗师的充分干预阶段、康复稳定阶段、保健发展阶段等。而对于心理治疗，这三个阶段同样也不可缺少。具体表现为：治疗师干预治疗转化阶段、自主康复稳定阶段、自主完善发展阶段。打个比方，大树被狂风吹倒，我们不是先呵护它的根系，再把它扶正，而是先扶正，再固定支持，然后是养护其自立的根系。从行为治疗入手，容易见效，也便于建立治疗所需要的“治疗互信”。

适宜治疗方式的选择和行为的发生是相对应的。行为的发生受环境、生物遗传信息、认知决策等多方面的影响，因此，行为的改变也并不完全依赖于个体主观认知决策的作用，还会受到遗传信息和环境刺激的施加而改变，也就是说，心理治疗并不完全依托于患者的愿望，如药物对个体行为改变的显著性作用。

48、**主题一句话** 把握患者的当前状态，找到合适的方式予以改善，就是给予患者最大的尊重。

【只要治疗师或患者认为有进步，治疗就宣布成功了。其次，行为矫正对于某些人群来说可能是最有效的方法。比如对儿童、精神病人或有严重情绪障碍的患者，与这样的人讨论抽象的心理分析概念，或让他们处理那些人本主义治疗师提出的问题是很困难的。】

——人格科学

这段话也是对心理治疗方式疗效的经验总结：个体文化层次、人格特征等存在的差异，就要选择适当的治疗方式实现心理行为的优化，并且，也并不是完全的“无限尊重无限诚实”地对待患者，而是因人而异、因势利导的治疗原则。

教育本身就是一种综合的心理治疗方式。如同孔子教育学生中体现出因材施教的原则，对于鲁莽的人警戒其三思而后行，对于优柔寡断的人，促其敏捷果断地行动。心理咨询治疗也是一样，因人而异，对于极端自主的人，多施加外界挫折警示，对于严重缺失自主性的人，多施加自主决断成功的激励。

49、**主题一句话** 天生的生存支持出自于互惠的需要。

【一些心理学家认为，人类天生有从属和依附某一群体的需要。(Baumeister & Leary 1995) 不难想象，个体间有协作的物种比无协作的物种更容易生存。】

——人格科学

生命的延续本身表现为利于生存互相支持的存在意义，新生体对母体的生存竞争力有潜在支持，母体给予新生体生存竞争力支持。基于这一自然的生命延续需要，在人类社会衍生为家庭支持和社会化支持，还有一直存在并永远存在的“自然万物的客观存在性相互支持”——即生物圈的依赖支持。

所谓的“天生”，实质是伴随人类发展进化获取的，并有稳定表现的一切。任何一种需要、机能、结构的存在，都是建立在漫长的进化基础之上的。每一类生命都经历一个从无到有的历程，从微到强的变化，从被动到主动的发展趋势。

50、**主题一句话** 气质就是自我人格表达给予他人的魅力感受。声音感觉与耳朵，光线触觉与眼睛，所有阴于阳的感应倾向，都是从简单习惯性行为进化复合获得的固化表现结果，如遗传的、天生的等等。

【研究者赞同这样的观点：很可能我们生来就具有形成某些特定行为类型的广泛的倾向性。他们把这些一般行为倾向称为气质。气质概念在人格理论中由来已久。奥尔波特把气质描述为“一个个体情绪属性的特征性现象”(1961)。如今研究者通常把气质视为能通过多种途径来表达，并且依据个体经验，能发展成为不同的人格特质的行为和情绪类型。】

——人格科学

个体人格表达给予他人的综合感受就是气质。气质一词源于生活，但不一定适用于科学，特别是在心理科学概念构建体系中，一些模糊的、重复的“语言词汇”应给予合并、归纳，以方便于科学认知发展。诸如性格和人格之类，性格从属于人格，也只是书面语和俗语及应用环境的区别。如评价一个人没有性格，是从个性角度评价；评价一个人没有人格，是从社会道德角度评价。一般在生活中使用性格表述比较多，使用人格表述比较少，各词语的生活使用随着情境的需要意义不同。

51、**主题一句话** 行为心理倾向发生的原则——感受性。一切行为人格的异常皆有感受性变化的异常存在。

【外向者比内向者对刺激更不敏感。因此外向型的人比内向型的人喝更多的咖啡而不被咖啡因击倒。这也可以说明为什么我们常发现外向型的人会置身于喧闹的社交集会中或嘈杂的人群里，而内向型的人会寻求独自活动，并且在聚会时喜欢待在安静的角落。】

——人格科学

我们很容易想到“感受性”这个词语（受体，其概念的内涵属于感受性的一部分）。是感受性的变化引起个体感受的需要发生了不同的变化，引起选择的倾向有所差异。感受性包含两个方面的意义：一方面是对相关刺激接受的敏感度，另一方面是对刺激感受的选择倾向。同一刺激频繁地作用于个体感受器，敏感度会逐渐迟钝；个体对“自觉”不相关的事情关注度不高、熟视无睹，但只要是和自己生活需要偶然相关的信息，也会被自己特别地注意。感受是生命现象活动的开始，是个体于生存条件、环境交互作用的发端。因此感受的差异导致身心行为明显的差异，感受性的变化对个体的差异起到一个标尺的作用。

当然，感受性本身的变化并不是个体差异根源，而是个体差异的表象之一。个体行为表现出的差异根源在于个体感受性的变化，决定个体感受性变化的是个体（生理和心理）感受的饱和程度。生物性感受饱和状态可用敏感度予以表征，如喜欢社交的人经常为人际关系的刺激所沐浴，社交感经常处于饱和状态，敏感度在降低，需要更强的社交刺激。但是，当这一感受过于饱和时，个体反而会产生社交疲劳。敏感度在这一生物感受饱和变化的梯度中，扮演着水涨船高的标尺。个体对倾向刺激的接受性，正如外向者对社交行为的倾向，内向者对安静独有情衷；外向者失去了外倾性活动，感觉被世界淘汰一样，内向者失去安静独处空间就像失去了自我一样（内、外向是社会对人格简单化的归纳）。生命个体对刺激的敏感度和接受性组合称之为感受性，感受性是衡量我们每一种身心行为倾向的标尺。

52、**主题一句话**　当我们尚未发现控制我们行为机制的具体组织时，对我们行为倾向的解释就只好是“先天遗传的”。但我们不能因此忽略了后天环境的塑成作用，很多人经历了生活的刺激后，由内向变得外向或者由外向变得内向。

【对这一问题的回答取决于究竟是什么使一个人成为外向型或内向型的人。艾森克对这个问题的回答是：遗传在起作用。他认为，人的大脑皮层的总体活动水平是与生俱来的，或者，根据最新理论，人对刺激的敏感性是与

生俱来的。】

——人格科学

大脑皮层的活动与生俱来的理论忽略了个体当前环境再生发展性的重要作用（后天塑成包括环境刺激和自主需要倾向作用）。相对于上一代遗传体，获取遗传信息得以发生的个体都是生命的再生体或者重生体；每一个体都有自己的敏感性刺激强弱的倾向差异，遗传指导信息总是经历了竞争选择得以表现，每个通过遗传新生的个体，总有自己敏感的和不敏感的刺激倾向，也就是接受性（受体的特征）。从敏感性角度描述个体，每个个体都是各感觉维度不同敏感度的组合。这也是人格世界多样性的原因和魅力。

53、**主题一句话** 在有关人格的研究设计中，因为人格因素的复杂，影响行为表现的因素更为复杂，导致很多变量会被我们无意中忽略。

【在这种情况下，你的选择在某种程度上取决于你是一个外向型还是内向型的人。为了完成艾森克人格调查问卷，几位研究者在询问学生会选择图书馆里这两类学习地点中的哪一类来学习时，证实了这一现象。（Campbell，1983；Campbell & Hawley1982）】

——人格科学

研究中或许忽略了被调查者当前的心境，特别是“中”型性格的人，心境的状态对这一场景下的选择变化影响更大。实际上，内外向人格的分布也是正态形式，大多数人性格还是属于“中性”人。因此，这样的内外向调查所得结果的信度有待进一步验证。

54、**主题一句话** 配偶的选择意味着生存资源的选择——随着进化，人类变得越来越复杂，生存机能也越来越强，人类求偶的行为也相应越来越复杂。

【一个年轻的太太比一个年老的太太更具有生育后代的潜力。因此，一些进化论人格心理学者预计，男性更喜欢较年轻的女性，而不喜欢年纪较大的女性。（D. M. Buss，1991）】

——人格科学

进化论者从生殖能力来解释配偶的选择关系，仅代表一种视角，但并不是否定其他因素作用。男女配偶的选择依据社会关系下的性需要选择：所谓的社会关系指的是男女在社会上所处的位置关系，父系社会里，男性占社会的主导控制地位，母系社会里反之。社会地位的确立根本在于当时社会生产力方式决定的生产生存能力大小。母系社会里，女性占有生产能力的优势，占有社会资源控制的地位，可想而知，年老的女性喜欢选择年轻的男性，年轻的男性喜欢选择年老有地位掌握社会财富的成熟的女人（当前父系社会中也不乏这样的配偶趋向选择）。在以生存条件基础确定的社会关系决定下，再次是性需求在发挥原始的异性吸引作用，决定了男女互相选择支持性生活伴侣的社会倾向。性吸引引导男人寻找年轻貌美符合当时社会异性审美需要的女人，性吸引引导女人寻找年轻有力符合当时社会异性审美需要的男人（每个时代的异性审美需要总是不断变化的）。至于和社会异性选择总体倾向相背离的对年老伴侣的偏爱选择，仅属于男女互相选择的正态分布中的特例。

55、**主题一句话**　对性（生理）更敏感的不是男人而是女人，只是男人表现得更外露而已。

【总之，大量证据说明，男性在选择约会对象或婚姻伴侣时，比女性更看重生理上的吸引。】

——人格科学

我们可以断言，在原始的母系社会里，女性更看重男性的“realman”（真男人或者男人气）。生理不能等同生殖，年轻不能等同生殖的能力，而年轻和生殖能力仅是存在相关，且生殖能力不是年轻女人吸引男人的全部因素，更不是核心因素。“所有37种文化中的女性都说她们喜欢年龄大一些的伴侣”，这样的研究结果只能说明，处于父系社会背景下的社会资源控制弱势位置的女性，基于寻求保护、获取生存平衡的基本欲望，产生对成熟男性的社会倾向性选择的现象，恰恰反驳了前面选择异性基于生殖能力的推断。

进化论者立足于个体发展的生物性，不仅忽略了社会化的需要，而且恰恰忽略了生命生物性的基本性需要，偏偏要把人的基本性本能需要冠以“高尚”的生物性遗传目的。还有类似“根据父母投资分析”的说法，借用今天的社会化“高端概念”（投资论）说明人类原始的智慧，其实，人类的这些行为并不需要什么觉察到的智慧，仅是人类生存需要、“获得性”支持（家庭支持、种族支持、社会支持等）的遗传积累“潜意识”生存行为反应。

表1　37种文化中认为配偶与自己的最佳年龄差的平均值

样本	男性	女性	样本	男性	女性
非洲			法国	-1.94	4.00
尼日利亚	-6.45	4.90	德国	-2.52	3.70
南非（白人）	-2.30	3.50	英国	-1.92	2.26

南非（祖鲁人）	-3.30	3.76	希腊	-3.36	4.54
赞比亚	-7.38	4.14	爱尔兰	-2.07	2.78
亚洲			意大利	-2.76	3.24
中国	-2.05	3.45	荷兰	-1.01	2.72
印度	-3.00	3.29	挪威	-1.91	3.12
印度尼西亚	-2.72	4.69	西班牙	-1.46	2.60
伊朗	-4.02	5.10	瑞典	-2.34	2.91
以色列（犹太）	-2.88	3.95	北美洲		
以色列			加拿大（英语）	-1.53	2.72
（巴勒斯坦人）	-3.75	3.71	加拿大（法语）	-1.22	1.82
日本	-2.37	3.05	美国（大陆）	-1.65	2.54
台湾	-3.03	3.78	美国（夏威夷）	-1.92	3.30
东欧			大洋洲		
保加利亚	-3.13	4.18	澳大利亚		
爱沙尼亚	-2.19	2.85	新西兰	-1.59	2.91
波兰	-2.85	3.38	南美洲		
南斯拉夫	-2.47	3.61	巴西	-2.94	3.94
西欧			哥伦比亚	-4.45	4.51
比利时	-2.53	2.46	委内瑞拉	-2.99	3.62
芬兰	-0.38	2.83	平均值	-2.66	3.42

注：负值表示喜欢年轻配偶；正值表示喜欢年龄大的配偶，引自 Buss（1989）

此表显示的调查结果是父系社会生存资源控制关系的典型反应。在以女性为生产力主体代表的母系社会里，相信是另一番景象。

56、**主题一句话**　受教育程度是拥有文化资源多少的一般社会化标志，同时也是个体生存能力大小的标志之一（受教育程度和智慧相关，智慧和生存能力相关）。

【在一项对未婚女性的调查中，被调查者说她们希望嫁给一个比自己挣钱多并且受教育程度更高的男人。（Sprecher et al，1994）大学里的女孩说，她们发现在交往中属支配型的男孩比那些温顺的男人更具有性的吸引力，她们也更想与之约会。（Sadalla，Kenrick，& Vershure，1987）根据进化论人格理

论，支配型的男人比处于社会底层的男人更有可能满足家庭的各种需要。】

——人格科学

受教育的程度既表示对社会精神另一种资源的占有，同时也代表对其潜力的期望、遗传后代的优化。在这里进一步明确反映了，控制性在社会当中的决定性位置和控制在当今父系社会里存在的状态。

57、**主题一句话** 我们现在所说的年龄是物理年龄，并非生理年龄。物理年龄简单易得，生理年龄的获得暂时比较困难，变化最大的莫过于心理年龄。心理年龄和生理年龄的衡量都是以物理年龄为参照的。

【他说，“我喜欢工作，我一个星期工作7天，我不介意时间。当要解决问题的时候，不论是早上5点还是晚上10点，我都会工作。之后，我才会去注意其他的事情，时间不代表任何东西”。（in Lax，1991）】

——人格科学

时间是人类创造出来的方便行为认知的度量参照工具，完全是人为的存在，或者说是一种说明事物运动变化的相对假设性的存在。我们通常所说的时间，是一种物理化度量时间，是通过钟表的“匀速运动”把时间有形化——物理时间是事物运动的运动参照，是参照自然季节、地球旋转的规律创造了物理时间的存在，但并不是生物寿命存在的生理性时间。

时间和空间是衡量事物运动变化的标志，但因为认知的有限，使人类已经建立标志的固化反而对人的认知产生了约束限制。

比如生理时间：所谓生理时间是指可以衡量生物个体生存状态运动变化趋势的标准，个体的生存状态如何，在时间维度是通过“生命存在持久性”表现的。任何生命存在与否，是以生与死衡量的，生就是存在，死就是不存在。生命体结构不同，寿命就不同，存在的时间虽然都是一生，但因为生存状态的差异使他们拥有独特的一生，物理时间各不相同。从生到死，这是生命基本的过程。但如何衡量一个生命体的生存状态，特别是通过时间维度如何衡量，不是物理时间可以承载的。每一类生命体都有自己的寿命标准，有的是“数百年”，有的是“数百秒”，但我们相信，对于每一种生物，从生到死的经历都是轰轰烈烈、非常有意义的，每一个生命过程都是个体自我守护的一个历程，尽管各自的认知感受标准不同。因此，对于每一类生物体，衡量其生存状态可以依据其独特的生存持久状态，建立他们的生命持久时间标准。如人类，可以分为童年、少年、青年、中年、老年，并通过“物理年龄”

量化确立。对于猪马牛羊呢？对于花草树木呢？每一类生物我们都可以建立相应的生存状态生理性时间衡量标准，这样我们就会对生命的时间存在认知得更全面，对生命的存在状态了解得更清晰，避免混乱。

当然，每一种生物存在的寿命一般标准也会发生变化，如人类的平均物理年龄，也在稳定中发生变化。其他生命也因为和人类生命共存性发生类似的变化。

生理时间除了具备衡量不同物种生存状态的认知价值，还有其他价值么？答案是肯定的。在我们的生活里已经有确切的发现。如有的老人生理年龄远远低于同年龄人的水平，也就是身体生理机能远远高于同年龄人的平均水平，像 70 岁物理年龄的老人，具备 50 岁物理年龄人的身体机能水平。对于同一类生物的年龄，生理机能的状态层次恰是生存状态有意义的衡量标志，对生命体的存在才具有真正的衡量评价价值，对生命体的自我认知也才具有参考意义。如有个体虽然仅有 50 岁物理年龄，但其生理机能可能已老化到 70 岁的生理年龄，这两个年龄对于个体的存在哪个更具有实质的意义呢？如果有了合适的生理年龄评价体系的使用，可以帮助我们理解“早夭”存在的原因，从而进一步关注自己生存状态中的“生理机能状态”和生理寿命平均水平的距离，从而调整自己的生存行为，优化自己的人生存在状态。但我们对自己生理年龄的认知和应用现在仍是模糊的，远远重视不够。

衡量生命生存持续状态的时间维度，除了需要生理、物理时间维度，还要有心理时间的维度。心理时间的存在更加特别，和生理时间的评价标准存在有很多区别。对处于一个物理年龄的个体，生理年龄越小个体生存状态相对越好，但对于心理年龄却相反，心理年龄越小生存状态的层次越低。心理年龄和心理机能的发展层次显著相关，和物理、生理年龄不是必然关系。心理机能的发展和生理机能的发展区别很大，相对于完全规律变化的物理年龄，生理年龄比心理年龄表现出更多的变化可预测性，而心理年龄会表现出更多变化的不确定性，某一状态可能会持续一生，也可能会在一瞬间发生翻天覆地的变化，如生命的顿悟等现象。心理时间的感受更特别，既有“度日如年”漫长，也有“人生短暂”的慨叹——这些都属于心理时间范畴的“情感化时间”。心理时间长短感受决定于注意力集中的程度、注意力指向等因素。

58、**主题一句话** 对心理学实验“科学价值”的评判——我们很多心理学家漠视眼前活生生的社会人真实的行为，却顶礼膜拜“人造的行为”。每个朝代的史学家、史官都是人类行为较为客观的“实验记录者”，为了历史的真实，很多史官为此付出了生命。人类历史是研究人类行为、人类自我最好的素材，人类当前的行为表现是研究心理学发展最有价值的依据。

【因此，人本主义心理学家说的大部分内容都被看做一种信念，而非科学事实。相应地，一些心理学者和普通人之所以接受人本主义理论，是因为它和他们自己的看法和价值观相一致，而不是被证据说服。】

——人格科学

我们发现，科学的发展都是经历一个个人类的理想被实现修正或否定的过程，不管人类的理想是被肯定还是被否定，无不是经历了事实论证、实验或者新认知思辨的重新界定，而这些，都和人由自然自发到自觉理性的发展过程是一致的。我们尊重实验，但不能因为尊重实验否定了认知思辨的价值。实验是限制性条件的现实模拟，有较多的局限性，因此，科学研究在尊重实验的同时，不能完全肯定实验，更不能对实验予以膜拜。事实才是检验真理的唯一标准，真理也是需要动态变更的，需要事实不断的检验修正。

59、**主题一句话**　机制和机能的区别

机制和机能，机制是组织结构如何运转的模式，机能是机制运转的结果或者效能；机制是活动主体的行为结构，机能是主体活动作用于事物的效能。

60、**主题一句话**　人格分裂（不同于精神分裂）

【多重人格指同时存在两种以上不同的分离的人格，而有的人格常常意识不到别的人格的存在。】

——人格科学

一种人格是一系列行为模式的和，一种人格代表一个社会角色，一种人格是对一个特定环境交互特征的反映，某一特定个体的人格是他在不同环境中人格表现之和或者行为模式整合的人格体系。

人格分裂可以理解为人格表现统一性或延续性障碍。个体在社会不同的环境中担任着不同的角色，也就是表现出与环境相应的人格行为模式。虽然环境在变化，但个体的人格表现也在相应变化。环境多样，人格表现多样，并不是否定人格表现的稳定性；环境的变化，人格表现的变化都排除不了他们各自包含的不变成分。而且，任何变化都有渐变的过程，也就说，变化存在前后相关性联系。即使是我们谈及的“双重人格表现”，其人格表现转换的过程依然存在，仅是表现出“短暂、突然”。人格的稳定性和表现的延续性，是一般人都具备的，是生存机制活动“经济应对”的模式化反映。没有稳定

性和延续性，记忆也不复存在，模式也将不复存在，每一个瞬间，个体生存机制都类似于“格式化”后的清零状态，每一瞬间面临的都是新的问题，没有经验支撑，没有知识存在，每一步都是在“未知中探索解决问题的过程”。不同环境中的个体行为模式是相对稳定转换，并互相传承的，每一个于特定环境相应的人格模式，对于某个体来说，属于个体人格系统的一部分，有表现的矛盾更有表现的相关——时位之移人的道理，时间可代指变化的环境，“位”可代指个体于不同环境中的竞争力状态。

如果出现“不以物喜不以已悲”的稳定性人格表现，则是个体觉意识作用下理性体现之一。不否认同一个体、不同行为模式表现的差异性，甚至矛盾表现客观存在：很多影视剧里有这样的现象，某一角色在一种场合表现出残暴，在另一场合却表现出温驯。环境角色不同，行为表现也不同，这是最平常、最真实的同一个体人格不同行为模式表现的差异证据。如果同一个体人格的不同行为模式没有形成统合性整体，或是神经系统生物性活动的状态失调，使个体难以完成人格模式的整合，则会导致行为的转换不能为自我意识觉察和控制，完全处于失控的状态。常说的人格分裂不是指矛盾的人格行为模式，而是同一个人格总系统中，出现两个“相对独立存在模式单元系统”的排斥性表达。可以理解为不同的生存观念导致内心冲突的极端行为反应，未能得以整合地存在意识模式，相当于同一个电脑具有两个不同的操作系统。人格分裂是个体人格模式非可控转换、潜意识中完成转换的极端过程存在的反映。

61、**主题一句话** 展望

——至此，我们可以展望人类的发展趋势：个体越来越智慧，认知机能、决策行为机能、情感机能越来越有利于自我存在。

对人格的评价与测量，我们可以通过个体的情感、认知、行为、遗传、社会道德等五个维度中核心特征的评价，予以确定个体人格特征的面貌，从而了解、认知并与之交往协调，改善社会生存的状态。

五维人格测量系列量表分类

1. 儿童人格量表（测量期为7岁~13岁）
2. 青年人格量表（测量期为17岁~23岁）
3. 成年人格量表（测量期为37岁~43岁）
4. 老年人格量表（测量期为67岁~73岁）

后 记

仅以此书献给我尊贵的朋友张丽女士，感谢她给予我完成此书最诚挚的帮助。

——作者

心理行为路线图：

1. 生命首先具备的是维持自我存在的基本机能。人类生命的维持基于精神和欲望，基于主观自我的需要无所限制，基于客观存在的需要限制了精神欲望，本我和超我在生命当前需要的前提下，表现出独特的自我。

2. 人的生存机能发展水平还较低的时候，生存状态处于“相对愚昧低级”的进化阶段，人类对环境表现出以顺从为主的交互方式，既接受了环境赐予的生存条件，同时也接受了环境施加的灾难。

3. 一切都在发展变化，而生命是在进化，自我控制是生命机制进化的主要标志之一。

人类群体和个体都在追寻存在和活着的价值，这也是对自我控制的欲望表达。人类群体和个体的意识发展，都经历了从不自知到自知的过程，也就是从潜意识生存到觉意识生存的历程，从自发到自觉的生命历程。生命体最基本的欲望就是为了存在，当前的存在是为了更好的存在，存在的未来是为了期望的利益和改善存在。存在是生命发生一切可能的前提。

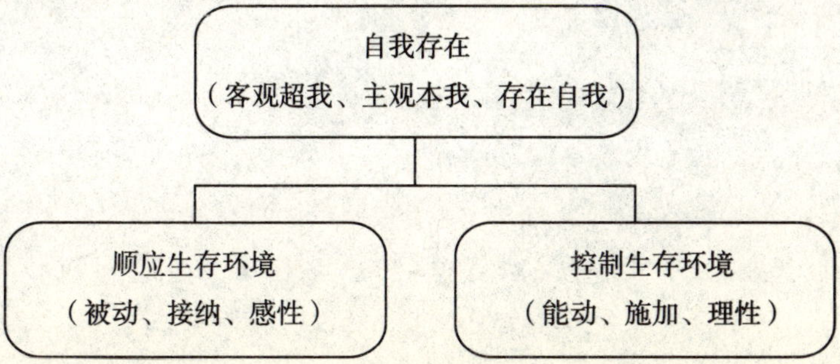